教育部人文社会科学研究规划基金项目
项目批准号:14YJA720007

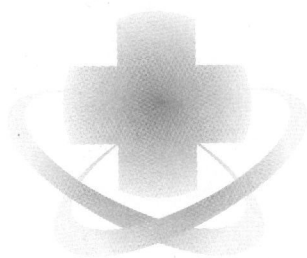

患者道德权利保护与和谐医患关系建构

The Protection of Patients' Moral Rights &
The Building of Harmonious Doctor-Patient Relationship

王晓波 / 著

人民出版社

目　录

序　言

作家周国平在一篇短文中写道："现代人是越来越离不开医院了。生老病死，每一环节几乎都与医院难分难解。我们在医院里诞生，从此常常出入其中，年老时，去得更勤，最后还往往是在医院告别人世。"因此，在我们的生活中，医院占据了太重要的位置，医患关系已经成为当代社会最重要的人际关系之一。

自古以来，无论在中国还是外国，医患关系常常被喻为同一个战壕里的战友关系。医生与患者是密切配合、协同作战的战友，他们共同的敌人是形形色色的病魔与伤痛。医生把治病救人、救死扶伤作为自己天然的神圣使命。为此，我国古人提出"大医精诚"的理念，"普同一等，一心赴救"的思想深入人心，"神农尝百草"、"杏林春暖"等至今传为佳话；"西医之父"希波克拉底在《誓言》中提出"我将尽我的智力及能力所及，为病人谋求最大的利益"，阿拉伯医学家迈蒙尼提斯《祷文》要求医生"无分爱与憎，不问富与贫。凡诸疾病者，一视如同仁"。在患者心目中，医生帮助自己拯救生命、消除病痛，有着莫大的恩情。医务人员被比喻为"白衣天使"，寓意是他们纯洁、善良、富有爱心，是上帝派遣到人间治病救人的天使，充分显示出人们对医务人员的感激与尊崇。然而，20世纪70年代我国改革开放以来，随着实施以"市场化"为导向的医疗卫生体制改革，医患关系遭受巨大冲击。尽管和谐、互信、友好、融洽仍然是当代医患关系展现出来的主要基调，但是医患纠纷频繁发生，医患冲突不断加剧，患者弑医、伤医事件屡屡被媒体披露出来，医患关系恶化成为不争的事实。从患者家属对治疗过程进行录像、录音，到在医院摆花圈、设灵堂；从医务人员"缝肛门"事件，到媒体热炒"八毛钱治好十万元病"；从几年前哈医大附属医院患者杀害医生到 2013 年的"温岭患者杀医"事件,人们不禁要问:我国的医患关系到底怎么了?

造成医患关系困局的原因多种多样,诸如医疗保障水平不高、医疗卫生体制改革的市场化导向促使医院追求经济利益最大化、部分医务人员道德素养与人文素质低下、医疗卫生监管机制缺失、社会分配不公在医疗工作领域的具体体现,等等。一切问题与现象的出现,归根结底在于对患者权益造成侵犯,导致患者与医务人员之间的信任关系趋于解体,患者对医务人员产生怀疑与不满心理,最后诉诸种种合法或者不合法的维权措施,甚至表现为一种近乎失去理智的不计后果的宣泄。

固然,对于不少医患纠纷的发生,患者难辞其咎。任何一门科学的发展都具有局限性,医学也不例外。即使在医学技术比较发达的今天,国内外一致确认的医疗确诊率也只有 70% 左右,各种急重症抢救成功率在 70%~80% 左右,相当一部分疾病原因不明、诊断困难,甚至存在较高的误诊率、治疗无望等情况,这是当代医学的无奈。一些患者由于自身医学专业知识的缺乏,常常对疾病治疗抱有不切实际的期望值,一旦治疗结果没有达到预期目标,对医院的种种不满一下子爆发出来,表现出一些过激的不当言行,发生冲击医疗机构、危及医务人员人身安全的极端事件。在此意义上,患者对于医患纠纷频发的确负有不可推卸的责任。但是,不容置疑的是,由于医患双方对信息占有的严重不对称,患者往往对于医学知识一窍不通,疾病治疗方案的确定、治疗方法与手段的选择、治疗费用的高低完全由医务人员掌控,患者只能被动地接受医生的安排,处于明显的弱者地位。处于主导地位的医务人员却常常不能充分呵护与保障患者的正当权益。少数医务人员专业技术不过硬、责任心不强,误诊、漏诊贻误患者病情;有些医院与医务人员职业道德缺失,"吃回扣"、"收红包"、开大处方、滥施检查、小病大治等现象屡见不鲜;部分医疗机构存在收费不合理、不透明、不规范的情况,医疗环境差,管理混乱,患者与家人人身及财产安全得不到充分保障;有的医务人员思想观念陈旧,存在恩赐心理、权威心理,对患者态度冷淡,漠不关心,或者"只见病,不见人",把患者当作单纯的治疗客体,不讲究服务艺术,不注意沟通技巧。在患者权利屡受侵害的背景下,医患关系恶化、矛盾与纠纷频发,成为不可避免的结果。

　　在一般意义上,患者权利分为法律权利与道德权利。随着我国公民法治意识的不断增强,患者的法律权利越来越得到较好的保护,而医院及医务人员对于患者的道德权利重视不够,成为医患纠纷频发的主要原因。患者道德权利,即根据一般道德标准、原则、规范患者在就医过程中应该享有的权利,无法得到充分实现,成为大多数医疗机构服务工作的软肋。由于医疗资源分配严重不均衡,优质的资源集中在城市,那里的医疗机构也成为患者最密集的所在。在人满为患的前提下,大医院的医务人员不分昼夜超负荷运转,必然在医疗服务质量与患者权利保护方面显得力不从心。一项由新华社联合《医学界》杂志、丁香园网站发起的医改调查中,上万人涌入倾诉,每两名患者里就有一人表示"希望更多地获得尊重,医生更耐心"。而由于职业观念陈旧、服务理念缺失,包括中小医院在内,部分医务人员对待患者态度冷淡、敷衍塞责,不尊重患者正当、合理的意愿与要求。还有不少医务人员看不到医患沟通的重要性,沟通意识淡薄,有效沟通能力低下。有调查结果显示,80%～90%的医疗纠纷都是由于医务人员没有与患者进行良好沟通所引起的。正是由于部分医务人员对一些看似无足轻重的患者道德权利的漠视,常常引发患者的强烈不满,成为压塌医患关系的最后一根稻草,激化医患之间早已存在的种种矛盾,酿成激烈的冲突。

　　正如马克思所指出的:"权利永远不能超出社会经济结构以及经济结构所制约的社会的文化的发展。"改革开放以来,我国社会发生翻天覆地的变化,大大推动了全社会的思想解放,促进人们权利意识的苏醒,人民群众的主人翁意识、法治观念、权利思想大大增强。体现在医患关系中,那种患者觉得医疗服务是医疗机构的恩赐、自己在医生面前低人一头,只会对医生唯唯诺诺、完全服从的时代成为历史。患者开始把自己看作与医务人员地位平等的一方,把接受医务人员的服务看作自己应有的权利,并对医务人员提出提高服务质量、完善服务内容的各种要求。患者越来越意识到,在医院自己不仅有权获得救治,而且享有接受优质医疗服务的权利,自己的平等医疗权、人格尊严权、知情同意权、个人隐私权、人身与财产安全权等权利理应得到充分保障,而这些权利很大一部分表现为道德权利而非法律明确规定的患者权利。当他们发现自己的正当权益受到侵犯时,就会毫不犹豫地提出质疑,要求医方停止侵害、赔礼道歉、赔偿损失,很大程度上导致了医患关系紧张、纠纷频发时代的到来。患者权利保护的一种理想状态是,一切医学行为在医生的道德义务感支配下实施,尊重了患者所有的道德权利。正是在这个意义上,患者道德权利的实现对于破解当前我国医患关系困局、构建和谐医患关系具有非常重要的意义。保障患者道德权利必须成为所有医疗机构与医务人员日常工作的重要内容,这既是当前我们这个权利至上时代保障基本人权的重要内容,也是促进医疗卫生事业健康发展的必然要求。

第一章 全面认识患者权利

有了人类,疾病与伤痛就相伴而生,于是随之有了最早的医生和患者,患者权利也成为一种实际存在,尽管在很长的时间里,它并没有作为一项权利受到专门的关注,也很少有人对此进行专门性研究与探讨。通常认为,患者权利作为一项权利受到社会的广泛关注,肇始于 18 世纪末法国大革命时期,之后被视为一项基本人权逐渐在世界各国受到重视。在我国,20 世纪 80 年代以来,随着改革开放政策的实施,医疗卫生体制改革深入进行,现代意义上的患者权利似乎才进入人们的视野。尤其是随着医患关系日益紧张,矛盾与冲突频发,逐渐演化成一个比较严重的社会问题,人们开始审视患者权利问题。什么是患者权利? 患者权利的具体内容有哪些? 在伦理上与法律上,患者究竟应该享有哪些具体的权利? 这都是人们迫切需要了解的问题。因此,全面认识患者权利具有非常重要的现实意义。

第一节 患者权利概述

一、什么是患者权利

(一)权利

作为字面意义上的"权利",在古代汉语里很早就已经存在,只不过在内涵上与今天存在明显的差异,主要指人们的权势和货财,而且其含义大体上带有消极的或贬义的色彩。例如,《荀子·君道》提出:"所谓'接之于声色、权利、愤怒、患险而观其能无离守也','或尚仁义,或务权利'";《后汉书·董卓传》也曾经提到:"稍争权利,更相杀害。"这与今天我们所常常提及的"权利"

概念的内涵简直有着天壤之别。现代意义上的"权利"概念源自西方,其源头可以追溯到 12 世纪教会法学家和注释法学家对古罗马法中的"ius"一词的理解,①该词的含义与今天所说的"权利"大致相当。后来,在英语中权利被翻译为"right",意思是指"正当、合理、合法、合乎道德的东西"。19 世纪中期,美国学者丁韪良先生(W.A.P.Martin)和他的中国助手们把维顿(Wheaton)的《万国律例》(*Elements of International Law*)翻译成中文时,选择了"权利"这个古词来对译英文"rights"。从此以后,"权利"在中国逐渐成了一个褒义的、至少是中性的词,并且被广泛使用。正如《牛津法律便览》所指出的,在今天权利已经成为"一个严重地使用不当和使用过度的词汇"。

　　一直以来,人们对权利概念内涵的解读主要分为两种情况:一类是从伦理角度来界定。近代西方著名思想家格劳秀斯把权利看作"道德资格",霍布斯、斯宾诺莎等人将自由看作权利的本质,康德、黑格尔也用"自由"来解说权利。这种界定实际上把权利看作一种天赋的、不可转让的、不可剥夺的"自然权利"、"应然权利",是主要在理论上存在的权利。例如,霍布斯所提出"自然赋予了每个人在所有东西和事务上的权利。也就是说,就纯粹的自然状态而言,或说是在人用彼此的协议约束他们自身以前,每个人都被允许对任何人去做任何事,无论他想要什么、他能得到什么,他都可以去占有、使用和享受"。②另一类是从实证角度来界定。实证主义学派把权利置于现实的利益关系来理解,侧重于从实在法的角度来解释权利。例如,英国功利主义思想家边沁只承认法律权利的存在,认为"权利这个概念应该限定在法律的范围内,因为道德上对权利提出的需求和主张本身并不是权利,正如饥饿者的需求不是面包一样"。③德国著名法学家耶林也提出,权利就是受到法律保护的利益,只有为法律承认和保障的利益才是权利。在概括以上两种思想观点的基础上,大多数教科书对于权利的界定主要存在"自由说"、"意思说"、"利益说"、"法律上之力说"等。④这也是人们对权利一词最通常意义的理解。以此为基础,我们

　　① 方新军:《权利概念的历史》,《法学研究》2007 年第 4 期。
　　② [英]霍布斯:《论公民》,应星译,贵州人民出版社 2003 年版,第 8 页。
　　③ 张文显:《二十世纪西方法哲学思潮研究》,法律出版社 1996 年版,第 491 页。
　　④ 夏勇:《权利哲学的基本问题》,《法学研究》2004 年第 3 期。

可以将"权利"定义为：在一般意义上，权利是指由道德、法律或习俗所认定为正当的利益、主张、资格、力量或自由，是对权利主体作为或不作为的许可、认定及保障。

根据不同的标准，可以对权利进行不同的区分。根据是否已经得以实现，可以分为应然性权利与实然性权利。前者是指根据社会发展以及个人生存发展的需要，权利主体应该享有但是目前尚未实现的权利；后者是指目前已经实现的权利，例如法律规定而且已经为社会成员所享有的各种权利。根据权利产生的依据，可以分为道德权利与法定权利，即权利主体依据道德原则、规范应该享有的权利与法律明确规定权利主体享有的权利。根据权利发生的因果联系，可以划分为原权利和派生权利，前者是指基于道德或法律规范的直接确认而存在的权利，例如人格尊严权、财产所有权等；后者由于他人侵害原权利而发生，例如因个人财产权遭受侵害而发生的损害赔偿请求权。依据权利之间固有的相互关系，可以划分为主权利和从权利，前者指不依附其他权利而可以独立存在的权利，例如患者获得救治的权利；后者以主权利的存在作为前提，它从属于主权利的存在，例如患者的个人隐私权、获得优质服务权等。此外，根据权利的具体内容，还可以分为人身权、财产权、劳动权、文化教育权、社会保障权等。

（二）患者

患者，在最基本意义上是指对病人的另一种称谓。西方著名医学史家西格里斯说："每个医学行动始终涉及两类人：医生和病人，或者更广泛地说，是医学团体和社会，医学无非是这两群人之间多方面的关系。"①可见，患者毋庸置疑地在医疗实践与医患关系中扮演着至关重要的角色。早在远古时期，人类在集体出猎和生产劳动时，不可避免地会受到损伤；在采集野果、野菜时也可能食用一些有毒植物，常常引起中毒甚至死亡。即便只是在日常生活中食用五谷杂粮，也难免疾病现象的发生。此时，亲属或同伴会对伤病人员进行一些原始的抢救或治疗，这些备受病痛折磨的人就成为最初的患者。他们与后

---

① 吴晓琼：《医患关系中医生权利和患者权利的维护》，2005 年《中华医学会医学伦理学分会第十三次学术年会论文集》（上册）。

来患者的主要不同，在于无法得到专门医疗机构与专业技术人员的治疗，难以享受比较充分的权利。到了奴隶社会时期(我国夏商周时期、古代埃及、古代印度、古代希腊等)，随着生产力的发展以及社会分工的出现，产生了专门从事医疗工作的从业人员——巫医。目前发现的我国殷商时期甲古文中，就有巫医医疗活动的记载，意味着当时专业医务人员已经产生。在西周时期医生还进一步被分为食医、疾医、疡医、兽医四类，表明医学发展到较高的水平。① 相应地，那些求医问药的人作为患者的身份进一步得到彰显，他们与医务人员发生各种关系，形成人类社会生活中一种重要的人际关系——医患关系，患者的权利与义务也成为医疗实践与医患关系的重要内容。

根据当前学界的观点，关于患者的范围，从广到狭可以分为四个层次：第一层，最广义的，包括潜在患者，指所有人；第二层，包括患者及其家属、利益相关人(代理律师、亲朋好友)以及所在单位；第三层，包括到医疗机构就诊的人员，其中既有普通意义上的病人、也有没有患病的人(来医院体检的人员、孕产妇等)；第四层，最狭义的范围，仅指因为有病而来医疗机构寻求诊断治疗的人员。② 这种四层次法具有较大的周延性，几乎涵盖了患者可能存在的所有情形，对于认识与把握患者的丰富内涵具有较大助益。然而，学界在界定医患关系的内涵时，通常坚持两分法，认为狭义的医患关系是特指医生与患者之间在诊疗过程中发生的各种关系，这是医患关系最基本的内涵，也是自古以来传统的医患关系；广义的医患关系是指医务人员(医生、护士、医技人员)为主体的群体与以患者为中心的群体之间所建立起来的人际关系，其中的"医"不仅指医生，还包括护士、医技人员、医院管理人员和后勤服务人员等群体，"患"不仅指患者，还包括与患者相关联的家属或监护人、单位代表人等群体，这也是近现代以来所指的医患关系。可见，在更为一般的意义上，患者分为狭义的患者与广义的患者，前者仅限于身患疾病到医疗机构就诊的人员，后者主要包括患者本人及其亲属、患者单位等。

本书倾向于将患者分为狭义与广义两个方面的两分法。但是，同时主张

---

① 曹志平：《中国医学伦理思想史》，人民卫生出版社 2012 年版，第 2 页。

② 乐虹：《当代医患关系及纠纷防控新思维》，科学出版社 2011 年版，第 9 页。

对两个方面进行开放性、扩展性的解释。狭义的患者既包括深受病痛之苦到医院求医问药的病人,也包括并未患病而仅仅是到医院寻求生理上、心理上帮助的人(体检人员、孕产妇等)。因为随着保健意识的日益增强,人们对医疗卫生服务的需求越来越多,医疗服务范围也越来越广阔。每个社会成员,不论患病与否,只要他来到医院挂号看病,就与医院建立起合同关系,获得了要求医务人员为其诊治的权利,被列入病人行列之中,成为患者群体的一员。广义的患者,实际上是一个以狭义患者为中心形成的患方群体。对于疾病缠身的社会成员而言,在诊疗期间其近亲属提出的一些与患者诊疗相关的正当要求可以视为患者权益的延伸,代表了患者的需求。对于某些特殊的病人,或者处在某些特殊情形下的患者,例如当患者是不完全民事行为能力人或者在发生医患纠纷的状况下,监护人、近亲属、所在单位、患方代理人等都可以成为病人利益的代表,而被纳入广义的患者行列。对此,社会公众与医务人员应该有着科学的认识,这是促进医疗卫生事业健康发展与建构和谐医患关系的必然要求。

(三)患者权利

患者权利,也称为病人的权利,是指患者在就医过程中依据道德、法律以及医疗规章等享有的正当利益、资格、自由,其中既包括权利主体作为一个普通社会成员享有的一般性权利,也包括其基于病人的特殊身份应该享有的各种专门性权利。

根据权利的存在状态与实现情况,患者权利相应地可以分为"患者的应然权利"、"患者的法定权利"和"患者的实然权利"。

第一,患者的应然权利。在通常意义上,患者的应然权利即道德权利,是指依据一般的道德准则与规范,患者应该享有的或应该获得的预备性权利,是一种理想化的权利。与法定权利和实然权利相比较,应然权利具有原始性和伦理性特征,由于其未通过法律规定予以确认和保障,所以一般表现为道德上的主张与要求,得到社会公众舆论的支持。在实践中,患者的应然权利常常通过各种社会组织的规章,借助于社会的伦理、道德、政治观念的认可而在医患关系和社会关系中表现出来。

第二,患者的法定权利。患者的法定权利指依据规范性法律文件中的明确规定,患者应该享有或者获得的各种权利,以及根据法律的原则、精神、逻辑推定出来的患者权利,即推定性权利。患者的法定权利因为得到法律的确认与保障,所以具有派生性和实证性特征。派生性是指患者法定权利作为患者应然权利的转化形式,实际上由应然权利派生而来;实证性是指患者法定权利依靠国家法律作为后盾,因而具有国家意志性、行为规范性、普遍有效性和强制执行性等特征。我国关于患者法定权利的相关内容散见于宪法、民法通则、执业医师法、药品管理法、侵权责任法、母婴保健法、传染病防治法、产品质量法、消费者权益保护法、医疗机构管理条例、医疗事故处理条例等有关法律法规及司法解释中,具有鲜明的派生性与实证性。

第三,患者的实然权利。患者的实然权利是指患者实际上真正能够享有或获得的权利,是法定权利实现的结果或形成的一种实有状态。对于一个国家或社会而言,患者实然权利的拥有状况反映了患者的实际地位以及正当权益受保障的情况。医疗卫生体制改革与医院工作的一个中心环节应该是努力实现患者应然权利、法定权利向实然权利的转变,最大限度地体现与维护患者利益。此外,还应当看到,患者实然权利还具有实践性和主观性的特征,在客观条件制约下,患者可以通过自身的主观努力去实现这些权利。

唯有完成从患者的应然权利向法定权利、由法定权利向实然权利的转化,才能从根本上保障患者权利的实现。为此,必须清楚地把握患者应然权利、法定权利和实然权利三者之间的关系:

1. 患者的应然权利是法定权利、实然权利的来源和基础。患者的法定权利不过是人们运用法律这一工具使患者应然权利法律化、规范化的结果。没有患者的应然权利,法定权利就失去了根源,成为无源之水、无本之木。同样,患者的实然权利也不过是应然权利的实现状态,是患者应然权利在现实环境状况下的表现,或者说是实现了的应然权利。离开应然权利,实然权利就失去了伦理依据与逻辑前提。

2. 患者的法定权利是应然权利转变为实然权利的重要途径。患者的应然权利转变为实然权利,实然权利真正得以实现,都离不开法律的支持与保障。因为,法律是保障患者权利实现的最权威和具有强制性的力量,如果患者直接由应然权利转化为实然权利,在没有法律的调整与保障的情况下,其权利很难得到有力保护和有效实施。只有当应然权利变成法定权利,法定权利在一定社会因素的推动下转化成患者的实然权利,才对患者有实际价值,才能使患者权利获得有效的保障。

3.患者的实然权利是应然权利与法定权利存在的目的。患者的应然权利与法定权利的存在都是为患者实然权利服务的,以转化为实然权利为目标,最终都指向实然权利。只有当它们转化成患者的实然权利后,患者权利才能获得保障,患者利益才能得以体现。可以说,如果没有完成向实然权利的转化,患者权利就失去了其存在的意义与价值。

从上述关系的分析来看,患者权利的三种形态之间既相互联系又相互矛盾。并不是患者所有的应然权利都会转化成法定权利,也并不是所有的法定权利都会转化成实然权利。三者在矛盾中不断演化,推动患者权利的实现。

二、患者权利问题的提出

在人类步入近代社会以前,患者权利主要作为一种自发状态而存在,无论在中国与外国,都是主要依靠医生的主观自觉、依靠医生的个人德行来体现与维系。在我国古代,医学伦理思想把保障患者的生命放在至高无上的地位,《黄帝内经·素问》提出:"天覆地载,万物悉备,莫贵于人";唐代孙思邈在《备急千金要方》中强调"人命至重,有贵千金";明代名医张景岳在《类经图翼·自序》中指出:"夫生者,天地之大德也。医者,赞天地之生者也。"我国古代医生还强调患者享有平等救治权,提出"普同一等,一心赴救"等著名论断,孙思邈提出"若有疾厄来求救者,不得问其贵贱贫富,长幼妍媸,怨亲善友,华夷愚智,普同一等,皆如至亲之想";宋代医生张柄指出,治病救人需要"无问贵贱,有谒必往视之";明代著名医生陈实功提出,医生应该"凡病家大小贫富人等,请视者便可往之,勿得迟延厌弃,欲往而不往,不为平易"。此外,我国古代医学伦理思想还非常重视对于患者人格的尊重,《灵枢·师传》指出,医者要"入国问俗,入家问讳,上堂问礼,临病人问所便";宋代著名医典《小儿卫生总微论方·素问》指出:"凡为医者,性存温雅,志必谦恭,动须礼节,举乃和柔,无自妄尊,不可矫饰。"可见,尊重与保障患者权利,在我国古代主要表现为对医生的一项职业道德要求,甚至是作为医生的一种美德而存在,而非患者自身自觉、自为的权利主张与思想诉求。在古代外国医学界,情况也同样如此。被誉为"西方医学之父"的古代希腊医生希波克拉底在其著名的《誓言》中指出:"我愿尽余之能力与判断力所及,遵守为病家谋利益之信条,并检束一切堕落和害人行为,我不得将危害药品给与他人,并不作该项之指导,虽有人请求亦必不与之……无论至于何处,遇男或女,贵人及奴婢,我之唯一目的,为病家谋幸福,并检点吾身,不作各种害人及恶劣行为,尤不作诱奸之事。凡我所见所闻,无论有无业务关系,我认为应守秘密者,我愿保守秘密。"另一篇著名的医学伦理文献《迈蒙尼提斯祷文》也提出:"愿吾视病人如受难之同胞……启我爱医术,复爱世间人。存心好名利,真理日沉沦。愿绝名利心,服务一念诚。神清求体健,尽力医病人。无分爱与憎,不问富与贫。凡诸疾病者,一视如同仁。"在这些著名的医学伦理经典文献中,涉及患者的生命健康权、获得平等治疗权、个人隐私权等方面的内容,提出了保护患者权利的宝贵思想,对于实现与保障患者正当权益、促进医学健康发展具有重要的意义。但是,在这里患者享有的各种权利仍然是由医生个人的认识能力与道德水平来保障的,而非由于患者自身积极的权利主张与诉求。总之,古代社会对于患者权利的认识与保护还仅仅停止在较低层次的自发状态,真正意义上的患者权利时代还远未到来。

现代意义的最早关于患者权利问题的讨论,肇始于法国的资产阶级大革命时期。18世纪,随着人类权利意识的觉醒,患者权利作为一个重要问题被提了出来。当时,在法国的医疗机构中,每一张病床要睡两到八名患者,严重不利于对患者的治疗和患者康复,患者的生命健康权难以得到根本保障。特别是穷人就医时,医疗条件更为恶劣,患者的医疗保障权受到极大侵害。因此,大革命爆发以后,1798年法国国民大会作出规定,一张病床只能睡一位患者,两张病床之间距离必须不少于90厘米。新成立的穷人委员会为争取穷人的健康权利做了大量的具体工作,喊出了"给穷人以健康权"的口号,并通过立法肯定穷人拥有健康权和获得治疗权。由此,对患者权利的保护大大增强了。这些做法很快在欧洲各国得到回应,由此掀起了一场声势浩大的"患者权利运动"。英、法等国先后制定法律,提出"医疗要郑重、凡事要患者同意、保守患者秘密"。自此,患者权利开始成为法律权利。1893年法国政府还制定了有关医药和接生的条例,从此医务界可以对不合法行医行为和医生横行霸道现象提起诉讼,使患者权利进一步得到保障。之后,患者权利在世界各国逐渐得到重视,越来越获得行之有效的保护。在美国,患者权利问题也比较早地引起了医疗界的关注。早在18世纪末与19世纪初,医生在对患者进行手术治疗时,开始实行事先取得患者知情同意的制度,之后这种做法一直得以继承下来。20世纪初,世界上很多国家的医疗机构都已经接受了不取得患者或当事人自由意志下的知情同意,不进行相关人体医学试验的原则。在我国,1929年4月16日中华民国卫生部发布的《管理医院规则》规定:"医院于治疗上需要大手术时,须取得病人及其关系人之同意,签立字据后始得施用。"这是我国历史上关于患者医疗知情同意权较早的法律规定。

20世纪六七十年代以来,随着人权运动的蓬勃发展,患者权利被视为一项基本人权,推动患者权利运动在全世界范围内达到高潮。这一运动最初是作为反对种族差别运动、女性解放运动、消费者运动等各种社会运动的一环而开展起来的。1970年6月,美国全国福利权益组织起草了一份文件,要求美国医院审定联合委员会将患者的权益问题纳入重新修改的医院标准中去。经过数月的协商后,新的医院标准规定:"任何时候提供公平和人道的治疗"、"保护隐私和保密权,强调病人自愿参与教学和研究计划"、"知情同意的必要性",以及"在供应者与病人之间要进行有效的交流"等条款。如果医院行为不符合该委员会的标准,致使患者由于医疗疏忽而受到损害,陪审团可以判处医院医疗事故罪。以此为契机,1972年,美国医院协会制定了《患者权利典章》,第一次系统、全面、具体地规定了患者在就医过程中享有的各种权利,为本国保护患者权利立法奠定了基础,并推动了全世界范围内的患者权利立法活动。1975年欧洲议会理事会将有关保证患者权利的建议草案提交给会员国,要求它们强化对患者权利的保护。1981年世界医学会在葡萄牙召开的第三十四届大会上通过了《患者权利宣言》,标志着全世界范围内对于患者权利问题的认识与保护达到了一个新的水平。在另一个具有代表性的国家新西兰,政府先是1987—1988年期间开展了"对国家妇女医院宫颈癌治疗之指控的调查"(即通常所称的卡特莱特调查),之后又出台了一系列的立法、报告、法典和声明。其中,最具有重大意义和影响的是1994年颁布的"健康信息隐私法"(Health Information Privacy Code)和 1996 年颁布的"健康与残疾服务消费者权益法"(Code of Health and Disability Service Consumers' Rights)。"健康信息隐私法"建立了有关采集、使用、储存、修改和公开患者个人健康信息的统一规则与要求。"健康与残疾服务消费者权益法",正如其名称所展示的那样,把患者定义为"消费者"。这部在国际上略显独特的法典,把患者划归消费者的范畴,并且以保护消费者正当权益的形式,赋予了所有患者的各项具体权利,以及相应地确定了医疗服务提供者应该担负的一系列具体职责,有力地推动了对患者权利的保护。近年来,维护人的权利和人格尊严,以及尊重人和关心人的共识,更加进一步促进了患者地位的提升。越来越多国家出台法律法规,采取有力措施来保证患者权利的实现,患者权益因而得到前所未有的尊重和保障。

从新中国成立到 20 世纪 80 年代之前,我国一直实行高度集中的计划经济体制,政府依靠巨额的财政支出组建起比较健全的全民医疗网络,基本上达到了"低水平,广覆盖"。全国超过 96% 的人享受到免费医疗或补贴性的医疗保障。不管在城市还是农村,患者住院治疗或者能够享受公费医疗,或者本人只需要负担较低的医疗费用,几乎没有什么负担。医疗机构属于纯粹的非营利性事业单位,救治患者不以营利为目的,经营所得跟单位和个人的收入毫不相干,医患之间不存在经济利益关系,除了由于患者对医务人员的医疗水平与服务态度不满意引起一些纷争,双方之间很少发生尖锐的矛盾与冲突。在这样的大背景下,全社会都似乎没有意识到患者权利的问题。然而,随着改革开放政策的实施,非公有制经济迅速兴起,社会主义商品经济蓬勃发展,西方民主与法治思想大量进入我国,大大激发和强化了社会公众的个人权利意识。同时,以市场化为导向的医疗卫生体制改革,则把医疗机构与患者在经济利益方面分成两大对立阵营,进一步强化了患者的权利观念与维权意识。而且患者在求医问药过程中越来越把自己视为与医务人员地位平等的一方,把接受医疗服务看作自己应有的权利,开始从保障自身权益的视角审视医疗问题。他们不再单纯地把医务人员看作担负"治病救人"职责的白衣天使,不再盲目地无条件服从他们的安排。患者作为独立的权利主体,应该享有哪些权利,也越来越引起社会的关注与思考。于是,学术界与国家有关部门对患者权利问题的研究逐渐深入,关于患者权利保护的法律性文件也应运而生,保障患者权利成为当前我国政府、社会、医疗机构及其工作人员面临的一项重要任务。

三、患者权利保障的意义

随着公民权利意识与法治观念的快速演进,每一位患者在求医问药、接受诊疗的过程中应该享有相应的权利,已经成为全社会的普遍共识。广大医疗机构及其工作人员也越来越认识到保障患者权利的重要意义。"关心体贴患者,尊重患者权利"、"努力使患者放心满意,全心全意为患者服务"、"尊重患者权益,落实知情告知"等不仅是许多医院的宣传口号,也正在逐渐演变为广大医疗工作者的自觉行动。

具体来说,保护与实现患者权利的重要意义与价值主要表现在以下几个方面:

其一,保护与实现患者权利是保障基本人权的具体表现。

当今时代,保障基本人权已经成为全世界范围内的一项普遍共识,每一个社会成员的生存权、发展权以及其他相关权利,从来没有像今天这样得到重视与呵护。患者在接受诊疗过程中享有的各项权利(生命健康权、平等医疗权、人格尊严权、个人隐私权、知情同意权等),都是其作为一个人基于生存与发展的需要、必须拥有的不可剥夺的基本权利,是一个人维系自身较高生命与生活质量的必然要求,毫无疑问地属于基本人权的范畴。事实上,如前所述,近代以来世界各国将患者权利视为一项基本人权予以重视与保护,患者权利运动的勃兴总是与人权事业的发展保持同步。[①] 从另一方面来看,患者大都是医学专业知识的门外汉,对医学知识一知半解甚至一窍不通,导致医患双方对于医疗信息占有的严重不对称,而且诊疗权、处方权、收费权完全掌控在医院一方,致使患者在医患关系中天然处于弱势地位。因而,关注与保障患者的各项权利对于患者的生存与发展显得尤为重要,患者权利作为基本人权的特征更加突出。保障与实现患者权利就是保障基本人权,理应成为全社会以及医

---

① 李茜、张怀承:《患者权利运动的伦理审视》,《中国医学伦理学》2007年第20卷第6期。

学界的共识,需要化为人们维护患者正当权益的自觉行动。

其二,保护与实现患者权利是促进医学科学发展的必然要求。

医学之所以产生和得以发展,在根本意义上是为了保障患者权利的需要——以救死扶伤为己任,努力维护患者的生命与健康。所以,传统医学被视为通过科学或技术的手段处理人体的各种疾病或病变,促进患者身体康复、维护患者生命健康权的一门科学。随着人类社会的进步与发展,传统的生物医学模式转变为现代"生物——心理——社会"医学模式,探讨如何为患者提供全方位、最优质的服务,保障与实现患者人格权、隐私权、知情同意权等各项权利,使患者在获得救治的同时得到精神的安慰、心灵的呵护,以最大限度地维护患者的身体健康,成为医疗工作的重要内容和要求,也是当代医学发展的必然要求。因为,人们越来越清楚地认识到,当代社会各种疾病的发生与治疗不仅取决于生物学的因素,而且与患者的心理感受与精神状况密切相关。在医务人员高度理解与尊重的前提下,患者享受到优质的服务,各种权利得到充分实现,保持愉悦的心情,对于治疗患者疾病、达到身体康复能够起到十分巨大的作用,当代医学对此必须高度关注,将其作为重要的研究内容。同时,在当今走向权利的时代,充分保障患者权利成为广大医疗工作者的重要任务,作为救死扶伤之术的医学科学,维护患者权利也理应成为其所承担工作任务与崇高使命的应有之义。因此,被视为自然科学的医学,同时又具有浓厚的人文属性。甚至,医学史家西格里斯提出:"医学与其说是一门自然科学,不如说是一门社会科学。"①

其三,保障与实现患者权利是建构和谐医患关系的现实需要。

20世纪末期以来,在我国医疗卫生体制改革不断深化的同时,医患关系日趋恶化,医患矛盾趋于激化,甚至酿成大量患者伤害医务人员极端恶性事件,已经成为阻碍医疗行业正常发展、影响社会和谐稳定的重要因素。时至今日,这一势头仍未得到有效遏制。造成医患关系恶化困局的原因多种多样,其中最根本、最主要的是由于患者正当权益未能得到较好的保障,患者权利未能得以充分的实现。具体而言,20世纪80年代开始的以市场化为导向的医疗

① 郭航远等:《医学的哲学思考》,人民卫生出版社2011年版,第20页。

卫生体制改革,使医疗机构转变为自负盈亏的市场主体,对经济利益的追逐成为它们发展的重要目标,医务人员也在一定程度上变得唯利是图起来,药价虚高、费用高昂,以及大检查、大处方现象大大侵害了患者的经济利益与财产权利,使他们背上沉重的负担。在日常医疗工作中,少数医务人员专业技术不过硬、责任心缺失等情况仍然存在,手术时疏忽大意致使纱布落在患者体内甚至阴差阳错地切除掉其他器官、误诊漏诊贻误患者病情等现象时有发生,对患者的身心健康造成严重伤害。① 还有一些医务人员对待患者态度冷漠,脸色难看,语气生硬,侵犯了患者的人格尊严。尤其是由于传统医疗习惯与医疗观念的影响,相当一部分医务人员只重视专业医疗技术,重视对患者疾病的治疗,却忽略了对患者权利的充分尊重,常常侵犯患者的人格尊严、个人隐私、知情同意等在一些人心目中似乎无足轻重的权利,成为导致医患关系紧张的重要原因。因此,充分保障与实现患者权利,是建构和谐医患关系、破解医患关系困局的根本方面。

第二节　国外对患者权利的保护

一、患者权利保护从自发走向自觉

在人类社会进入近代以前,医学发展比较缓慢,医患关系主要表现为单个的医生与个体的患者之间一对一的关系。加之医疗专业技术水平相对较低,医生所提供的服务往往比较简单,医患信息不对称现象不太严重,患者并不处于明显的弱者地位,患者权利一般能够得到较好的保护。同时,患者的权利意识并不强烈,对于患者权利的保护处于一种自发状态,主要依靠医生的专业技术水平与职业道德素养得到体现。如上所述,《希波克拉底誓言》《迈蒙尼提斯祷文》等古典医学伦理文献提出的"我愿尽余之能力与判断力所及,遵守为病家谋利益之信条"、"愿绝名利心,服务一念诚"等思想清楚地反映了医生具

---

① 据媒体报道,2008 年 1 月,深圳市人民医院在为某患者实施切除全子宫以及双侧附件手术时,把一块纱布遗留在体内。2009 年 11 月,湖北省通城县中医院在为右腿摔伤骨折的某患者手术时,竟错将左腿当成伤腿实施了手术,植入一块钛合金钢板。同月,仙桃市第一医院对一左侧腹股沟疝气患者在右侧腹股沟做了手术,酿成又一起"左右不分"的离奇医疗事故。

备较高医德水平的重要性。又如,18世纪后半叶的胡弗兰德(Hufeland)医德十二箴提出:"医生活着不是为了自己,而是为了别人","在病人面前,该考虑的仅仅是他的病情,而不是病人的地位和金钱","在医疗实践中应当时刻记住病人是你服务的靶子,并不是你所摆弄的弓和箭","即使病人膏肓无药救治时,你还应该维持他的生命,解除当时的痛苦来尽你的义务","应尽可能减少病人的医疗费用"等。显然,患者权利保护只是建立在依靠医生的职业自觉与个人道德品质之上,反映了古代社会医学发展的落后与人们思想的局限性,远远不能适应近代以来生产力与医学科学迅猛发展,以及人类社会取得巨大进步的新形势、新要求。

工业革命以来,人类社会发生翻天覆地的变化,医学理论与医疗技术取得长足的发展,医院执业模式逐渐成为医疗行业发展的主要模式,个体医生执业模式开始式微,医患关系日益复杂化,患者权利问题逐渐凸显出来。正是在这样的背景下,医院里恶劣的条件、不规范与不文明的医疗行为引发患者与社会的严重不满,导致了以法国资产阶级大革命时期的患者权利运动为代表的欧洲患者权利运动的发生。从此,患者权利不再主要依靠医生的个人德行来保障,维护这一权利成为患者自觉自为的行为,因而欧洲患者权利运动标志着人类对患者权利的保护从自发开始走向自觉。1914年,美国纽约州地方法院的法官在判决中首次明确地提出了患者的自己决定权(patients' right of self-determination)概念:"所有具有健全精神状态的成年人,都有决定对自己身体作何处置的权利。医生如不经患者同意而对其进行手术,则构成伤害罪,应承担损害赔偿的责任。"从此以后,患者自决权概念深深地植根于美国的判例法和宪政法律中,并逐渐为现代文明国家所普遍接受。1945—1946年,在著名的纽伦堡审判中,揭露了纳粹医生强迫受试者接受不人道的野蛮实验的大量事实,有鉴于此通过的《纽伦堡法典》规定:"人类受试者的自愿同意是绝对必要的",应该使他能够行使自由选择的权利,而没有任何暴力、欺骗、欺诈、强迫、哄骗以及其他隐蔽形式的强制或强迫等因素的干涉,应该使他对所涉及的问题有充分的知识和理解,以便能够作出明智的决定。这实际上规定了医生开展人体实验必须遵守受试者知情同意原则,是对18世纪末期以来美国等国家患者知情同意制度的进一步补充,也是对患者自决权的丰富与发展。20世纪六七十年代,伴随着轰轰烈烈的人权运动,患者权利运动在全世界范围内蓬勃兴起,将对患者权利的保护推进到一个空前的水平。在此基础上,1972 年美国医院协会制定了《患者权利典章》,次年又发表了著名的《患者权利法案》,成为各州制定患者权利保护文件的蓝本,并将全世界范围内的患者权利运动进一步推向高潮。世界各国,诸如英国、法国、德国、芬兰、日本、新西兰等国家,在美国的影响下纷纷通过立法形式加强对患者权利的保护。由此,患者权利保护已经成为世界各国的自觉行动。20 世纪末以来,随着各国对患者权利问题研究的日益深入,相关立法更加完善,标志着对于患者权利的保护逐渐走向成熟。

二、患者权利保护进入成熟时期

20 世纪七八十年代以来,越来越多的国家立法保护患者权利,或者对原有相关法律进行修改,"以法律的形式保障公民的医疗权利、规范医务工作者的行为是许多发达国家的成功经验",①同时,《里斯本宣言》《欧洲患者权利宣言》等一批具有重要意义的国际性文件也相继制定出来,标志着全世界对患者权利的保护进入成熟阶段。

(一)西方国家患者权利立法状况简介②

意大利、爱尔兰、西班牙、葡萄牙、俄罗斯、罗马尼亚、波兰等国把公民获得医疗卫生保障的权利作为一项基本人权载入宪法之中。美国、英国、法国、德国、比利时、荷兰、以色列、立陶宛、冰岛、匈牙利以及北欧国家(挪威、瑞典、芬兰、丹麦)还相继制定了国家层面上的患者权利单行法,以加强对患者权利的保护。

美国的患者权利法。20 世纪 60 年代,作为全世界范围内人权运动的一个重要组成部分,以美国为中心的患者权利运动蓬勃发展起来。1972 年,波士顿的一家医院提出了"作为患者的您的权利",对患者所享有的权利作了详细说明,这是美国最早的患者权利宣言。受这一事件的影响,美国医院协会制

---

① 张金钟:《德与法有机结合——论和谐医患关系之建设》,《医学与哲学》2004 年第 25 卷第 9 期。

② 该部分主要参考了刘兰秋《域外患者权利的立法化简介》一文中的内容。

定了著名的《患者权利典章》。该典章列举了患者的十二项基本权利：

1. 患者有权接受关怀和被尊重的治疗；2. 患者有权从其医师获知有关自己的诊断、治疗以及预后情形，并且使用患者可以理解的字句；3. 在任何处置或治疗前，患者有权利获知有关的详情，在未经患者同意时，不可以妄予治疗，除非在紧急情况中；4. 患者有权在法律允许的范围内，拒绝接受治疗，同时有权被告知拒绝接受治疗的后果；5. 患者在其个人的治疗计划上，有权要求隐私方面的关注；6. 患者有权要求有关其治疗的所有内容及记录，以机密方式处理；7. 患者有权要求医院在其能力范围内，对患者要求之服务做合理的反应；8. 只要与治疗有关，患者有权知道医院与其他医疗及学术机构的关系，有权知道这些关系及所参与照护人员的姓名；9. 如果医院从事对患者治疗有影响的人体实验，患者有权事先知道其详情，而且有权拒绝参加；10. 患者出院后有权利获得继续性的医疗照护；11. 不论患者付账的情形如何，均有权利核对其账单，也有权利在账单上获得适当的说明；12. 患者有权利知道医院的规则和规定。

此后，以明尼苏达州为首，各州纷纷以《患者权利典章》为蓝本，将患者的权利保护纳入本州立法，先后有十几个州制定了专门的《患者权利法案》。《患者权利法案》成为美国患者权利保护的基本法，在促进患者权利实现与保障方面发挥着十分积极的重要的作用。此外，1990 年 10 月，美国《患者之自我决定法》(Patient Self-Determination Act) 由立法机关表决通过，并于 1991 年 12 月实施，[①]进一步加强了对患者权益的保障，有利于促进各项权利的实现。

英国的患者权利法。在 20 世纪 90 年代以前，英国没有专门的患者权利立法，关于患者权利的规定主要散见于一些相关法律之中。例如，1977 年制定并颁布的《国民保健服务法》(the National Health Service Act，简称为 NHS 法) 及其实施规则、1985 年制定的《医院意见处理法》、1990 年制定的《保健记录接触法》、1998 年的《数据保护法》等法律都在某一方面对患者应该享有的权利作了相应的规定，这些权利主要包括：获得医疗的权利、获得信息的权利、选择权、同意权、保健记录接触权、个人隐私权和对数据的修正权等。

---

① 黄丁全：《医事法》，中国政法大学出版社 2003 年版，第 236—237 页。

1991 年,英国政府制定了最早的患者权利宪章,使对患者权利的保护进入一个全新的历史时期。该宪章由 10 项权利和 9 个全国基准构成。在规定的患者权利中,除了获得告知后同意的权利、获得说明的权利、接触到保健记录的权利、提出意见的权利等典型的患者权利,还规定了在等待者名册上记载后两年之内获得治疗的权利等英国特有的权利。1995 年,英国患者权利宪章作了修订,扩大了患者的权利和服务的全国基准,此外还将其范围推广适用于牙科、眼科、药局服务等方面。后来,英国政府对患者权利宪章进行了多次修订,使之对于患者权利的保护进一步趋向完善。

法国的《关于患者权利和保健系统质量的法律》。1974 年,法国政府制定了《医院患者宪章》,但是该宪章的主要内容是规定医院一方的义务,重点并不在于保障患者的权利,使其作用与影响大打折扣。1995 年,《医院患者宪章》被重新修订以后,在内容上大大强化了对患者权利的保护。除此之外,法国还有多部法律文件与患者权利密切相关,其中最重要的是医师协会颁布的《医疗伦理纲领》。尽管该文件在性质上本来只是属于医师协会的内部规范,但在形式上却是作为宣言而发布的,而且也曾在官方报纸上公示,因而拥有几乎和法规相同的地位。1999 年,在关于保健医疗问题的全国会议上,法国政府提出了制定一部患者权利法的设想,并与 2001 年提交了该法案的草案。2002 年 2 月,《关于患者权利和保健系统质量的法律》得以通过,这是法国保护患者权利方面的基本法,具有较高的权威和效力。该法律共由五章 126 条组成,内容涉及患者获得医疗的权利、获得信息的权利、同意权、隐私权、提出申诉的权利和获得损害赔偿的权利等诸多方面,对于促进患者权利保护、推动医疗卫生事业的发展具有重要意义。

德国的患者权利宪章。在德国,起初也没有专门的患者权利宪章。生命权、身体完整性的保护等问题首先是由基本法(宪法)作出规定,1983 年颁布的医疗保险法、社会法典中也确认了患者享有的部分权利。此外,刑法或医师会的执业规则中都规定了医师的守密义务和说明义务等内容。尤其需要注意的是,德国医师会的职业规则并不像其他国家医疗专业组织的从业规范一样,仅仅是单纯的内部规范,而是获得各州监督厅承认、能够在法庭上作为证据法使用的具有法律效力的文件。1992 年,德国国家咨询评议会建议将关于患者权利的现行法律规定整合成统一的患者权利宪章,得到一致同意。到 2003 年,德国终于制定了国家层面上的患者权利宪章。该权利宪章在内容上涉及患者对医师和医院的选择权和变更权、获得优良医疗的权利、同意和自我决定权、要求医师的解释说明权、未成年患者和被保护患者的权利、患者的记录获取权、末期治疗权,以及数据的秘密保护、意见处理、损害赔偿请求等患者的所有权利。

北欧四国的患者权利立法。目前,北欧的芬兰、冰岛、丹麦、挪威等国家都已经制定了全国统一的患者权利法。自从 20 世纪 80 年代以来,芬兰就开始了关于患者权利立法化问题的讨论。在经过多年坚持不懈的努力之后,芬兰国会最终于 1992 年通过了专门保护患者权利的法律——《患者的地位和权利法》。该法律总共由 5 章 17 条构成。其中,第一章是总则,就该法律的适用范围和相关定义等作了规定;第二章为"患者的权利",就获得优良医疗的权利、自我决定权、获取信息的权利和资格等与患者权利有关的问题作出详细规定;第三章规定了"患者的不满及处理方式"等问题;第四章为"医疗记录";最后一章就该法律的实施等问题作了具体的规定。

继芬兰之后,1997 年冰岛也制定了自己的《患者权利法》(1997 年第 74 号)。该法律由 8 章 30 条构成,第一章"序文",规定了该法律的目的、相关定义、保健服务质量等问题;第二章"信息及同意";第三章"秘密保护和职业秘密";第四章"临床记录中的信息的处理";第五章"治疗"中规定了患者尊严的尊重、治疗前的等待、对保健从业者的选择、关于自己健康的责任、末期患者的治疗等问题;第六章"关于患病儿童的特别规定";第七章和第八章分别是"表达不满的权利"和"关于实施的规定及其他"。

在丹麦,最初关于患者权利的规定散见于许多法令之中。1997 年,丹麦保健省专门设置了法案起草会,对这些法令进行整理,并增加一些新的规定,制定统一的《患者权利法》。1998 年 3 月,保健省向国家议会提交了新起草的《患者权利法》草案,并于同年 10 月获得通过。该法律对于患者权利的适用范围、有关定义及权利内容等,尤其是患者的知情同意权、病案使用权、自主决定权、健康资料保密权等作出规定,①有力地促进了患者权利的保护与实现。

---

① 潘峰:《丹麦病人权利法》,《中国卫生法制》2001 年第 2 期。

在挪威,受世界各国的影响,从 20 世纪 70 年代中期起,研究人员和医疗从业者就开始积极研究患者权利问题。1996 年,保健和社会问题省正式设立了旨在准备患者权利法案的起草小组。1999 年 1 月议会的审议工作开始,并于同年 7 月通过了《患者权利法》。该法目前在保障患者权利方面发挥着非常重要的作用。

此外,以色列、格鲁吉亚、比利时、罗马尼亚分别于 1996 年、2000 年、2002 年和 2003 年制定了各自的《患者权利法》。1983 年,日本医院协会也在制定的"执勤医守则"中规定了"患者的权利和责任",这是日本最早的关于患者权利的规定。1984 年,日本患者权利宣言全国起草委员会起草了"患者权利宣言"(草案)。此后,全国保险医团体联合会制定了《开业医宣言》,患者权利法协会制定了《规定患者诸权利的法律要纲草案》,日本律师联合会也通过了《关于确立患者权利的宣言》等文件。1991 年 5 月,日本医疗生活协同组织采纳了《患者的权利章程》,章程明确规定患者的知情权、自我决定权、保护隐私权、学习权、接受医疗权等各项权利,将对患者权利的保护推进到一个崭新的水平。

(二)关于患者权利保护的国际性文件

为了更好地规范医疗行为,进一步保障患者权利,20 世纪 80 年代以来国际社会特别是一些国际医学组织也相继出台了一系列规范性文件。其中最有影响的是 1981 年在葡萄牙首都里斯本召开的第 34 届世界医学大会通过的《患者权利宣言》(*Declaration of Lisbon on the Rights of the Patient*),即《里斯本宣言》(后经过了 1995 年及 2005 年的两次修订),与 1994 年国际卫生组织(WHO)欧洲区域办公室制定的《欧洲患者权利宣言》。这两份文件成为世界各国保护患者权利的指导性文件,对于患者权利发展起到非常大的促进作用。

《里斯本宣言》(修订后)所规定的患者权利:

1. 享有优质医疗护理权

2. 自由选择权

(1)有权利自由选择和更换他/她的医生、医院或卫生服务机构,无论是私营机构还是公共机构。

（2）在任何阶段有权请求另一位医生给予治疗。

3. 自主决定权

（1）有权利自决，而医生则需要告知这样决定的后果。

（2）心智健全的成年患者有权授予或终止任何的诊断程序或治疗。患者有权利获得必要的资料来支撑他/她的决定。

（3）患者有权拒绝参与医学研究或教学工作。

4. 无意识的患者

（1）患者如果不省人事或其他原因无法来表达他/她的意愿，这时无论如何也要找到他/她的合法代表人来行使知情同意权。

（2）患者如果没有法定代表人，同时治疗又是迫切需要的。除非是很显然或毫无疑问患者先前坚定地表示过或坚信他/她会拒绝治疗，那么一切都默认为患者同意。

（3）无论如何，医生要始终试图挽救因自杀未遂的昏迷患者的生命。

5. 合法的无行为能力患者

（1）即使是法定失能的患者也要让她/他在过程中尽量参与决策。

（2）当法定失能的患者作出合理的决定时必须予以尊重，并享有拒绝让法定代理人知悉相关信息的权利。

（3）如果患者代理人作出违反患者最佳利益的决定时，医生有义务在相关的法律机构挑战该决定，例如在危急时刻根据患者的最佳利益需要从事医疗行为。

6. 程序与患者的意志相抵触

只有在法律授权或是符合医疗理论的情况下，可以采取违反患者意愿的诊断或是治疗步骤。

7. 知情权

（1）病人有权获得他/她的病历，并充分了解他/她的健康状况，包括治疗状况。但是，病人病历的保密信息涉及第三者，这时就要征得第三者的同意方可告知，反之不能。

（2）此外，有充分的理由证明病人的病历在告知其本人后将会给他/她的生命或健康造成严重危害的时候，病人无权知情。

（3）病人的病历应该考虑病人的文化程度，以适当的方式告知他，而且这种方式病人是可以理解的。

（4）除非为了保护其他人的生命，否则病人无权要求不被告知的权利。

（5）病人有权利选择谁被告知，谁作为他/她的代表。

8. 保密权

9. 健康教育权

10. 受尊重权

11. 宗教信仰权

《欧洲患者权利宣言》所规定的患者权利：

1. 基本患者权利。每个人均有作为一个人受到尊重的权利；每个人均有自我决定权；每个人均有保持身心完整和人身安全的权利；每个人均有隐私受到尊重的权利；每个人均有其道德文化价值观和宗教哲学信念受到尊重的权利；每个人均有健康保护的如下权利：恰当的疾病预防和医疗服务，获得追求其自身可达到的最高健康水平的机会的权利。

2. 知情权。患者有权获知的信息范围包括：患者的健康状况；建议的医疗，每个步骤的潜在风险和好处；所建议医疗步骤的替代选择，不治疗的后果；诊断，预后和治疗过程；提供治疗的医疗服务者的身份和职业地位以及为患者治疗时应遵守的规则和常规。

3. 同意权。患者有权拒绝或中断某一医疗干预；当一名不能够表达自己意愿的患者需要医疗干预时，医疗人员应采取恰当行为；对任何人体物质的保存和使用、参与临床教学和科学研究都需要经过患者同意。

4. 保密与隐私权。患者有权要求更正、完成、删除、澄清，或者更新个人的和医疗的数据；对患者个人或者家庭生活的侵入应当被限制在为诊断、治疗和护理所必需的范围内；除非经患者另外同意或要求，该介入只能由必要的人员参加；患者有权要求确保其隐私的物质设施。

5. 护理与治疗权。对患者的护理与治疗应当符合公共健康目标（适当性、功效、质量、可获得、连贯性）；患者被转院或送回家之前有权得到充分的解释说明；患者的尊严、文化和价值观受到尊重的；得到家庭、亲属和朋友支持的权利；减轻痛苦的权利；得到人道的临终关怀和有尊严地死去的权利。

6.诉讼与投诉权。

三、发达国家患者权利保护与实现的伦理维度

医学是一种爱人之学、人道之学,因为医学是属人的,医学从来就与伦理学同源。①

20世纪末以来,通过立法形式保障患者权利的实现在国外已经成为一种趋势,而且取得了较大的成功。但是,这绝不意味着法律是保护患者权利的唯一途径。有学者指出,患者权利保护的一种理想状态是,一切医学行为在医生的道德义务感支配下实施,尊重了患者所有的道德权利。② 这充分表明,医学伦理道德在保护与实现患者权利方面扮演着十分重要的角色。西方国家也一直高度重视发挥医学伦理道德的作用,依靠"德"与"法"共治达到保护与实现患者权利的目的。

(一)当代西方国家高度重视医学伦理教育

进入20世纪以来,人类疾病谱和死因谱发生改变,心血管病、脑血管病和恶性肿瘤已经跃居致人死亡疾病谱的前列,而这些疾病与心理紧张、环境污染、社会文化、个人行为等社会因素密切相关。许多有识之士认识到,医务人员只有具备较高的医学伦理素养,用人道主义的医学价值观规范医学发展的正确方向,才能够肩负起生命终极关怀的使命。在这样的背景下,医学生质量标准开始发生变化。

1988年,世界卫生教育会议发表《爱丁堡宣言》,提出了"重新设计21世纪的医生"的口号。1993年8月英国爱丁堡世界医学教育高峰会议发表了《世界医学教育高峰会议公报》,提出医生"要遵守职业道德,热心为病人治病和减轻病人痛苦"。2003年,世界医学教育联合会(WFME)提出医学教育的全球标准,其中把职业道德界定为医学生必不可少的一种能力,这种能力"包括知识、技能、态度、价值和行为,保持医疗能力、获取研究的前沿信息、伦理行为、尊严、诚实、利他、服务他人、遵守职业规则、正直、尊重

---

① 孙慕义主编:《医学伦理学》,高等教育出版社2005年版,第3页。
② 李霁、张怀承:《患者权利运动的伦理审视》,《中国医学伦理学》2007年第20卷第6期。

他人"。

为了适应医学发展的新变化,自从 20 世纪 60 年代开始,新的医学人文教育在西方兴起,各国纷纷对医学教育课程进行了改革,将包括医学伦理在内的人文教育引入到医学教育中。1982 年,美国医学教育委员会在"医学教育未来方向"的报告中提出要加强医学生的人文、社会科学教育。1993 年,英国总医学委员会(GMC)发表报告《明天的医生》,提出改革医学人文教育,把医学伦理和医学法学变为医学教育的必修课程。此外,法国、日本等国家也纷纷开设大量的医学人文课程,加强医学人文教育,大力提升医学生的职业道德水平与人文素养。目前,在所有发达国家医学院校的课程设置中,人文社会科学无一例外地占有较高的比重,主要包括哲学、历史、宗教、法律、伦理、文学、艺术及行为科学等,并以医学伦理学、医学哲学、医学法学等医学与人文科学交叉学科作为核心课程。①

西方国家对医学伦理教育的高度重视,确保了医疗工作队伍的高素质,是患者权利得以实现的基础和有力保障。

(二)医务人员在工作中自觉践行医学伦理规范

在美国纽约东北部的撒拉纳克湖畔,长眠着一位名不见经传的特鲁多(E. L. Trudeau)医生,他的墓碑上镌刻着墓志铭:"To Cure Sometimes, To Relieve Often, To Comfort Always."用中文的表述就是:"有时,去治愈;常常,去帮助;总是,去安慰。"这段名言越过时空,久久地流传在人间,至今仍然熠熠闪耀着人文之光,既体现了医务人员较高的职业道德素养,又成为指引与激励他们不断取得进步的巨大动力。

在医疗工作实践中,医务人员大都能够自觉践行医学伦理规范,努力为患者提供优质服务,保障了患者权利尤其是道德权利的实现。例如,医务人员对待工作认真负责,对待患者热情友好,真诚地尊重与由衷地同情患者,并注意保护患者的个人隐私,双方建立起良好的信任关系。所以,在美国,中国留学生发现"医生水平很高但是很谦和"②;在德国,中国人看病有点不习惯——跟

---

① 余仙菊:《发达国家医学人文教育给我们的启示》,《广西高教研究》2002 年第 1 期。
② 《[那年在美国]只有谦和的医生,没有高高在上的老师》,2015 年 1 月 6 日,见 http://www.iiyi.com/d-07-210379.html。

国内一些医务人员态度冷漠形成反差:医生跟患者热情地握手,对患者友好地送行。[①] 在日本,医院医疗工作也坚持以人为本,医务人员对待患者就像对待自己的家人一样。医生巡视病房就像亲友探视一样与患者进行沟通,仔细观察病情和了解情绪变化,同时也非常礼貌地问候患者家属,与之沟通,求得配合。医护人员称呼患者时都礼貌地使用尊称,从不用患者的床号称呼他们。[②] 正是由于医务人员具备良好的职业道德品质与人文素养,保证了医疗服务的高水平,确保了患者权利的实现,国外医患关系才相对比较和谐,很少有严重的医患矛盾发生,有利于医疗卫生事业的顺利发展。

(三)对医务人员行为的医学伦理监督

在国外,高质量、高水平的医疗服务,必然需要以医务人员具备高素质为基本前提,尤其是要求他们具备较高的医学职业道德素养。医院采取各种手段规范医务人员的行为,从伦理、法律等角度对医疗行为进行极其严格的监督检查,对于所发现的医疗侵权现象以及其他患者不满意的道德与法律问题及时进行妥善处理,确保患者权利得到实现。

美国非常注重通过行业规范对医疗行为进行监督、管理。1999 年,美国内科理事会对医生职业精神的内容作了新的界定,包括:医师的自我利益实现次于他人的利益实现、严守高尚伦理和道德标准、为社会需要服务、人文关怀、对自身及同事负责、保持行为及决策公正等。2002 年,美国内科理事会基金会、美国内科医生学会、美国内科学会基金会和欧洲内科医生联盟共同发布《新千年医师职业精神:医师宪章》,明确了医师职业精神的三条基本原则和一系列专业责任。三条基本原则包括:把患者利益放在首位、患者自主和社会公正。专业责任包括:努力提高专业水准、对患者诚实、为患者保密、对有限资源进行公正分配、进行科学知识的创新并保证知识的可靠性、通过控制利益冲突维护信用等。

---

① 张晓:《中国人在国外看病,有点不习惯》,《温州都市报(健康周刊·故事会)》2013 年12 月9 日。

② 王柯厶:《中美日三国医疗纠纷防范和处理措施比较研究》,《医学与哲学》2012 年第12 期。

在日本，由厚生劳动省、日本医师协会、日本医院协会、健康保健联合会共同发起建立中央和地方各级医疗评估机构，主要任务是促进医院向患者提供优质服务。一般每过一年就由民众、官员和独立专家对所有医院和在职医生进行综合评分，对评估合格者发给合格证书，对不合格者则提出各种不同级别的警告，并在网上或媒体公示。1995年，日本还设立了医疗机能评价机构。该机构从学术的角度和中立的观点出发，通过各种统计资料，对不同规模的医院进行评价，其目的不是单纯地给医院划定等级，而是通过各项指标的考试，促使医院在认定的过程中得到自我完善。这样患者也可以利用中立机构提供的公开透明的信息，查询医生的从医经历，包括他们是否上过"黑名单"，由此可以避开"问题医生"。

在英国，医院设有专门的工作人员，被称为社会工作者（social worker）。他们具备丰富的专业医疗工作经验和较高水平的沟通技巧，平日里与医务人员一起查房，如果发现患者对于医疗过程存在疑惑，立即进行沟通，或者通知患者家属作出相应的解释。患者如果对医务人员或者医疗机构工作不满意，可以直接向提供服务的医疗机构投诉。大部分医院里面都成立了一个不隶属于医院的独立的伦理委员会，帮助解决本医院的医疗纠纷，最大限度地维护患者的正当权益。

法国、德国、挪威等其他国家也无不重视对于医疗机构及医务人员工作的监督，以维护患者正当权益，促进患者权利得到实现。尽管这些监督与管理并非仅仅局限于医学伦理学意义上，但是其对医务人员提出职业道德与人文素养方面的较高要求是不言而喻的，体现了对于医德医风建设的高度关注，充分表明医学伦理道德在患者权利保护方面扮演着极其重要的角色。

总之，在法律文化高度发达、法律制度比较完善的西方国家，法律并非人权保障的唯一法宝，在患者权利保障方面，医学伦理道德尤其扮演着十分重要的角色。道德与法律相结合，共同筑起维护患者权利的铜墙铁壁，成为医患关系和谐的根本保障与医疗卫生事业发展的有力支撑，也为我国相关问题的解决提供了宝贵经验。

第三节　我国关于患者权利的研究与保护

相较于西方国家,我国对于现代意义上的患者权利认识与保护要晚得多。在很长的时间里,关于许多患者权利的保护处于法律真空状态。甚至,直到今天,我国的患者权利保障仍然存在不少突出问题,成为导致医患关系日趋恶化、影响医疗卫生事业健康发展的重要原因。同时,也应该看到,自从改革开放以来,人们的权利意识开始苏醒,相关法律规定逐渐完善,患者权利保护已经和正在取得重大进步。

一、改革开放以来我国患者权利问题的提出

改革开放前,我国的医患关系总体上处于一种比较理想化却又十分模糊的状态。由于实行高度集中的计划体制,广大医疗机构存在的唯一目的和功能就是为人民服务。医疗机构的所有经费由政府提供,属于纯粹的非营利性事业单位,丝毫没有从患者身上营利的动机。同时,医疗机构对患者处于明显的优势地位,医务人员在患者心目中地位崇高,被尊称为"白衣天使"。患者由于国家实行福利性的医保制度,在就医过程中花费较少,处于受惠者的位置,通常会无条件服从医生的要求。在这种的传统体制下,整个社会几乎都没有意识到患者权利问题的存在。

自从 20 世纪 80 年代经济体制改革以来,我国医患关系开始发生巨大改变。1985 年,卫生部发布《关于卫生工作改革若干政策问题的报告》,核心思想是放权让利,扩大医院自主权,基本上是复制国企改革的模式。20 世纪 90 年代末期以来,我国医疗体制改革加快了市场化步伐,公立医疗机构逐渐变成一个自主经营、自负盈亏,既重视社会效益、又重视经济效益的市场主体。随着国家医疗卫生投入的大大减少,财政划拨经费越来越不能满足医院自身发展的需要,同时市场经济的发展又推动了对经济利益的追求,营利随之成为医疗机构与医务人员的重要目标,医疗服务体系全面趋利化。由此,医患关系中的经济属性迅速凸显出来,促使患者在就医过程中开始关注自身的经济利益。另一方面,市场经济的发展促进了人们对个人权利的关注,对外开放把西方民

主、法治、人权思想引入国内,激发和强化了社会公众的个人权利意识,也成为推动患者权利观念形成的重要因素。与此同时,一系列医患矛盾的发生,更是进一步强化了患者的权利意识。在这样的背景下,学术界开始了对患者权利问题的研究。

1988 年,在全国医学伦理学会会议上通过的《中华医学会医学伦理学宣言》,提出要继承和发挥传统医学道德精神,提高医疗服务质量,尊重病人人格和尊严,一切以病人利益为中心,为维护公民的权利、提高医疗服务水平而努力。① 1996 年,由著名医学伦理学家邱仁宗和著名律师卓小勤等合著的《病人的权利》一书出版,首次在中国提出了病人权利的概念,该书系统地介绍了病人权利的含义和内容,以及权利受到侵害时如何进行救济等问题,其中提出了病人享有医疗权、自主权、知情同意权、保密权、隐私权等。② 从此,我国关于患者权利的研究如火如荼地开展起来。一大批有影响的论著,例如李本富教授撰写的《病人的权利和义务》、张敏智和朱凤春编著的《病人权利概论》、饶向东的论文《病人权利之研究》等涌现出来,对保护患者权利在我国的启蒙、促使患者更好地维权等方面都发挥了巨大作用。理论研究还推动了医学方面社会团体的参与,在 1997 年召开的第九次全国医学伦理学年会上,与会者讨论并形成了正式文件《病人的权利和义务》。继而,卫生部卫生法制与监督司在调研基础上编写了《卫生法立法研究》一书,其中关于"病人的权利研究报告"部分总结归纳了 18 项病人权利,包括获得医疗服务保健权、得到社会救济权、知情权、同意权、保密权、隐私权、不受错误医疗行为损害权、技术鉴定申请权、受尊重权、获得赔偿权等。进入新世纪以来,关于患者权利的研究更加广泛、深入,李霁与张怀承撰写的《患者权利运动的伦理审视》、谢晓的《患者权利的类型》、钱丽荣与王伟杰的《论患者权利及其法律保护》等文章,以及侯雪梅的《患者的权利》等著作,使人们对于患者权利的认识更加深刻与全面。时至今日,在我国,关于患者权利及相关问题的研究已经成为一门"显学",在百度搜索引擎随便输入"患者权

---

① 马文元:《医患双方的权益》,科学出版社 2005 年版,第 18 页。
② 《中国病人权利 2007 年年度报告》。

利",就可以找到相关结果 2020000 余个,充分表明这一问题已经成为全社会高度关注的焦点。

二、我国对患者权利的法律保护

当前,依靠法律保障患者权利已经成为世界各国的普遍做法。患者权利法律保护最重要的意义体现在:法律具有明确性、强制性和稳定性的优点而成为"权利保障中最重要、最常见的手段",具有不可替代性。[①] 此外,患者权利保护相关法律法规还是提高医方尊重患者权利意识、重建医患信任关系的法宝[②]。在我国,法律已经成为促进患者权利实现与保护的主要手段。

(一)我国保护患者权利的法律

通过法律保障患者权利已经成为共识并取得较大成就,但是目前我国并没有患者权利保护方面的专门性法律,有关患者权利保护的规定散见于相关的法律文件中,大致可以分为以下几类:

《中华人民共和国宪法》及相关文件。

法律[③]:《中华人民共和国民法通则》、《中华人民共和国产品质量法》、《中华人民共和国消费者权益保护法》、《中华人民共和国侵权责任法》、《中华人民共和国执业医师法》、《中华人民共和国药品管理法》、《中华人民共和国传染病防治法》、《中华人民共和国职业病防治法》、《中华人民共和国母婴保健法》、《中华人民共和国精神卫生法》

法规:《医疗事故处理条例》、《医疗机构管理条例》、《药品管理法实施条例》、《乡村医生从业管理条例》、《医疗废物管理条例》、《艾滋病防治条例》、《人体器官移植条例》、《血液制品管理条例》、《医疗器械监督管理条例》、《公共场所卫生管理条例》、《护士条例》

规章:《医师外出会诊管理暂行规定》、《血站管理办法》、《卫生信访工作办法》、《医疗广告管理办法》、《医疗机构管理条例实施细则》、《关于建立医

---

① 杨春福:《权利法哲学研究导论》,南京大学出版社 2000 年版,第 165 页。
② 钱丽荣、王伟杰:《论患者权利及其法律保护》,《中国医学伦理学》2011 年第 24 卷第 4 期。
③ 指狭义的法律,即我国最高权力机关全国人民代表大会颁布的法律性文件。

务人员医德考评制度的知道意见(试行)》《处方管理办法》《新生儿疾病筛查管理办法》《职业病诊断与鉴定管理办法》《结核病防治管理办法》《药品经营质量管理规范》《性病防治管理办法》

此外,还有许多地方性的法律文件。由此可以看出,我国在医疗卫生领域立法的数量之多,基本上形成了以公共卫生、医院管理、医师管理、医药管理等方面为主体的全方位的立法体系,对于患者权利的保障和实现具有非常重要的作用。

(二)我国法律规定的患者权利

在我国,通过法律进行保护的患者权利分为两种情况:一是患者作为公民(自然人)应该享有的权利,由宪法与一般性法律予以保障,例如生命健康权、人身权、财产权、休息权、获得帮助权等;二是患者作为接受诊疗的对象,由医事法律进行确认和保护的权利。

1987年6月29日,国务院颁布《医疗事故处理办法》,至2002年之前这部行政法规一直是中国最主要的医疗法规。[①] 2002年,国务院颁布《医疗事故处理条例》,该条例生效后,原先的《医疗事故处理办法》同日废止。目前,《执业医师法》《侵权责任法》《医疗事故处理条例》成为保护患者权利最集中、最重要的法律文件。

《医疗事故处理条例》规定的患者权利:

1. 复印或复制医疗记录的权利(第10条)。患者可以复印或复制的医疗记录包括:门诊病历、住院志、体温单、医嘱单、化验单(检验报告)、医学影像检查资料、特殊检查同意书、手术同意书、手术及麻醉记录单、病理资料、护理记录以及国务院卫生行政部门规定的其他病历资料。

2. 知情权(第11条)。在医疗活动中,医疗机构及其医务人员应当将患者的病情、医疗措施、医疗风险等如实告知患者,及时解答其咨询;但是,应当避免对患者产生不利后果。

3. 同意权。在第10条、第18条所规定的医疗记录包括了特殊检查同意书、手术同意书,这是该条例中唯一涉及同意权的条款。

---

① 费煊:《中国与欧洲患者权利保护法比较》,《江淮论坛》2009年第5期。

4.参与保存证据的权利。对证据的保管应当在医患双方共同在场的情况下封存和启封。其中,第16条规定发生医疗事故争议时,对死亡病例讨论记录、疑难病例讨论记录、上级医师查房记录、会诊意见、病程记录的保管。第17条规定了疑似输液、输血、注射、药物等引起不良后果的,对现场实物的保管。第18条关于尸体的冻存与检验。

5.申请鉴定的权利。患者有权参与共同委托医学会进行医疗鉴定。第22条规定了当事人有提出再次鉴定的申请的权利。第24条是关于抽取参加鉴定的专家的规定。第26条规定患者有申请鉴定专家回避的权利。第28条规定患者有提交有关医疗事故技术鉴定的材料、书面陈述及答辩的权利。

6.选择申请调解或起诉的权利。根据第46条的规定,患者对医疗事故的赔偿争议可以通过协商、向卫生行政部门提出调解申请、直接向人民法院提起民事诉讼三种方式解决。

《执业医师法》规定的患者权利:

1.受尊重权和隐私权。第22条第3款规定,医师在执业活动中应当"关心、爱护、尊重患者,保护患者的隐私",表明医务人员不仅要治病救人,同时还要履行相关义务,切实保障患者权利。

2.知情同意权。第26条与患者知情权有关,从医师义务的角度规定医生应如实告知患者的病情。同时,规定"医师进行实验性临床医疗",应经过患者本人或者其家属同意才可以进行。

3.急危患者获得救治权。第24条规定,对急危患者,医师应当采取紧急措施及时进行诊治;不得拒绝急救处置。这一规定确立了医务人员对急危患者进行无条件救治的原则,体现了医学人道主义的基本要求,有力地保障了患者生命健康权这一基本权利。

《侵权责任法》规定的患者权利:

1.知情同意权。根据第55条规定,医务人员在诊疗活动中应当向患者说明病情和医疗措施。需要实施手术、特殊检查、特殊治疗的,医务人员应当及时向患者说明医疗风险、替代医疗方案等情况,并取得其书面同意;不宜向患者说明的,应当向患者的近亲属说明,并取得其书面同意。

2. 损害赔偿权。第 54 条规定,患者在诊疗活动中受到损害,医疗机构及其医务人员有过错的,由医疗机构承担赔偿责任。据此,患者可以要求追究医疗机构及医务人员的责任,获得经济赔偿。

3. 查阅、复制病历资料权。根据第 61 条第二款的规定,患者要求查阅、复制前款规定的病历资料的,医疗机构应当提供。

4. 个人隐私权。根据第 62 条规定,医疗机构及其医务人员应当对患者的隐私保密。泄露患者隐私或者未经患者同意公开其病历资料,造成患者损害的,应当承担侵权责任。这一条款充分表明对患者精神性权利的重视。

5. 避免过度检查权。第 63 条规定,医疗机构及其医务人员不得违反诊疗规范实施不必要的检查。这实际上是禁止对患者进行过度医疗,避免患者遭受不必要的人身伤害与经济损失。

总结我国以上法律文件以及目前其他法律法规的规定,患者享有的权利主要有:

平等医疗权。它是指任何患者的医疗保健享有权都是平等的,每一个社会成员在医疗中都享有得到基本的、合理的诊治和护理的权利,以及在医务人员面前,患者是平等的。

生命权。它是指患者在心跳、呼吸、脑电波暂停的情况下,医生不能放弃抢救,应尽一切可能实施救治,患者拥有活着的权利。

身体权。患者对自身正常或非正常的肢体、器官、组织等拥有支配权,医务人员不经患者同意、家属签字或者履行一定手续,不能随意进行处理。

健康权。患者享有维持生命体征比较正常、心理状态比较符合正常人标准的权利,即拥有包括生理健康和心理健康的权利。

疾病认知权。患者对自身所患疾病的性质、严重程度、治疗情况及预后有知悉的权利。医生在不影响治疗效果的前提下,应让患者知悉病情。

免除一定社会责任的权利。它是指患者在获得医疗机构证明后,可以免除一定社会责任,同时有权利得到各种福利保障。

此外,法律规定的患者权利还包括人格尊严权、知情同意权、隐私保护权、查阅与复制病历资料权、申请鉴定权、求偿权、诉讼权等权利。

（三）我国患者权利保护立法的不足

经过几十年的探索和努力，我国已初步形成了中国特色的卫生法律体系，[①]有力地促进了患者权利的保障与实现。但是，其中存在的问题是显而易见的：

一是尚未建立起专门的患者权利保护法，不利于对患者权利全面、系统的保护。世界上许多国家，尤其是一些发达国家，制定了专门性法律，以加强对患者权利的保护，取得了较好的效果。但是，在我国，尚未制定专门的患者权利保护法，关于患者权利的规定只是散见于相关法律法规之中，而且大多以医务人员职责的形式表现出来，从而影响了法律的权威与保护患者权利的力度，使得对患者权利的保护效果都大打折扣。此外，由于不同法律之间缺乏呼应，相关条文规定缺乏严谨与高度一致性，致使患者权利保护处于无序状态，影响了法律的有效实施，也严重削弱了对患者权利的保护。

二是现有法律对于患者权利的规定过于笼统，缺乏可操作性。以患者知情同意权的保护为例。在现代社会，知情同意权被认为是患者最重要的权利之一，内涵丰富。但是，我国现有相关立法，诸如《医疗事故处理条例》、《医疗机构管理条例》、《执业医师法》等，规定该权利的适用范围过于狭窄，仅仅局限于手术、特殊检查或特殊治疗的场合，而并非适用于医疗活动的全过程。并且，现有相关规定在内容上过于抽象，缺乏医师说明义务的标准、类型、内容、程序、说明义务的免除情形，更没有说明患者为无民事行为能力人或限制民事行为能力人时如何处理，可操作性较差。又如，在人格尊严权、个人隐私权等权利的保护方面，相关法律也大都只是提出一般性规定，更近似于倡导性的口号，而缺乏明确、具体的界定，不利于法律的实施与患者权利保护目的的实现。

三是现有医事立法层级偏低，权威性不够，影响患者权利保护的效果。作为患者权利保护的主要法律渊源，我国现有医事法律文件多为行政法规或部门规章，前者例如《医疗事故处理条例》、《医疗机构管理条例》，后者例如《医师外出会诊管理暂行规定》。众所周知，在我国的法律体系中，行政法规与部门规章在法律位阶中远排在基本法律与法律之后，属于较低层次，由此在很大

[①]　赵同刚:《卫生法》，人民卫生出版社 2005 年版，第 4 页。

程度上决定了其难以具有崇高的效力与权威,也会导致对患者权利的保护无法取得理想效果。

三、我国患者权利研究与保护的一个新维度

说到患者权利,人们会想到平等医疗权、生命健康权、人格尊严权、知情同意权等具体内容,似乎由此概括了患者权利的所有内涵。事实上,这不过是关于患者权利研究的一个方面与维度。将患者权利分为不同类型,研究不同类型权利的特点与保护要求,是我国患者权利研究与保护的一个新维度,具有重要而现实的意义。

依据不同标准,可以将患者权利主要划分为以下不同的种类:

基础权利与派生权利。基础性权利是指患者享有的基本医疗权,具体包括获得救治的权利,以及与之直接相关的生命健康权。该权利的形成基于患者最基本的角色定位——需要医疗救治的人员,是最传统意义的患者权利。派生权利是指患者在医疗权基础上产生的人格尊严、隐私保护、知情同意等各项权利。保障患者基础权利,是以"治病救人"为天职的医务人员起码的职责,容易引起重视而得到有效保护。对于患者人格权、隐私权、知情同意权等派生权利,由于一些医务人员观念陈旧,将工作目标仅仅局限于"救死扶伤",常常得不到应有的重视,容易受到不同程度的侵害,是导致医患纠纷的重要原因。

法律权利与道德权利。法律权利是指通过法律确认并由国家强制力保障的患者权利,道德权利是权利主体基于一定的道德原则、道德理想而享有的能使其利益得到维护的一种应然性权利。法律权利以法律形式专门确认,权利内容与边界、权利保护、侵权防范与处罚、权利救济及寻求救济的机构都明确而具体,因而比较容易得到保护。相反,道德权利的调整标准或准则比较模糊,虽然也具有规范性,但这种规范性很弱,而且没有国家强制力做后盾。因此,患者道德权利在医疗实践中却容易被忽视与遭受侵犯,这已经成为医疗侵权与医患纠纷发生的主要原因。当前加强患者道德权利保护甚至比法律权利保护更加重要而迫切。

经济权利与人格权利。患者经济权利主要指在医疗过程中患者享有合理

支出医疗费用的权利。人格权利是指患者享有人格尊严、身体完整、隐私保护等权利。对于广大患者而言,经济权利主要表现为避免不必要的医疗开支,避免过度医疗、医药费用过高等。在医疗实践中,许多医疗机构及其医务人员以逐利为主要目的,把谋求更大的经济利益作为行医准则,把医疗服务行为等同于市场上的一般商品和服务,患者经济权利遭受严重侵害,已成为社会焦点问题。至于患者人格权,相对于经济权利更容易被忽视与遭受侵犯,从而同样成为导致医患纠纷频繁发生的重要原因。事实上,患者对医疗服务是否满意,常常不以医务人员技术水平高低来衡量,而是看他们对患者是否耐心、认真以及发自肺腑地同情与关爱,是否对患者人格权予以充分的尊重。

个人权利与群体权利。患者个人权利是指患者作为单个的人享有接受治疗、获得尊重等权利,患者群体权利是患者作为一个特殊群体共同拥有的各项权利。患者作为孤立、分散的社会成员,所面对的医疗机构则是具有强大经济实力、复杂组织机构和拥有医学专业人员的团体,很难与之抗衡,因此有必要团结起来,成立"患者协会"、"联合会"等自治性组织,借此实现个人权利。这些组织作为患者利益的代表,一方面对遇到困难的患者提供必要的支持和帮助,另一方面有权反映患者群体的呼声,参与政府医疗卫生政策及法规的制定,对医疗服务体系进行监督,以促进医疗服务体系环境的改善和质量的提升。目前,我国患者群体权利问题备受关注,但是由于自治性患者权利组织的缺位,仅仅依靠政府和社会等外力的作用不足以替代内部保护机制的效用,影响了对患者权利的保护。

一般患者的权利与特殊患者的权利。随着社会发展与人们权利意识的增强,一般患者的权利逐渐受到高度重视并得到有效保障。但是,一些特殊患者(主要从疾病种类、患病程度以及治疗方法等方面考虑)究竟应该享有什么样的区别于普通患者的权利,则较少引起关注,相关法律规定更是尚付阙如。例如,处于临终状态——身患不治之症且濒临死亡的患者,在备受病痛残酷折磨时应该享有哪些权利?一般认为,临终患者有权接受医疗、护理、心理关怀相结合及全社会共同参与的全方位特殊服务,享受到胎儿在生理子宫中那种温暖的爱(即社会沃姆原则),同时也拥有拒绝通过进一步治疗来维持其质量低下的生命的权利。但是,对此尚需进一步研究,特别是有待于得到法律的认定。

　　毫无疑问,对于患者权利的保护需要多层次、多角度进行。在探讨患者权利分类的基础上,研究不同种类患者权利的特点与保护要求,对于深刻把握患者权利的本质特征,强化对患者权利的保障与实现,具有极为重要的意义。这是关于我国患者权利研究与保护的一个新维度。由此,可以更好地揭示当前患者权利保护中存在的各种问题,深入探索患者权利保护与实现的科学路径,从根本上建构和谐医患关系,促进医疗卫生事业的健康、快速发展。

第二章　患者道德权利概论

近年来,关于患者权利的研究逐渐深入,从制度与法律的视野探讨患者权利保护问题在学术界成为常态。然而,关于患者权利保护的一个新维度,即关于患者道德权利的保障——一个在医疗实践中严重影响医患关系和谐的问题,仍然未能引起人们足够的重视,存在较大的探讨空间。

第一节　道德权利概说

一、道德权利问题的提出

在西方伦理思想史上,从霍布斯、洛克、卢梭、孟德斯鸠等近代启蒙思想家,到哈耶克、诺齐克、罗尔斯等当代著名思想家,都非常重视权利在道德生活领域的价值和意义。[①] 但是,在我国传统伦理思想中,通常只是片面地强调道德的义务性特点,而很少提到道德权利的存在。究其原因,漫长的以自给自足的自然经济为标志的传统农业社会,以及封建统治阶级维护统治的需要,使我国形成了具有人身依附性质的封建宗法制度。"父子有亲,君臣有义,夫妇有别,长幼有序,朋友有信","君为臣纲,父为子纲,夫为妻纲",以及"妇言、妇德、妇容、妇功"等成为这一制度的基本要求。由此,表面上在君臣、父子、夫妻之间建立起一种对应关系,但实际上是单向度的,即主要强调臣子与妇女等人的服从,君王、父亲、丈夫却很少受到制约。换言之,封建宗法制度使得本应

---

① 　魏长领:《道德权利基本内涵探析》,《郑州大学学报(哲学社会科学版)》2013 年第 46 卷第 1 期。

是双方互相制约的伦理关系变为单向的义务性指令关系,形成了道德上的义务本位模式。因而,重视义务、忽视权利成为我国传统文化尤其是传统伦理思想的一大特色。新中国成立以后,在根本上确立了人民群众当家做主的地位,人与人之间实现了真正的平等。但是,由于我国长期实行高度集中的计划经济,个人权利得不到充分重视,尤其是在思想道德领域坚持集体主义原则(贯彻社会主义制度的必然要求)的同时,不适当地过于强调个人服从集体与国家,甚至不惜牺牲个人的正当权益,实际上仍然是坚持个人义务本位立场的体现。在这样的背景下,探讨道德生活领域的权利问题缺乏合适的土壤,以至于"自新中国成立到改革开放之初,中国学术界关于道德权利问题的研究基本上处于空白状态"。①

直到 20 世纪 80 年代中期,在我国道德权利问题才开始受到伦理学界的关注,揭开了研究与探讨这一问题的序幕。尽管也有学者认为,关于道德权利的提法在立论上欠妥当,道德权利不是科学的伦理学范畴,道德权利论在理论上和实践上都有一定的危害。② 但是,权利在道德生活领域的价值和意义却日益受到学术界的重视,很快成为多数人的共识,充分表明了确认与研究道德权利的合理性与必要性。学者们所列举确认道德权利存在的合理性,主要理由包括:其一,权利与义务不能分开,只讲道德义务而不讲道德权利是不全面的。马克思的格言"没有无义务的权利,也没有无权利的义务",在讨论有关道德的问题时仍然适用,"道德权利渗透人类社会生活的各个方面,贯彻人类社会的始终……与任何权利绝缘的'为义务而义务'的道德体系,不过是唯心主义伦理学家的杜撰而已"。③ 其二,道德权利是道德关系的必然要求、施受结构的重要环节、道德规范的约束条件、社会角色的正当权益与道德公平的具体体现,也是道德建设的重要内容。其三,西方国家思想界十分重视道德权利的价值和意义。当代西方思想家哈耶克、诺齐克、罗尔斯等都把尊重人权、人的自由权、财产权等权利当作道德或正义的基本原则。法学家坎特诺维特也

---

① 杨义芹:《道德权利问题研究三十年》,《河北学刊》2010 年第 30 卷第 5 期。

② 马尽举:《道德权利不是科学的伦理学范畴》,《河南大学学报(哲学社会科学版)》1989 年第 3 期。

③ 程立显:《试论道德权利》,《哲学研究》1984 年第 8 期。

说,虽然不是所有的伦理秩序中都包含道德权利概念,但在相当多的伦理秩序中可以找到道德权利的位置。① 而且,"权利"概念也深刻地体现在马克思有关道德的思想中,他本人对资本主义异化劳动和剥削制度的道德批判,就是建立在工人的生存权利、劳动权利、收益权利基础上的。正因为工人拥有这些权利,资本家剥夺工人的这些权利就是不道德的、残忍的,应该受到道德谴责。②

什么是道德权利?"道德权利是一个有着丰富内涵的概念,它常常被赋予不同的含义或在不同的道德语境中体现出不同的道德意味",③所以,关于道德权利的界定,众说纷纭,见仁见智。1984 年,程立显在《哲学研究》上发表《试论道德权利》,首次公开提出道德权利问题。文中明确指出:"所谓道德权利,系指人们在道德生活——社会生活的最为广泛的方面——中应当享有的社会权利;具体地说,就是由一定的道德体系所赋予人们的、并通过道德手段(主要是道德评价和社会舆论的力量)加以保障的实行某些道德行为的权利。"此后,其他学者也从不同角度对患者权利概念进行界定。例如,张开城认为,道德权利就是依据道德应该得到的东西,是作为道德主体的人应享有的道德自由、利益和对待。④ 余涌提出,道德权利是道德主体者基于一定的道德原则、道德理想而享有的能使其利益得到维护的地位、自由和要求。⑤ 2002年,上海辞书出版社出版的《伦理学大辞典》收录了道德权利这一词条:"道德权利,现代西方伦理学和经济伦理学术语。与法律权利不同,通常指由道德体系所赋予的,由相应的义务为保障的主体应得的正当权利。它独立于法律权利而存在,形成批判或确证法律权利的基础。"⑥

尽管有关道德权利概念的各种表述存在明显的不同,但是这些差异主要表现为一些细节方面,在基本含义上并无原则的冲突,各种定义之间常常是相互促进、相互补充的关系。这表明,大家对于道德权利概念的理解与认识基本一致。在借鉴各种定义及相关研究的基础上,本书将患者权利概念界定为:道

---

① 余广俊:《论道德权利与法律权利》,《山东社会科学》2009 年第 10 期。
② 时统君:《道德权利问题研究三十年》,《理论界》2011 年第 6 期。
③ 杨喜梅:《道德权利刍议》,《经济与社会发展》2009 年第 7 卷第 7 期。
④ 张开城:《试论道德权利》,《山东师范大学学报(社会科学版)》1995 年第 5 期。
⑤ 余涌:《道德权利研究》,中央编译出版社 2001 年版,第 30 页。
⑥ 朱贻庭编:《伦理学大辞典》,上海辞书出版社 2002 年版,第 130 页。

德权利就是权利主体依据道德理想、道德原则与规范应当享有的一种应然性权利,这种权利依靠道德的力量予以保障,在内容上主要表现为行为自由权、人格平等权、公正评价权以及请求报答权等权利,但不限于这些权利。

二、道德权利的内容

20 世纪 80 年代,学术界开始关注道德权利问题,从不同角度界定道德权利的定义,但是当时研究尚不够深入,没有对其内容作出具体的说明,总的来说道德权利还是一个比较模糊的概念。20 世纪末,随着对道德权利问题的研究日益深入,关于道德权利的界说也越来越多,开始涉及道德权利的内容方面的规定性,逐渐形成对道德权利内涵的清晰认识。

1995 年,张开城教授在《试论道德权利》一文中把道德权利在内容上分为道德选择的自由,人们在一定道德关系中的地位、尊严和受惠性,以及道德行为的公正评价三个方面,[①]比较早地明确揭示了道德权利的内容构成。本世纪初,余涌在界定道德权利时,也涉及道德权利的内容方面的规定性,比如"应享有的道德自由、利益和对待","使其利益得到维护的地位、自由和要求"等。之后,李建华教授明确地把道德权利的内容概括为行为自由权、人格平等权、公正评价权及请求报答权等四个要素,得到了学术界一致的认可。[②] 此外,其他学者的研究成果还包括:陈玲提出,道德权利包括道德生活中的自由选择权、道德主体的被尊重权、道德行为客观公正评价权三个方面;[③]魏长领认为,道德权利包括五个方面的基本内涵:选择和认同某种道德价值标准的权利、进行道德行为选择的权利、要求公正评价自己品质和行为的权利、要求受益者和社会予以适当补偿的权利与追求德福统一、道德公正的权利,[④]等等。

尽管学者们关于道德权利内容的阐述不尽一致,但是大多数人的基本观点存在相同之处。尤其是主张道德权利主要表现为行为自由权、人格平等权、

① 张开城:《试论道德权利》,《山东师范大学学报(社会科学版)》1995 年第 5 期。
② 李建华:《法治社会中的伦理秩序》,中国社会科学出版社 2004 年版,第 147 页。
③ 陈玲:《道德权利基本问题研究》,《西南交通大学学报(社会科学版)》2006 年第 7 卷第 5 期。
④ 魏长领:《道德权利基本内涵探析》,《郑州大学学报(哲学社会科学版)》2013 年第 46 卷第 1 期。

公正评价权及请求报答权四个方面的"四要素说"得到广泛支持,其他观点大都继承了它的主要思想内涵。因而,有必要对该四种具体权利作出阐释。

1. 行为自由权

这里的行为自由权是指道德主体的道德行为选择权。一个社会存在多种道德价值标准,人们常常面临对不同道德价值标准的选择和认同,某一主体在选择了按照某种道德准则的要求去实现一定的道德价值时,就不得不放弃或妨碍按照其他道德准则的要求去实现另外的相近似的道德价值。此时,道德主体所拥有的自由选择某种行为的权利就是道德行为选择权。

历史上,统治阶级往往把自己的道德价值标准强加于被统治阶级成员,将履行其道德价值标准作为老百姓的道德义务加以片面强调,并用政治的、法律的手段强制予以推行,是对人的行为自由权的粗暴侵犯和对基本人权的肆意践踏。对于人们究竟如何进行道德行为选择,恩格斯认为:"人们自觉地或不自觉地,归根到底总是从他们阶级地位所依据的实际关系中——从他们进行生产和交换的经济关系中,获得自己的伦理观念。"[1] 在《德意志意识形态》中,马克思、恩格斯还提出,在任何情况下,个人总是"从自己出发"去认识、把握、改造自然和社会,从而形成自己的道德价值观。"共产主义者既不拿利己主义来反对自我牺牲,也不拿自我牺牲来反对利己主义……无论是利己主义还是自我牺牲,都是一定条件下自我实现的一种必要形式"。[2] 这充分体现了他们对人们选择和认同某种道德行为的权利的肯定,即对道德权利的肯定。在今天,确认人的行为自由权是建设民主、自由、理性社会,实现广大人民群众当家做主地位的应有之义。

2. 人格平等权

意思是指,道德主体在道德关系中,作为平等和独立的人,拥有与任何他人平等的人格和高贵的尊严,理应受到他人和社会的尊重。

人们常说,人格就是做人的资格。人之所以都有自己的人格,首先是因为每个人都在他们的族类那里获得了区别与动物人的特殊规定性,具备了人的

---

① 《马克思恩格斯选集》第 3 卷,人民出版社 1995 年版,第 434 页。
② 《马克思恩格斯选集》第 3 卷,人民出版社 1960 年版,第 275 页。

基本特征。这种规定性,使得每个人都获得了做人的尊严和权利,因而,在社会中应受到人的待遇。任何一个人,不论职位的高低、财富的多少、相貌的美丑、健康状况的好坏,也不论种族的差异及其文明发展的程度,在人格上都是完全平等的。每个人的人格尊严都应该受到社会的尊重,不容任何人污辱和亵渎。在伦理学领域,人格平等权就是道德主体依据道德因其人格的平等而享有的被尊重的权利。

我国古代,荀子提出人"最为天下贵也",墨子认为"人无幼长贵贱",以及西方近代提出"人生而平等",都程度不同地反映了人格平等的思想主张。随着社会的不断进步与文明程度的不断提高,人类对自身价值的认识空间也不断拓展。渴望人格上的平等和得到他人与社会的尊重成为社会公众的共同心理需要。人格尊严的平等进一步成为在社会生活各方面中每个社会成员都要求享有的权利,成为在道义上每个人应该享有的基本人权。今天,在生活实践中,一些弱势群体遭受歧视的现象屡屡发生,实际上就是人格平等权受到了侵犯,与社会发展要求背道而驰。侵害人不仅理应受到道德的谴责,而且可能受到法律的制裁。

3. 公正评价权

即道德主体的道德行为获得公正评价的权利,是指道德主体在作出某一道德行为后,依据道德获得社会或他人对其行为进行公正的道德评价的权利,以及主体依据道德所享有的对他人的道德行为进行公正评价的权利。在这里,公正就是公平正义,可以理解为一种道德价值观念和一种给人应得的而不给人不应得的行为准则。

公正的道德评价往往是赏罚公正的前提,也是道德价值得以实现的必要条件,是避免道德上"冤假错案"的重要环节。"缺乏正确的评价,善恶不分、善恶颠倒的评价,不恰当的回报,将失去对向善的激励意义和对从恶的抑制、抨击作用。"①古往今来,道德评价主体在评价中的失误,曾使多少无辜的评价对象成了道德舆论的受害者,又曾使社会为之付出多少沉重的代价!在现实生活中,多次发生老年人跌倒后,将其搀扶起来的见义勇为者反而被诬陷为撞

---

① 黄雁玲:《论道德回报及其制度化建设》,《社会科学家》2011 年第 8 期。

人的人,并因此遭受处罚的事件,就是道德行为没有受到公正评价,必将产生极其不良的社会影响。结果,老人摔倒扶不扶竟然成为我们这个有着几千年文明史的国家里讨论的热点话题。所以,社会对一个人的行为或品质的善恶性质定性不准确的时候,特别是把自己的善行当作恶行,对自己的道德品质进行侮辱、曲解,使自己的人格尊严和正当利益受到侵害的时候,自己有权利进行解释、辩解,要求别人和社会予以更正、予以公正评价,这种权利也是人们道德权利的重要内涵之一。同时,任何一个人也可以对自己或他人的行为作出"善"与"恶"的评价,这是符合人之为人的本性要求的,是基本人权的体现。当然,在一般意义上,这种评价也应该是公正评价,不公正的评价不属于评价者的道德权利范围。公正评价权的实现,有利于人的自由全面发展,也有利于推动社会的进步。

4. 请求报答权

履行道德义务不图任何回报,集中体现了道德的纯洁和高尚,通常也被视为道德义务区别于法律义务的重要特征。但是,这并不意味着履行义务者不应该享有权利。我国古代讲究"知恩图报",强调"善有善报,恶有恶报",实际上都是肯定请求报答权这种道德权利的存在。在今天,如果完全否认见义勇为者有要求受益者和社会予以适当补偿的权利,势必会导致"英雄流血又流泪"的道德悲剧,对个人的道德热情和社会的伦理公正都造成重大的伤害。学者李建华、周蓉认为:"一般而言,道德义务的履行不以获得某种个人的利益、报偿或权利为条件或动机。不过,要解决这个问题须首先弄清两个基本问题:其一,道德义务的非权利性动机并不意味着道德权利不存在。其二,道德舆论不能只是鼓励人们履行道德义务的非权利性动机,还应当号召人们维护由于这种义务行为而产生的道德权利要求。在特定情境下,强调道德权利和道德义务的这种对等性,对于维护一种公正、合理、和谐的道德关系是很有必要的。"[①]可见,请求报答权是道德主体享有的一项重要权利,主张这一权利具有重要的理论与现实意义。

除了以上四种权利,道德权利是否还有别的内容?答案是肯定的。"四

---

① 李建华、周蓉:《道德权利与公民道德建设》,《伦理学研究》2002 年第 1 期。

要素说"只是通过列举方式,体现了学者们对于道德权利基本内涵的一种理解与认知,没有也不可能囊括道德权利内容的全部。根据关于道德权利概念的一般性界定,一种权利被视为道德权利,只需要具备两个条件:一是符合一定的道德理想、道德原则与规范的要求;二是法律对此没有作出明确的规定。由此可见,道德权利的内涵是一个开放的体系,远非仅限于当前学界已经列举的类型。

　　需要指出的是:一方面,与一个国家只存在一个统一的法律体系不同,不同社会或者同一社会的不同人群的道德理想与准则也存在较大差异。形成道德权利依据的道德原则与规范应该是从一个人生存与发展的基本需求出发确立的、大多数人普遍认可的规定与要求,通常这些规范与要求被视为公平与正义的象征。它是个人在道德生活中应该享有的使人的尊严、自由和利益得到维护的社会资格。这意味着:人人都有一定的维护个人生存的权利,有表现自己个性的权利;有一定限度的个人自由;有相应的权利和义务,比如:维护自己人格和尊严的权利,对不道德行为进行抨击和谴责的权利,得到道义和舆论支持与保护的权利,接受道德教育的权利,爱别人和被别人爱的权利等,这些普遍存在的道德权利构成了人类道德生活的重要内容。[①] 另一方面,尽管道德与法律很多时候在价值标准上基本一致,所涉及的权利常常在内涵与要求上基本相同,但是根据确认依据、实现手段等方面的不同,出现了道德权利与法律权利的分野:借助于法律认可与保障的权利是法律权利,依据道德要求而存在和实现的权利是道德权利。从这个意义上,只要符合一定的道德理想、原则与规范而没有受到法律调整的权利,都属于道德权利范畴。鉴于道德调整范围的极端广泛性,道德权利的内容必然是极其丰富的,远非可以通过罗列的方式囊括殆尽。认识到这一点,对于科学地把握道德权利概念,以及强化对道德权利的保护具有重要意义。

三、道德权利的特征

　　人们之所以长期忽视乃至拒斥道德权利,主要原因之一是人们常常像理

---

① 杨喜梅:《道德权利刍议》,《经济与社会发展》2009 年第 7 卷第 7 期。

解法律权利那样去理解道德权利,采取不适当的对待,而忽略了其自身的特点。事实上,这些特点在很大程度上容易导致对道德权利的片面认识,直接影响了权利的实现,尤其需要引起人们的关注。学术界在经过深入研究的基础上,一般认为道德权利主要存在以下几个特点:

1. 权利的自生性

道德权利是社会生活中客观存在的权利现象在道德领域的表现,它的产生建立在道德理想、道德原则与规范形成的基础之上。与法律的产生需要经过国家机关的专门制定或认可不同,道德及其规范是在人们长期的社会生活实践经验中自发地形成的。因而,"假设法律通过某年某月某日起公民有权利做某某事情,那么,一项法律权利便告成立,这项权利的内容、界定、由何种机构来负责保护等都是具体而明确的。但我们很难设想能有某种机构或通过某种程序宣布自某年某月某日起人有做某某行为的道德权利,因为道德意识的变化、新的道德规范的形成不可能像改变或确立某种法律规范那样借助某种'权威'或'程序'"。① 也就是说,由于道德是人们在长期的共同生活中,对于维护或创造共同生存和发展条件的必要性所形成的共识,道德现象的形成具有多元性、自发性,而且就道德主体而言,个体道德观的形成,也不是外在强制力的结果,而是经过其社会经验的积累,对人生目的、人生价值体悟的结果,由此决定了道德权利的自生性特点。这与法律权利源于作为统治阶级意志体现的法律的专门确认,存在的不同是显而易见的。

2. 逻辑的优先性

道德权利与法律权利作为权利的两种主要表现形式,均体现了权利的本性。尽管人们对法律权利更加熟悉,以法律权利作为一种常态,但是道德权利在逻辑上优先于法律权利。因为,道德权利的存在以一定的道德体系为前提,法律权利则来源于法律原则与规范的确认,而道德对法律存在逻辑上的优先性。这种优先性最主要表现在:道德为法律规范体系提供价值合理性根据。任何一种法律体系都是基于一定的道德精神建立的,法律本身的合理性根据只能从道德中寻找,凡是不具有道德合理性的法律规范都没有存在根据,迟早

---

① 余涌:《道德权利研究》,中央编译出版社 2001 年版,第 60 页。

要被废弃。具体而言,道德为法律的实施提供伦理前提,因为有法不徒以自行,如果执法人员缺乏职业道德精神,缺少公正廉洁的品质,其对法律的忠实性令人怀疑,法律规定很可能因为得不到有效贯彻而无法落到实处;法律规范惩罚的行为也往往是首先需要受到道义谴责的行为,如果法律规范对某一行为的处罚没有道义上的支持,那么这一法律规范的合理性就值得质疑,需要进行修正。

3. 范围的宽泛性

与法律权利相比,道德权利在范围上更加宽泛,这主要是由于道德的调整范围远比法律广泛得多。一般情况下,只有那些重大的、对社会产生重大影响的道德利益才可能被确定为法律权利,而道德权利的内容则丰富得多。因为,"法的要求不能超越特定社会条件的制约,道德要求相对而言可以超越社会发展阶段而提出一些更高的要求"。① 对于某些行为与现象,法律暂时不便于调整,或者根本无须法律作出干预,就可以留给道德或其他社会规范予以调整。而且,社会生活纷繁复杂、千变万化,一个国家的法律制度无论如何详尽,也难以完全做到事无巨细、囊括无遗。道德则可以弥补法律调整范围的有限性之不足,既可以在法律行使职能的范围内,发挥它的谴责和表彰作用,又可以在法律所涉及不到的更为广阔的范围内,调节人们的权利义务关系。相应地,通过道德体系、道德原则与规范确认及实现的权利,即道德权利,在范围上远远超过法律确认并保障的权利。

4. 内容的弱确定性

法律权利通过法律形式专门予以确认,权利的内容与边界、权利的保护、侵权的防范与处罚、权利的救济及寻求救济的机构都明确而具体,可操作性较强。与之相反,道德权利的调整标准或准则比较模糊,虽然也具有规范性,但这种规范性很弱,它甚至不是文本,而是存在于人们的意识和生活经验之中。② 比如,当一个人因为遭受意外的不幸而贫病交加时,在道义上有从社会上获得帮助的权利,然而具体哪些社会组织和个人应该对其提供帮助、提供帮

---

① 陈玲、征汉年:《道德权利基本问题研究》,《南交通大学学报(社会科学版)》2006 年第 7 卷第 5 期。

② 余广俊:《论道德权利与法律权利》,《山东社会科学》2009 年第 10 期。

助的具体方式以及帮助的力度有多大,则是根本无法确定的。又如,患者有从医院及医务人员获得优质服务的权利,而优质服务的具体要求极其复杂,既包括医疗技术方面,又包括服务态度、医患沟通、医疗设施、收费情况等内容,无法作出统一、严格的规定。而且,如果道德权利遭受侵害,又将如何得到救济?更加不可能一概而论。简言之,道德权利在内容、边界、保护方法等方面处于相对的弱确定状态。

值得注意的是,道德权利的弱确定性,还表现在该种权利具有相对性的特征。在不同的社会或民族中,因受特定的风俗习惯、宗教信仰、文化传统的影响,该社会或民族的道德规范体系呈多元化的发展趋势,从而形成一种"道德差别"。① 也就是说,同样一种行为,在某一社会或民族是道德的,而在另一个社会或民族则可能表现为不道德。因而,社会共同体的生活规则未必具有科学合理性或道德上的一致性,在一些人眼中的权利,在另一些人那里未必会得到道义上的支持,这表明道德权利具有相对性,或者说具有弱确定性。

5. 保障手段的非强制性

法律权利由法律确认,依靠国家机器的强制力量作为保障,侵权人可能会受到严厉的制裁,而道德权利主要依赖于道德力量的支持,具体的实现或救济手段主要表现为社会舆论、风俗习惯、行为人内心的自省,缺乏强大威慑力,侵害人一般不会受到实际意义上的惩罚,因而没有强制力。例如,身处危难之人在道义上享有获得他人帮助的权利,却不能强迫他人必须施以援手或者要求他人提供最大限度的帮助;在见义勇为者付出一定的牺牲后,受益人是否表示应有的感谢、给以适当回报,主要取决于其自身的意愿,以及受到社会舆论、道德习俗的影响,而不受任何外力的强行干预。总之,道德权利的实现只能符合道德运行的规律,这在很大程度上削弱了道德权利的权威,影响了权利的保障与实现。

6. 效力不高,容易被忽视

通常情况下,法律权利多表现为直接影响社会成员重大利益的基本权利,而道德权利很多时候并不体现个人的重要利益,因而常常显得"微不足道",

---

① 余涌:《道德权利研究》,中央编译出版社 2001 年版,第 30 页。

甚至容易被"忽略不计"。以至于在很多领域,社会成员的道德权利屡屡被践踏,具体表现为各种各样的不文明行为,极大地影响了社会的美好与和谐。

此外,道德权利的主要特征还包括:道德权利与道德义务之间关系的复杂性和非对应性。美国著名伦理学家弗兰克纳在《伦理学》中曾经说过:"一般来说,权利与义务是相关的,如果 X 对 Y 有一种权利,那么,Y 对 X 就有一种义务。但我们已经看到,反过来却不一定正确。Y 应对 X 仁慈,而很难讲 X 有要求这一点的权利。"①在法律领域,义务与权利的联系一目了然,大都直接表现为一对一的关系,而在道德领域,一个人履行了某一道德要求或者道德义务,并不必然会享有对应的权利、获得等价的回报,也不意味着行为的相对人和受益者享有要求对方这样做的权利。

四、当前国内学术界关于道德权利问题的研究

在 20 世纪 80 年代以前,关于道德权利问题的研究在我国伦理学、哲学、社会学领域基本上处于空白状态。1984 年,程立显教授《试论道德权利》一文的发表拉开了我国道德权利问题争论和研究的序幕。此后,越来越多的学者参与到研究道德权利问题的行列中,道德权利一下子成为伦理学界的热门话题。在经过三十多年的理论探索之后,我国的道德权利问题研究取得了丰硕成果。

在研究初期,主要是 20 世纪八九十年代,学术界的研究内容主要集中于道德权利存在的合理性以及对道德权利概念的界定。关于道德权利存在的依据方面,程立显提出,道德和义务不不可分割的两个方面,有义务就有权利;李树军、李业杰认为,"道德权利来自他人、社会或阶级集团对于一定道德主体的自觉赋予";章小谦认为,"道德权利的客观基础是社会和他人对个人利益所应负的责任"。② 关于道德权利的界定,除了程立显、张开城,其他学者也积极开展探讨,例如李树军等认为:"道德权利是与一定社会生活原则或道德原则相适应的关于道德主体在道德生活领域中地位和权益的规定",章小谦认

---

① ［美］弗兰克纳:《伦理学》,关键译,生活·读书·新知三联书店 1987 年版,第 123 页。
② 朱海林:《国内道德权利问题研究综述》,《河南师范大学学报(哲学社会科学版)》2011 年第 38 卷第 3 期。

为:"有社会和他人对个人的行为要求,也必然有个人对社会和他人的行为要求,这种行为要求,属于道德范围的,便是道德权利。"①早期关于道德权利问题的研究,很大意义上在伦理学与社会学界起了思想启蒙的作用。

进入 21 世纪以来,关于道德权利问题的研究逐渐深入。在进一步论证道德权利存在的合理性、揭示道德权利内容的同时,研究重点主要集中于道德权利的特征、权利保障以及相关具体问题等方面。

关于道德权利特征的研究。时统君认为,道德权利主要具有以下特征:第一,道德权利与道德义务是紧密相连的,拥有一项道德权利必然意味着他人有承担这一权利的义务;第二,道德权利为确证个体行为的正当性和要求他人的保护或帮助提供了基础;第三,道德权利使道德主体能自主平等地自由追求自身利益,具有内在的不可剥夺性;第四,道德权利是道德主体对自由存在方式的深刻体察,是道德主体内在的自由意志的外在实现。陈玲、征汉年在与法律权利的比较中把道德权利的特点归纳为以下三个方面:宽泛性、不确定性与相对性。余广俊则通过与法律权利的比较,将道德权利的特点概括为四个方面,除道德权利范围的宽泛性外,还有道德权利的弱确定性、道德权利救济手段的非强制性以及道德权利与义务的非对称性。② 对于道德权利特征的研究取得一系列成果,表明关于道德权利的认识大大加深了。

关于道德权利的保障问题。葛晨虹认为,保障人的道德权利,在实践中要建立完善道德奉献和道德回报的扬善机制。强昌文主张通过道德权利的法律化来保障道德权利的实现。李建华提出:"保障和实现公民的道德权利,首先必须强化公民自身的权利意识,其次则要从道德和法律这两个制度层面上加强保护力量。"③通过关于道德权利保障问题的研究,学术界对于道德权利相关问题的认识进一步深入,无论在深化对于相关问题的理性认识,还是在促进道德权利的实现方面都具有重要意义。

与道德权利相关的具体问题,主要包括道德权利与道德义务、道德权利与法律权利关系等问题。

---

① 杨喜梅:《道德权利刍议》,《经济与社会发展》2009 年第 7 卷第 7 期。
② 杨义芹:《道德权利问题研究三十年》,《河北学刊》2010 年第 30 卷第 5 期。
③ 李建华:《法治社会中的伦理秩序》,中国社会科学出版社 2004 年版,第 171 页。

关于道德权利与道德义务的关系,学术界主要存在以下几种观点:罗国杰、唐凯麟的"不相对应说",认为道德义务不与道德权利简单地对应,有人提出没有道德权利就没有道德义务,显然是一种误解。此外,还有涂碧等人的"辩证统一说"、葛晨虹的"义务在先说"、高兆明的"权利前提说"、李德顺等人的"直接同一说"、余涌的"平衡说",均从不同角度揭示了两种权利的关系。

关于道德权利与法律权利的关系,包括联系与区别两个方面。对于两者之间的联系,代表性的观点有:认为道德权利与法律权利都是权利的存在或表现形式;认为道德权利是法律权利的基础;把法律权利与道德权利置于公民权利范畴之下,认为两者都是公民权利的基本内容。关于两者的区别,代表性的观点有:从内容范围、存在的时间、确定性和维护手段等方面揭示两者的区别;从存在的形式和是否具有可剥夺性等方面来揭示两者的区别;从价值评判的角度来揭示两者的区别。[①]

经过多年来的研究,揭示了道德权利存在的合理性及其自身的重要价值,澄清了人们思想上的误区,深化了人们对权利问题的认识,在很大程度上起到了对我国公民权利意识的启蒙作用,促进了人们权利意识的觉醒和对公民权利的保护。特别是对于一些具体的道德权利主体来说,重视与保护他们的道德权利,是维护其所拥有正当权益的重要组成部分,是人类发展与社会进步的重要体现,理应受到政府及全社会每一个成员的高度关注。

第二节　患者的道德权利

20 世纪末,在改革开放与医疗卫生体制改革的大背景下,我国社会开始重视患者权利问题。近年来医患关系日趋恶化,医患纠纷有增无减,更加促使人们关注患者权利保护问题。随着全社会法治观念的不断增强,患者享有的法律权利日益得到较好的保护,道德权利却常常为人们所忽视,成为当前医患纠纷频发的重要原因。因而,探讨患者道德权利的保护问题,具有非常重要的

---

① 朱海林:《国内道德权利问题研究综述》,《河南师范大学学报(哲学社会科学版)》2011年第 38 卷第 3 期。

现实意义。

一、什么是患者道德权利

患者权利在西方国家被视为基本人权的一个重要组成部分,在我国也逐渐被视为公民的一项基本权利,受到法律的确认与保障。由于法律的调整范围毕竟有限,患者的许多权利不适合通过法律规定的形式予以保障,或者是法律根本无法对其作出具体、明确的规定,只能借助道德的力量体现与维护,表现为一种道德权利。但是,正如道德权利在漫长的时间里得不到应有的重视,目前患者道德权利尚未引起人们充分的关注。无论在国内还是国外,很少发现关于患者道德权利的相关研究资料,在现实生活中这一权利也常常被忽视甚至践踏。从我国的情况看,尽管不少学者明确提出患者道德权利的存在,并积极主张强化对该种权利的保护,但是对于什么是患者道德权利,具体内涵如何,学界尚未作出比较权威的界定,尤其是没有跟患者法律权利明确划清界限。

借鉴关于道德权利的定义,我们可以将患者道德权利概念界定为:是指医学伦理学意义上的患者权利,是患者作为一个人以及医疗对象,在医疗活动中根据社会公众普遍认同的道德原则和规范,应该享有并依靠道德力量来维系的各种权利,是一种应然性权利。在医疗实践中,患者的道德权利主要是指在医疗过程中,患者依据医学伦理的要求应该享有而尚未经法律确认与保护的各项权利总称。值得注意的是,有些情况下法律明确确认患者享有某种权利且规定了该权利的具体范围,超出范围之外的此种权利不应视为法律权利,而应于道德权利范畴。例如,依据目前我国医事法律的规定,患者对于实施手术、特殊检查、特殊治疗、临床实验等医疗行为享有知情同意权,而对于日常检查、用药及收费等方面的知情同意权,法律并未作出明确规定,该权利此时仍然是一种依靠道德力量维系的权利。

在人类医学发展史上,患者权利最初主要表现为一种道德权利,依靠医务人员的良心与道德力量得以实现与保障。在我国,"医者仁心"、"医乃仁术"是传统医学的基本命题,历代医者主要依靠医学伦理规范自己的行为,名垂青史的大医更是践行医学伦理道德的典范。在西方国家,自古以来医务人员同样高度重视职业道德的作用,维护患者权益成为他们的道德自觉,希波克拉底、盖仑、迈蒙尼提斯、胡弗兰德等人都是现代医务人员行医与做人的道德楷模。可以说,在直至进入近代人类社会之前的绝大部分时间里,患者权利基本上作为道德权利的形式而存在。只是到了法国大革命时期,患者权利运动蓬勃兴起,英、法等国制定法律规范医疗行为,保障患者利益,患者权利才开始转变为法律权利。之后,经过20世纪六七十年代规模与影响都空前巨大的患者权利运动的洗礼,对患者权利的保护发展到一个全新的历史阶段,世界各国纷纷通过立法形式保护患者权利。由此,患者权利正式被割裂为两种类型:道德权利与法律权利。现代社会完整意义的患者权利,"既有法律学的意义,更有伦理学的意义……在患者权利中,还有相当一部分属于道德权利,如知情同意权、拒绝治疗的权利等。这一部分缺乏足够的法律保护,但却得到伦理学辩护"。①

二、患者道德权利的内容

患者道德权利概念的基本内涵主要表现为两个方面,一是为医学伦理规范确认与保障的患者权利;二是现有法律尚未对该患者权利作出规定与保护。因而,患者道德权利的范围与内容并不是一成不变的,而是直接受到相关立法情况的重要影响。

从世界范围内患者道德权利的演进来看,最初几乎所有的患者权利都是伦理意义上的,首先表现为一种道德权利,只是随着人类社会的发展以及人们权利意识的不断增强,通过法律保护患者权利才成为一种常态。例如,1946年在纽伦堡审判期间,人们发现纳粹医生在未征得受试者同意的情况下,强迫其接受极端野蛮的不人道的人体实验,严重危害了受试者的健康和生命安全。于是,审判后通过的《纽伦堡法典》中规定:"人类受试者的自愿同意是绝对必要的:应该使他能够行使自由选择的权利,而没有任何暴力、欺骗、强迫、哄骗以及其他隐蔽形式的强制或强迫等因素的干预;应该使他对所涉及的问题有充分的认识和理解,以便能够作出明确的决定。"这一规定后来也逐渐适用于

---

① 孙慕义主编:《医学伦理学》,高等教育出版社2005年版,第67页。

临床医学领域,明确提出了患者在接受人体实验时享有知情同意权。但是,对于世界各国而言,《纽伦堡法典》并非真正意义上的法律文件,只是对于各个国家的人体实验活动提供伦理学意义上的指导,因此在未经本国法律确认的情况下,患者接受人体实验时享有的知情同意权只是一种道德权利。20 世纪后期,这项患者权利通过法律规定的形式得到体现与保护,逐渐转变为法律权利。又如,1981 年,世界医学大会在里斯本通过的宣言中,明确提出了患者的享有优质医疗护理权、自由选择权、自主决定权、知情权、保密权、健康教育权、受尊重权、宗教信仰权等权利,在当时这些权利对于大多数国家的患者而言,在本国法律尚未确认的情况下,仍然属于道德权利的范畴。此后不久,各个国家加强患者权利立法,相继出台一系列保护患者权利的法律文件,其中多数权利已经演变为各国患者的法律权利。

但是,不论一国法律制度体系如何完善,终究不能完全穷尽对于权利的保护,这就使得讨论患者的道德权利问题具有重要的现实意义。根据对世界各国医事法律制度的一般性考察,目前至少下列患者权利在很大程度上任然属于道德权利的范畴:

获得治疗与帮助权。20 世纪末以来,大多数国家都在立法中规定了本国公民的医疗权,即在生病时获得救治与帮助的权利。许多国家,尤其是实行"从摇篮到坟墓"的福利制度的北欧、西欧国家以及朝鲜、古巴、巴西等国,通过法律形式确立了全民医疗的基本国策,意味着获得治疗与帮助成为这些国家全体公民的法律权利。但是,在一些国家相当数量的居民没有被纳入医保体系。例如美国,目前大约 5000 万人没有医疗保险,即便 2015 年年底国会新通过的医改方案目标得以实现,这一人群依然高达 2000 万人左右。① 显然,对于那些没有医疗保障的人来说,获得治疗与帮助主要是道义上的。即使在实行全民医保的国家,绝大多数人享受的只是基本医疗保障,重大疾病患者往往处于医疗保障体系的真空地带,无法得到救治,获得治疗与帮助权仅仅表现为一种道德权利。

----

① 《美国医疗保险制度问题大困难多》,2015 年 2 月 5 日,见 http://news.sohu.com/20080614/n257490274.shtml。

自由选择权。即患者有权利自由选择和更换自己的医生、医院或卫生服务机构,无论是私营机构还是公共机构;无论在任何阶段患者均有权更换自己的医务人员,请求另一位医生给予治疗。自由选择权是患者自主权的重要内容,不仅反映了患者作为一个人具有独立的意志与自由,而且患者自己选择医疗机构与医务人员,在很大程度上可能更加有利于疾病的治疗与促进更好的康复,所以该权利是患者基本人权的体现。目前,尽管学术界不少人主张自由选择权是患者的一项基本权利,但是由于患者医学专业知识缺乏、对医疗机构与医务人员了解不够充分以及我国目前居民需要到特定医院就医才能报销等原因,在现实生活中患者很难真正实现这一权利。从立法实践看,各国的法律也鲜有关于该患者权利的明确规定。当然,依据各国宪法、民法等相关法律的规定,公民享有人身自由权与订立合同自由权,患者可以中途停止治疗到别的地方就医,但是这并不意味着医患关系建立后在一家医院里患者可以随便更换医生,也就是说,患者不享有充分的法律意义上的自由选择权,自由选择权在很大意义上仍然属于道德权利范畴。

优质服务权。尽管不少国家的法律明确规定,医疗机构及其医务人员应该为患者提供优质的医疗救治与护理,患者享有获得优质服务的权利。但是,何为优质服务? 优质服务的具体内容包括哪些方面? 这是一个非常笼统的概念,难以准确把握。在医疗实践中,医术精湛、疗效显著、费用低廉等往往被视为判断是否优质服务的一般标准。此外,医务人员微笑服务、视患如亲,医患之间保持充分有效的沟通,医护人员善于精神慰藉、心理疏导,以及舒适、卫生的环境,也都是优质服务的重要内容。然而,这些内容无法通过法律形式刚性地规定下来,因为究竟达到什么样的治疗效果才算疗效显著? 医患沟通、微笑服务、心理疏导的具体方式与要求等,很多时候也无法用语言文字进行准确的描述与表达。因而,优质服务权在很多时候依靠道德力量来实现与维护,主要表现为一种道德权利而非法律权利。

知情同意权。即患者有权了解自己的病情、治疗方案、预后效果等信息,以及根据医生提供的必要信息作出医疗同意的权利。知情同意权作为患者的一项基本人权,得到世界各国法律的确认与保障,是一种法律权利。但是,关于患者有权知悉哪些信息,对哪些医疗决定表示同意,法律规定的范围往往比较有限。例如,我国医事法律法规规定医务人员需要向患者说明的信息仅限于患者的病情、医疗措施、医疗风险、替代措施等内容,而对于其他方面(医护人员的背景、预后效果、治疗费用、饮食限制、监管要求等)并未提及。在同意权的行使方面,相关法律只是要求"进行实验性临床医疗"、"需要实施手术、特殊检查、特殊治疗的",应当取得患者家属或者关系人同意并签字,但是至于其他检查、普通治疗,是否应当经过患者同意,则没有作出规定。可见,在很大程度上,我国患者的知情同意权只是伦理意义上的,是一种道德权利。

健康教育权。即患者在就医与接受治疗过程中,从医务人员那里学习必要医学专业知识、接受健康教育的权利。俗话说,久病成医,患者在了解自身病情的基础上,有权利询问医务人员相关的疾病知识、治疗方法、治疗措施、注意事项等信息,以便于更好地配合医生治疗,尽快实现自身的康复。但是,从目前各国立法来看,该权利尚未引起充分的重视,许多国家医事法律中没有明确规定患者的健康教育权,致使这一权利仍然属于道德权利范畴,只能依靠道德力量进行维系。

从我国情况看,医事法律制度日益健全,已经初步建立起一套基本完善的患者权利保护制度体系。但是现有法律依然没有,也不可能穷尽对于患者权利的保护。根据我国医疗工作的实际,至少下列患者权利谱系的成员还没有得到法律的确认,属于道德权利的范畴。

参与治疗权。在医疗过程中,患者不应该被视为完全被动的受治对象。患者有权利在不妨碍治疗效果的前提下积极发挥患者的作用,参与治疗过程,促使医疗方案决策更加民主。在大多数情况下,患者配合医生诊疗,提供个人相关疾病信息(发病时间、病症表现、有无病史等),表达个人观点,了解并决定采用某种治疗方案;少数时候(慢性病、预防性疾病等)患者居于主导地位,跟医务人员享有同等权利,共同确定具体的治疗方案。必须明确,参与治疗不仅是实现治疗目的、促进患者康复的手段,更是患者的一项基本权利。

避免过度医疗权。避免过度医疗本是获得优质服务的应有之义,鉴于该权利的特殊性及实践中过度医疗现象的严重性,单独强调具有重要意义。目前,小病大治、滥施检查、开大处方等过度医疗现象已经成为广大患者与全社会普遍诟病的痼疾和影响医院发展的毒瘤。2011年发生的"八毛钱治好病"

事件在网上引发热议,折射出过度医疗现象的极端严重性以及社会公众的强烈不满情绪,也显示了治理过度医疗现象的紧迫性。① 2010年实施的《侵权责任法》规定:"医疗机构及其医务人员不得违反诊疗规范实施不必要的检查",明确禁止滥施检查行为,对过度医疗行为敲响警钟。但是,我国仍然缺乏对患者该项权利全面、系统的保护,大多数情况下患者的避免过度医疗权尚未得到有效保障。

在医院期间人身、财产安全权。患者有权要求医疗机构提供安全的医疗服务环境,其内容既包括保证建筑物与医疗设施的安全、防止患者因病菌扩散导致交叉感染等,也包括采取适当措施防止患者及家属在医院期间的人身、财产权利受到意外侵害。尤其后者更应引起医疗机构的高度重视——近年来,湖南、重庆等地医院发生多起因防护措施缺位导致患有抑郁症的产妇偷逃出医院后自杀的事件,患者财物失窃甚至产房内婴儿被盗事件也屡屡被媒体披露出来,充分表明保护患者在医院期间的人身、财产安全权的重要性。需要指出的是,尽管民法、刑法等法律都规定了每一位社会成员的人身、财产安全不受侵犯,但是由于患者权利的特殊性,通过法律专门对患者在医院期间人身、财产安全权予以保护很有必要,目前我国法律并未确立对这一患者权利的保护,致使其很大意义上仍属于道德权利范畴。

监督、建议、批评权。患者在医院接受诊疗过程中,有权利对于医疗费用的收取、医疗服务质量以及患者权利的保护状况等方面进行监督,并提出建议与批评。从我国立法情况看,宪法确认公民对于国家机关及工作人员的拥有监督、建议、批评权,但并不意味着患者当然享有对医务人员治疗、服务、收费等方面监督检查的权利,在我国确认患者拥有包括查账权在内的医疗监督权在具有重要现实意义——2005年,哈尔滨某医院"天价医疗费"事件中存在的虚开药、多收费、做假账现象令人触目惊心,类似问题在其他医院也都不同程度地存在。对此,患者有权提出疑问、寻求解释、要求改正,并可以提出批评和建议。

---

① 《10万元为什么败给了8毛钱》,2015年2月5日,见 http://news.sina.com.cn/pl/2011-09-08/035023123095.shtml。

实际上,患者道德权利是基于患者作为一个人的生存与发展需要,以及从其患者的身份出发应该享有的所有权利,属于应然性权利。人的需求多种多样,而具体到每个人身上又会存在较大差异,由此决定了患者道德权利的内容与种类不胜枚举。凡是体现患者正当利益而尚未得到法律制度体系确认与保护的患者权利,均属于患者道德权利的范畴。

三、患者道德权利的价值与意义

今天,我们处在一个正在走向权利的时代,人们越来越认识到:"道德权利渗透人类社会生活的各个方面,贯彻人类社会的始终","道德的基础是对人们正当权利的尊重和维护","没有对人们权利的尊重和维护,就不能维持基本的社会道德"。①

患者道德权利是道德权利的特殊形式,充分认知与高度重视患者道德权利的价值与意义,才能实现"医乃仁术"的回归,真正践行"治病救人、救死扶伤"的医疗宗旨。

具体地说,患者道德权利的重要性主要表现为:

第一,道德权利是患者权利的重要内容。当代社会,"由于患者权利保护的立法更具有引导性明确且约束力度强等优势,在 1990 年后,各国不再满足于医院协会、医师协会制定的属行业自律性质的病人权利法案,而开始国家法律层面上的立法,并成为全球化的趋势"。② 由此,医患关系日益呈现法律关系特征,患者权利越来越多地成为法律权利。但是,正如夏勇先生所指出的:"没有法律,权利依然存在。法律权利只是权利的一种形式,除此之外,还有道德权利和习惯权利。"③在医疗工作领域,由于医患关系千变万化、纷繁复杂,而法律的调整范围是有限的,无论一个国家对于患者权利如何重视,相关法律制度如何详备,都不可能完全做到事无巨细,囊括无遗。而且,法律还具有严谨、保守、规范性等特征,决定了具体的法律规范难以与医务人员形形色

---

① 时统君:《道德权利问题研究三十年》,《理论界》2011 年第 6 期。
② 钱丽荣、王伟杰:《论患者权利及其法律保护》,《中国医学伦理学》2011 年第 24 卷第 4 期。
③ 夏勇:《人权概念起源》,中国政法大学出版社 2001 年版,第 16 页。

色的行为表现完全对接,导致患者在治疗过程中的一些权利,诸如人格尊严权、获得优质服务权、对疾病及相关信息的知情同意权、避免过度医疗权等权利,无法依靠法律得到最大限度的保护,而是常常作为道德权利形式而存在。尤其是在部分国家,相关法律制度不够健全,缺乏全面、系统地保护患者权利的专门性法律,在调整医患关系、保护患者权利方面的功能大打折扣,为道德作用的发挥提供了更大空间,使大量的患者权利仍然属于道德权利范畴。

第二,患者道德权利为法律权利奠定基础。道德权利与法律权利是当代社会个人权利的两种主要形态。随着依靠法律保护权利成为一种常态,法律权利的重要性毋庸置疑。然而,无论何种正当权利,都必然蕴含了符合社会历史发展方向的一般趋势和价值诉求,是对社会成员主体身份的价值确证与人格尊严的体现。因此,一个社会的权利体系应当具有普遍的伦理本质,其核心或奠基性的环节乃是道德权利的存在。具体到患者道德权利与法律权利的关系层面,法律本身的合理性根据只有从道德中去寻找,道德在逻辑上优越于法律,道德权利因而成为法律权利的来源与基础。任何一种患者法律权利都不可能是空中楼阁,而是必须建立在医学伦理基础之上,或者说是以法律形式规定的患者道德权利——基于法律具有较高的权威与效力,为更好地保护患者权利,将部分道德权利转化为法律权利。就患者法律权利而言,大都由患者道德权利转化而来,或者是其中必然蕴含着深刻的道德要求。很难想象,一种患者权利背离一般医学伦理原则与规范的要求而会受到法律的确认与保护。换言之,离开医学伦理道德的支撑,患者法律权利就成了无源之水,无本之木。

第三,患者道德权利的实现是建构和谐医患关系的重要保证。随着人类社会的进步与发展,传统的生物医学模式转变为现代"生物——心理——社会"医学模式,为患者提供全方位、最优质的服务,保障与实现患者人格权、隐私权、知情同意权等各项权利,使患者在获得救治的同时得到精神的安慰、心灵的呵护,成为医疗工作的重要内容和要求,而这些内容和要求大都表现为患者道德权利的主张与诉求。在新的医学模式下,重视与呵护患者道德权利成为建构和谐医患关系的必然要求。在发达国家,尽管已经习惯于事无巨细通过法律设置人们的权利与义务,但是依然非常重视患者道德权利的实现与保护。例如,日本医务人员十分重视与患者之间的沟通,与每一位前来就诊的患者都要进行大约30分钟的交流,向他们不厌其烦地详细介绍医院基本情况、患者的权利与义务、在医院期间的注意事项等内容,耐心听取他们的意见与建议,使患者除了治病还获得一种舒服的心理体验。在这样的情形下,医患之间自然而然地建立起基本的信任关系,即便医院工作存在不尽如人意的地方,或者由于医方的过错而导致患者遭受伤害与损失,双方也可以心平气和地寻求合适途径加以解决。正是基于这一原因,这些国家的医患关系比较和谐,几乎不存在激烈的医患冲突。相反,在我国,患者道德权利不能引起人们的高度重视,医务人员常常有意无意地对患者的权利造成侵犯,影响了医患之间的信任,导致患者对医院及其医务人员的不满,成为破坏医患和谐的重要原因。

第四,确认与保障患者道德权利,有助于加强医德医风建设。没有无义务的权利,也没有无权利的义务。尽管道德权利和道德义务之间具有非严格对应性的特征,即道德权利和义务不像法律权利与义务那样一一对应,但是道德权利的存在不容置疑。那种只强调道德义务,而忽视、否认道德权利的作用的观点早已经逐渐没有了市场。在医疗工作中,个体权利是否受尊重,已经被作为评价生命科学道德和医学职业道德的基本原则。[①] 医德医风建设的实质与核心,就是通过提升医务人员的职业道德素质,树立良好的医德风尚,促使大家严格遵守医学伦理的原则与规范,从道德维度保护与实现患者的各项权利,使患者真正享受到视患如亲的服务。由于我国传统文化里对道德权利的忽视,以及不科学医疗观念的影响,不少医务人员只重视患者的法律权利,而对于患者道德权利,例如享有优质服务权、提出批评建议与监督权、对相关信息的知情权等权利,缺乏认真的对待与尊重,严重损害了医院的形象,使医院的服务质量与水平大打折扣。因此,通过进行医德医风建设保障患者的道德权利,具有十分重要的意义。

四、国外患者道德权利的实现

从社会学的意义上讲,权利表示着一种社会关系,表示着个人在社会中的

---

① 肖健:《生命伦理:认真对待权利》,《科学技术与辩证法》2005 年第 22 卷第 5 期。

地位。① 当前人类社会已经进入彰显权利的时代,每个人的地位、利益、资格、能力或主张需要得以实现,价值与尊严必须得到充分的尊重。这种权利诉求不仅仅限于法律意义上,还体现在道德意义上,因而患者道德权利的实现具有重要意义。由于法律在当今社会关系调整中扮演着绝对权威的角色,道德的作用遭到有意无意的忽视,道德权利的实现似乎没有成为人们专门探讨的课题。查阅相关资料,国内外均鲜有关于患者道德权利实现问题的研究成果,似乎表明学界对此关注不够。但是,这并不意味着人们对患者道德权利的实现与保障无所用心。相反,在一些发达国家,患者的道德权利得到了较好的实现。

从某位中国公民对其在德国就医经历的描述中,我们可以大致了解患者道德权利实现的一些情况。一位中国老人因为痛风病到德国一家医院就诊,大夫让护士用酒精将他脚上疼痛部位擦拭干净,反复按摩,又详细地问疼痛情况、痛风病病史、个人年龄、饮食等十多个问题,在耐心检查了一个多小时后才开药方。在以后的两天里,大夫每天都打一次电话,询问服药效果以及有无不良反应。当听说老人服药后有点腹泻,便又让其去医院当面陈述腹泻情况。在为患者做了检查后,大夫又开了一个处方,并一再解释:这是辅助性的药物,价格很便宜。而在药店买药期间,药店工作人员的细致程度不亚于医生。一位女士十分热情地接过处方,输入电脑、打印了 3 张小单子,每张都注明了时间、患者的姓名、药剂员姓名、每日食用量、食用时间,分别贴在 3 种药的盒子上。有一种药每日吃 3 次,所以药盒上就有 3 个格子,吃一次划去一格。为了不吃错,每种药的颜色也在小单上标明,防止一种药片混入另一种药盒内。药剂员给药时,走过来一位女士,好像是复核似的,把处方和单子详细地对照了一遍,又按小单子向患者交代了一遍。这次看病,老人总共只花了9 欧元。②

国外患者道德权利实现的经验,总起来说包括以下几个方面:

其一,制定完善的医疗卫生制度。尽管道德权利并非由制度性规范作为

---

① 夏勇:《走向权利的时代》,中国政法大学出版社 2000 年版,第 11 页。
② 远行:《有一种认真叫你感动——在德国的就医经历》,《老年健康》2004 年第 11 期。

保障,但是完善的制度却常常是保障公民道德权利的基础。发达国家大都建立起比较完善的医疗卫生制度。例如,在英国,建立起以社区医院为主体的医疗服务体系,由各级公立医院、各类诊所、社区医疗中心和养老院等医疗机构组成,居民们日常疾病可以就近到社区医院就诊,疑难重病则可以到技术先进的综合医院,而且实行公平原则为基础的全民免费医疗制度,基本不存在"看病难、看病贵"的问题。在德国,作为世界上最早实施社会保障制度的国家,那里拥有相对发达和完善的医疗保险体系。德国医疗保险范围宽广,基本做到应保尽保、全程覆盖,对预防、早期诊断、治疗、康复都提供保险,而且还有疾病津贴、丧葬补贴、生育优惠待遇等。医院大部分为非营利性的,不实行定点医疗,人们可以选择到任何医院、任何药店看病买药,选择优质的服务。此外,英国与德国都实行严格的医药分离制度,避免医生滥用处方权与药商串通牟利,保障了患者的经济利益。在美国,尽管市场化医疗体制把为数众多的人排除在医疗保障体系之外,但是老人、贫困人口等弱势群体由政府买单,在很大程度上体现了医疗服务的公平。在医疗费用支出问题上,由于美国实行公民投保,保险公司购买医疗服务提供给患者的制度,一般情况下是保险公司而非患者与医疗机构发生经济关系,而实力强大的保险公司基于维护自身利益的需要对于医疗机构的医疗费用、服务质量等方面进行监督,可以把医疗费用控制在一个合理的范围内,并有利于促进医疗服务水平的提高。

其二,大力提升医务人员的职业道德素养,注重培养医务人员的医学人文素质。归根结底,患者道德权利的实现状况根本取决于医务人员的道德素养与人文素质。"井然有序,规范专业,细致入微,人性和谐",是不少到国外就医的中国人感受到的深刻体会,微笑服务、礼貌热情、周到细致的作风让患者备感亲切与温暖,而这无一不反映出医务人员较高的职业素养。发达国家普遍高度重视对医务人员职业道德与人文素质的培养。早在医学生时期,学校就开设了大量的医学人文课程,医学伦理学、法学、哲学、美学、心理学等课程几乎成为所有医学院校的必修或选修课。医务人员的医患沟通能力作为一项基本功,尤其受到社会的普遍关注。为此,英国许多医学院校开设《医患沟通》、《医生与病人相处的能力》及《如何告诉病人坏消息》等课程,美国医学院校把医患沟通能力列为 21 世纪医学生教育课程重点加强的 9 项内容之一。

美国医学院协会等组织要求医学教育工作者在培养未来医生时,讲解、传授、评估其交流技能,使每一位医生不仅具备精湛的医术,更具有良好的沟通能力。美国医学院校普遍开设了《与病人沟通》、《病人》、《医患沟通的艺术》等课程,教学内容包括:如何建立良好的医患关系;了解病人的喜好如何影响医疗诊断;有效的沟通策略;评估医患关系处理方式对医疗结果的影响;了解医患关系有关法律方面的事宜。① 医务人员具备较高的道德素养与人文素质,成为患者道德权利实现的保障。

其三,强化医院管理,提升服务质量与水平。医院管理在很大意义上起到了弥补法律不足的作用,促进患者权利的实现。以日本为例,各医院坚持以人为本的服务理念,实行人性化管理。在医疗环境方面,建立起温馨的就医氛围,不少医院的门诊大厅和走廊、各诊疗室的过道上都挂有各种风景画或书法,让人陶醉在自然景色的美妙和平安康复的气氛之中,忘却病痛、宁静心绪、感受关爱。还有热情主动的导医,明显的院内路标(医院每个路口,从地面、墙壁到天花板上的各个方向用不同颜色标志出不同科室的箭头和路牌,凡识字的患者及家属靠路标指引就可以轻松找到要去的诊室或部门),极大地满足了患者知情权的需要,几乎没有医护人员经常被患者拉住问路的情形。周到的便民设施,诸如在医院公共场所整齐摆放着床式推车、轮椅、行李车及小孩推车,供患者免费使用,还放置了公用雨具、塑料袋,供患者急用,使患者有一种宾至如归的感觉。在医患关系方面,医务人员像对待自己家人一样,真诚地尊重患者、由衷地同情患者。医生巡视病房就像亲友探视一样与患者沟通,观察病情和了解情绪,同时也非常礼貌地问候家属,与之沟通、求得配合。医护人员从不把患者的床号当作他们的称呼,即使医生、护士内部交接班,也称呼患者为某某先生、某某女士。护士始终保持微笑服务,用尊称和敬语礼貌地接待每一位患者。医护人员给患者做任何一项医疗处置,都要事先向病人做解释,处处体现出对患者的关爱与尊重。医务人员非常重视保护患者权利。无论是医生办公室内的患者名单上,还是病房的病床床头卡,都只有患者的名

① 彭红:《医患博弈及其沟通调适》,中南大学生命伦理学专业 2008 年博士学位论文,第168 页。

字而没有所患的病名。患者患什么病和病的严重性是作为隐私受到保密的，医院和医护人员无权公开。医疗过程中任何暴露身体的检查，必须与无关人员隔离（通常是拉上围帘），即使是在做检查的医护人员面前，也尽量做到减小患者身体的暴露面积，如肠镜检查，医院会提供开裆的一次性裤子。患者在住院的病房中享有自主的权利，在病房的墙壁上可以贴上喜欢的图片或家人的照片，在病房的桌面、柜子上可以摆放布娃娃、玩具狗等物件，成年人也不例外，包括生活用品也是按患者的意愿和方便自由摆放。[①] 通过科学的人性化的管理，患者获得精神上的愉悦、心理上的慰藉，人格尊严、知情同意、个人隐私以及获得帮助等权利得到了较好的实现。

其四，把患者当作消费者，提升患者在医患关系中的地位。在西方发达国家，20 世纪 60 年代以来，医患关系经历了结构性变动，那就是患者越来越要求被看成是"消费者"（consumer），而不是"病人"（Patient）。这一结构性变动意义深远。"病人"，这一标签性术语，是阻碍社会系统协调的行为偏离者，往往被贴上了"不正常"的标签，并且在与医生的互动中处于被动、依赖的地位。但当个体被看成是"消费者"，也就是医疗服务的购买者时，他或她就可能与医疗服务的提供者讨价还价和谈判。借用经济学家的用语，这时医疗服务市场是"买方市场"而不是"卖方市场"。[②] 在美国，患者权利问题首先引起了美国消费者团体的关注，其中最为突出的是全国福利权益组织。1970 年 6 月，该组织要求美国医院审定联合委员会将病人的权益问题纳入重新修改的医院标准中去，成为美国 1973 年制定《患者权利法案》的直接推动力量。在新西兰，直接把患者定义为"消费者"，1996 年颁布《健康与残疾服务消费者权益法》，规定了为每个消费者所有而每个卫生工作者必须以合理步骤提供的 10 种权利。[③] 患者由"病人"向"消费者"的变化，凸显患者地位的提高，进一步强化了医务人员的职责要求，必然会促进对患者正当权益的保障，推进患者道德权利的实现。

---

① 顾竹影：《日本医院人性化管理的启示》，《中国医院》2005 年第 10 期。

② 余成普、朱志惠：《国外医患互动中的病人地位研究述评——从病人角色理论到消费者权利保护主义》，《中国医院管理》2008 年第 1 期。

③ 李霁、张怀承：《患者权利运动的伦理审视》，《中国医学伦理学》2007 年第 20 卷第 6 期。

当前,通过立法维护患者权益仍然是一些国家面临的主要任务。同时,道德权利作为患者的一项重要权利,越来越引起世界各国的高度重视。各个国家把患者的满意程度作为衡量医院工作水平的重要标尺。可以说,患者道德权利的实现与否,在很大意义上揭示了一个国家医疗卫生事业的发展水平,反映出一个社会的进步程度。

第三章　我国患者道德权利的实现

在我国古代,虽然不曾有过古代罗马式的"权利"词汇,但是在社会生活中几乎每个人都知道什么是他应得的,什么是别人不该侵犯的;同时几乎每个人都知道什么是别人应得的,什么是自己不该侵犯的,[①]同一道理,尽管在漫长的岁月里,我国社会缺乏以保障公民权利之名重视对道德权利的保障,但是丝毫不意味着人们不关注道德权利问题。尤其在今天这样一个走向权利的时代,患者道德权利的实现与保护一直没有离开过社会公众的视野,而且近年来常常成为焦点话题,逐渐演化为影响我国建构医患关系的重要因素。

第一节　基于一次问卷调查活动的研究

为了解我国患者权利的保护与实现情况,在掌握丰富的第一手资料基础上探讨改进与加强患者权利保护的路径与措施,更好地促进患者权利的实现,2014 年 7 月教育部人文社会科学规划项目"患者道德权利与和谐医患关系的建构"[②]课题组在滨州医学院附属医院、山东省邹平县人民医院以发放调查问卷的形式展开深入调查,圆满完成调查任务,基本实现了预期目标。

一、问卷调查的内容

本次问卷调查活动,在问卷内容的设计上突出对患者基本道德权利实现

---

① 夏勇:《走向权利的时代》,中国政法大学出版社 2000 年版,第 16 页。
② 本书作者主持的科研项目。

现状的了解,涉及患者的人格尊严权、优质服务权、知情同意权、避免过度医疗权、平等医疗权、获得同情权、批评建议与监督权等方面:

- 医务人员服务态度是否热情、友好,对患者是否尊重?

- 医务人员是否让您做没必要的检查或者存在多开药、开贵药现象?

- 您是否通过医院的"告示"或导医台等途径很方便地了解医院相关信息?

- 您在询问问题时,对医务人员的回答满意吗?

- 您排了很长时间队,医生为您诊断病情的时间一般是多久?

- 您从挂号到治疗,一般需要多长时间?

- 您觉得医务人员对患者一视同仁吗?

- 您认为医务人员是否提供了优质的服务?

- 您认为医务人员对患者病情是否抱以最大的同情与关怀?

- 除了诊疗疾病,医务人员是否对您进行安慰,以及积极地提供治疗建议?

- 您有过隐私、名誉等权利被侵犯的情形吗?

- 除了做手术,医务人员是否就一般性治疗方案征求过您的意见?

- 您觉得医院收费合理吗? 如果认为不合理,请说明理由。

- 您对医院环境卫生以及治安情况满意吗? 如果不满意,请说明理由。

- 您对医院工作提出过批评与建议吗? 如果提出过,医院是否虚心倾听并认真整改?

医务人员服务态度是否热情、友好,患者的隐私、名誉等权利是否被侵犯,反映了患者人格权是否得到尊重。尽管我国宪法明确规定:"中华人民共和国公民的人格尊严不受侵犯",但是作为病人有其特殊性,对其人格权的尊重,需要通过医务人员视患如亲的服务态度和行为表现表现出来,而目前法律并未对此作出相应的规定,因而患者的人格尊严权主要表现为一种道德权利。

能否通过医院"告示"或导医台等途径很方便地了解医院相关信息,医务人员的回答令人满意与否,体现了患者道德意义上的知情权能否得到尊重。因为,我国法律只规定了医务人员向患者介绍病情及相关问题的义务,并未涉及其他方面的信息的知情权问题。此外,除了做手术,医务人员是否就一般性治疗方案征求过患者的意见，则反映了患者道义上的同意权是否得到保障，我国法律同样没有规定除临床医疗、手术、特殊检查、特殊治疗之外的医疗行为需要征得患者的同意。

医务人员是否对患者做没必要的检查或者存在多开药、开贵药现象，以及医院收费是否合理，是针对是否存在为社会公众普遍诟病的过度医疗现象所做的调查。过度医疗现象实际上是对患者经济利益与财产权利的一种侵害，而除了《侵权责任法》简单地规定"医疗机构及其医务人员不得违反诊疗规范实施不必要的检查"之外，目前再无别的法律提出要求，更没有针对过度医疗人员实施处罚的规定，致使该权利无法获得法律保障，因而患者避免过度医疗权实际上属于道德权利的范畴。

医务人员能否对患者一视同仁，反映的是患者的平等医疗权问题。我国宪法规定："中华人民共和国公民在法律面前一律平等"，确立了公民的平等权。显然，这一规定过于笼统。作为患者，在就诊或接受治疗过程中，包括获得及时救治、享受优质服务、人格受到尊重等方面，应该享有与他人同等的权利，现行法律并未作出具体的规定。至于如何打击、制裁在医疗实践中普遍存在的对领导干部、有钱人以及医务人员的亲戚朋友进行特殊照顾，而一般患者却"看病难"、"看病贵"等不正之风，更是无法可依。显然，在这个意义上，患者的平等医疗权也是一种道德权利。

此外，患者候诊时间的长短，医院环境卫生状况以及治安状况如何，医院是否虚心倾听患者的意见与建议并认真整改，涉及患者应该享有的获得优质服务权，人身与财产安全权，批评、建议与监督权等权利，也是日常医疗活动中需要引起高度重视、受到尊重与保护的患者道德权利。

二、调查结果与分析

本次问卷调查，分别向滨州医学院附属医院（简称滨医附院）与邹平县人民医院患者（简称邹平县医院）发放调查问卷 150 份，各自回收问卷 150 份，共计 300 份。

"滨州医学院附属医院患者权利实现状况"调查结果。据统计，在医务人员服务态度方面，患者认为医务人员"服务态度热情，视患如亲"的占 85.3%，认为"态度冷漠,工作敷衍"的占 12.7%,另有 2% 的患者认为医务人员"态度粗暴,难以忍受";在获知医疗及相关信息的途径方面,患者认为"很方便"的占 90%,认为"不太方便"的占 10%;在询问问题时,患者对医务人员回答"很满意"的占 79.3%,感觉"不太满意"的占 20%,还有 0.6% 的人选择"不满意,医务人员回答问题敷衍塞责";患者感觉医务人员"对所有患者都很好,能够一视同仁"的占 92%,认为"对领导、熟人比较照顾,与一般患者存在差距"的占 8%;在对自身病痛的同情度方面,认为医务人员感同受的患者占 92.7%,6% 的患者感觉医务人员"工作比较认真,但对患者缺乏应有的同情",另有 1.3% 的患者觉得"在患者很痛苦时,医务人员却一副无所谓的样子"。在医院收费是否合理方面,81.3% 的患者表示合理或者基本合理,18.7% 的患者认为不合理。

"邹平县人民医院患者权利实现状况"调查结果。据统计,在医务人员服务态度方面,患者认为医务人员"服务态度热情,视患如亲"的占 68%,认为"态度冷漠,工作敷衍"的占 26%,另有 6% 的患者认为医务人员"态度粗暴,难以忍受";在获知医疗及相关信息的途径方面,患者认为"很方便"的占 83.3%,认为"不太方便"的占 16.7%;患者对医务人员回答问题"很满意"的占 59.3%,选择"不太满意"或"不满意"的占 40.7%;患者感觉医务人员对所有患者一视同仁的占 77.3%,认为"对领导、熟人比较照顾"的占 22.7%;在对己身病痛的同情度方面,认为医务人员感同身受的患者占 90%,10% 的患者感觉医务人员"对患者缺乏应有的同情"。此外,10.1% 的患者感觉自己的人格权、隐私权等权利遭受不同程度侵犯,8.7% 的患者对于医院环境卫生及治安状况不太满意。在医院收费是否合理方面,56.7% 的患者表示合理或者基本合理,43.3% 的患者认为不合理,收费太高。

通过调查结果可以看出:一方面,随着社会的不断进步以及整个社会权利意识的觉醒,患者的权利意识日益加强,对于医院及其医务人员,从医疗服务水平到服务态度,从自身经济利益的保障到精神需求的满足,从优质服务、知情同意、批评建议等权利的享有到医疗平等权、人格尊严权的落实,都表现出较大的关注,提出了积极的要求。另一方面,总的来说,患者的道德权利还没有得到充分的保障,远远未能达到患者所要求的标准。

尤其是相对于法律权利,患者道德权利更容易被忽视或遭受侵犯;相对于生命健康权、获得治疗权等基础性权利，患者的人格权、隐私权、知情同意权等派生性权利更加难以得到保障，而在派生的患者权利中也是道德权利居多。因而，保护患者的道德权利应该成为广大医疗机构及其医务人员工作的重中之重。导致这种不良后果的原因是多方面的，既包括医疗卫生体制不够完善、部分医务人员医疗观念比较陈旧，以及医院管理存在弊端，也包括受到道德权利自身特点的影响。首先，道德权利具有弱确定性。道德权利的调整标准比较模糊，几乎不以文本形式存在，常常只是存在于人们的意识和生活经验之中，在医疗实践中无据可依，因而得不到医务人员应有的重视与认同。其次，道德权利救济手段具有非强制性。与法律权利依靠国家机器的强制力量保障相比，患者道德权利的实现或救济只能通过社会舆论、风俗习惯、侵害人内心的自省等途径与方法，缺乏强大威慑力，致使某些医务人员对之熟视无睹。最后，道德权利很多时候显得"微不足道"。患者的道德权利，例如：获得优质服务权（医务人员热情、微笑、耐心、细致的高质量服务等），对医院、医务人员相关信息的知情权，人身与财产的安全保障权，对医务人员的监督、建议、批评权等权利，相对于平等医疗权、患者获得急救权等法律权利而言，常常得不到应有的重视。以上特点成为阻碍患者道德权利得到充分实现的重要因素，也表明我国许多医院的医疗卫生服务还处在相对较低的水平。

通过调查结果还可以发现，两家不同级别、不同水平的医院，患者道德权利的实现状况存在明显的差异：无论是对患者道德权利的保障，还是在患者的满意度方面，滨医附院的情况都远远好于邹平县医院，后者在医院收费、医务人员回答患者问题的满意度方面，甚至将近一半的调查对象表示不满意。从两家医院的具体情况看，前者是城市里一家比较大的"三甲"医院，而后者仅仅是一所县城里的"二甲"医院。两者不仅医疗整体水平不可同日而语，而且在办院规模、医疗设备等硬件方面有着不小的区别，在服务理念、管理水平、经营模式等软件方面也存在显而易见的差距。滨医附院的硬件条件，例如医疗水平、医院环境、高学历医务人员数量等方面，比邹平县医院优越得多，是确保医疗服务水平、实现患者权利有利的基础性条件，而在服务理念、医院管理以及医务人员人文素质等软件方面，则更为患者道德权利的实现提供了保障。2012 年 11 月 22 日，中央电视台新闻频道《新闻直播间》栏目曾经以《客户服务部:拉近医患之间距离》为题,专题报道了滨医附院客户服务部的工作,对其周到细致地为患者提供服务的做法表示高度肯定。总的来说,尽管滨医附院对于患者道德权利的保障并不尽如人意,在许多方面还存在诸多需要改进之处,但是所取得的成就也有目共睹,在患者权利保障与实现方面取得长足的进步。因而,不论何种医院,唯有大力加强医院硬件与软件建设,尤其要真正树立以患者为本的指导思想,着力打造现代化医院管理模式,时时处处为患者着想,才能更好地促进患者权利的实现。

患者权利是患者利益的集中体现与保障。美国伦理学家彼彻姆说:"权利体系存在整个规则体系之中。规则体系可能是法律规则、道德规则、习惯规定、游戏规则等等。但是,一切相应的权利之所以存在或不存在,取决于相应的规则允许或不允许这项要求权,以及是否授予这项'资格'。"①这一论断确证了道德权利存在的合理性与必然性。由于历史文化传统等方面的原因,长期以来我国社会生活领域坚持义务本位观,强调个人对集体的服从,宣扬自我牺牲精神,很少提及个人权利问题,甚至个人的正当权益常常遭受侵犯。在医疗工作领域,患者比较信任、崇敬医务人员,完全依赖于医务人员,习惯于听从医生的吩咐,很少考虑个人的利益与需求。结果,我国在很长的时间里患者权利得不到应有的重视,对于患者道德权利的尊重与保护更是无从谈起。改革开放以来,我国发生了翻天覆地的变化,奠定了患者权利保护的深厚社会基础。尤其是近年来,患者权利意识早已觉醒,而且一直处于不断提升状态,医院管理者与普通医护员工的医疗观念与综合素质也显著提高,我国患者道德权利的保障与实现正在进入快车道,必将对于和谐医患关系建构以及我国医疗卫生事业的发展产生重要而深远的影响。

第二节 患者道德权利实现的障碍与挑战

一、患者道德权利观尚未形成

论及权利,最重要者莫过于该权利观念的形成,后者乃前者之确立与实现

---

① [美]彼彻姆:《哲学的伦理学》,雷克勤译,中国社会科学出版社 1990 年版,第 296 页。

的动力,而权利观念的形成是一个社会对该权利的主流价值观所决定的。① 长期以来,在我国思想领域占统治地位是儒家思想,每个人都深受这一思想的深刻影响。在儒家传统思想文化中,权利都是被授予而非固有的——是为了服务于社会的目的由政府授予的,而不是作为人的权利而不管政府希望如何、作为最终的价值而非达到其他目的的手段由人所保留。② 也就是说,我国传统社会以群体或集体的利益与价值代替个人的利益与价值,而没有真正意义上的个人权利与自由。即便存在承认个人权利的情形,也是首先以服从国家、社会利益作为前提条件,而且对这种权利的享有必须来源于政府的确认与授权。因此,我国不仅一直缺乏公民个人权利保障的传统,个人权利意识极为淡薄,而且对个人道德权利的认知尤为缺失。在人们的心目中,个人权利就是国家法律明文规定确认的权利,根本不存在西方国家所主张的"自然权利"。因此,人们根本意识不到道德权利的存在,更不会提及它的实现与保障问题。也正是因为这一原因,在 20 世纪 80 年代中期以前,道德权利问题几乎未被纳入我国政治学、伦理学和法社会学研究的范畴。③

至于患者权利,如同其他类型的个人权利一样,在漫长的时间里没有引起人们的足够重视,对权利的保护一直处于一种自发状态,主要依靠医务人员的医疗水平、职业道德及综合素质得以实现。直到 20 世纪 80 年代以后,随着改革开放政策的实施,社会主义市场经济逐渐确立与发展起来,西方的民主思想与权利观念被引进国门,医疗卫生体制改革也拉开帷幕,患者的权利意识才开始觉醒,患者权利保护也由自发转变为自觉。但是,时至今日,社会公众对于患者权利的关注仍然主要停止在法律权利上,而对于患者道德权利的重要价值与意义远未形成充分的认知。人们对患者道德权利常常有意无意地忽略,甚至处于熟视无睹的状态。尤其值得注意的是,随着医疗卫生法律制度不断健全,以及整个社会的法治观念日益增强,患者的法律权利越来越得到较好的

---

① 林志强:《健康权研究》,中国法制出版社 2010 年版,第 257 页。

② [美]路易斯·亨金:《当代中国的人权观念:一种比较的考察》,载夏勇主编:《公法》第一卷,法律出版社 1999 年版,第 99 页。

③ 陈玲、征汉年:《道德权利基本问题研究》,《西南交通大学学报(社会科学版)》2006 年第 7 卷第 5 期。

保护,而患者道德权利常常遭受侵害,不仅影响了医疗服务质量的提高,而且已经成为破坏医患关系和谐、导致医患纠纷频发的重要原因。事实上,患者对医院及其医务人员是否满意,很大程度上不是看医生的医术水平高低,而是看医务人员对工作是否认真、耐心,对患者及家属给以多大的尊重,以及是否对患者抱以深切的同情之心。

在医疗实践中,一些医患纠纷,甚至是极端恶性事件的发生,常常或多或少地与患者的道德权利遭受侵犯密切相关。以下列两个医患纠纷事件为例:

其一,2010 年 7 月 23 日,家住在罗湖区黄贝岭社区的陈先生带妻子在深圳凤凰医院生产,顺产生下一个男婴。晚上 9 点多时,产妇开始喊肛门疼。陈先生发现妻子的肛门肿成了鸡蛋大小,有凸出物,而且凸出物上面一圈是线,因此认为肛门被缝上了。医院答复是产妇有痔疮,痔疮急性发作,做了痔疮手术之后才出现这种状况。一位助产士解释说,她见产妇痔疮急性发作,于是用外科常用的缝扎法给她做了止血手术,即缝合痔疮上的出血点,缝合范围仅限于痔疮部位,并未超出病变范围,更没有缝到肛门。陈先生联想到生产前给了助产士 100 元红包,可能没有达到她的要求,当时脸色十分难看,因之自认为是助产士由于红包金额不够而产生报复心理,缝合了产妇的肛门。于是,他向新闻媒体爆料。这就是网上传得沸沸扬扬的"缝肛门"事件。

其二,2012 年 3 月 23 日下午,哈尔滨医科大学第一附属医院(以下简称哈医大附属一院)风湿免疫科的医务人员正在紧张地忙碌着。这时,一名男子突然闯入医生办公室,抢起手中的刀,疯狂砍向正在埋头工作的医务人员和实习学生。硕士研究生王浩坐在门口,来不及躲闪,被刺中颈动脉,后因抢救无效死亡。其余三名医生受到了不同程度的伤害。据调查,事发前,杀人凶手李某某曾经多次去过哈医大一院。第一次挂了专家门诊,但是医生连瞅一眼都没瞅,说:"跟风湿没关系,该上哪儿上哪儿。"第二次就医时,原先让他转科的医生却责怪他"看错科",并开出价格高昂的医药费用。此后几次去医院期间,李某某患上肺结核,原来的风湿病也加重了,医生只是告诉他在肺结核没有治愈的情况下,原先治病的药必须停用,此外没有做进一步的说明,更没有安慰患者,以及告诉他应该如何对待自己的病情,直到最后杀害医务人员的惨剧发生。

在"缝肛门"事件中,尽管患者家属的误解是导致事件发生的直接原因,但是如果助产士在给患者做痔疮手术前告知患者家属并说明可能导致的后果,并在缝合伤口时本着审慎原则尽可能减少对患者产生不利影响;如果医务人员没有接受患者家属的红包,并且对待患者态度和蔼可亲,使患者对其充满信任与感激,医患关系就不会走向严重对立,令人痛心的事件就不会发生。在哈医大附属一院患者杀害医生事件中,凶手的残忍固然令人发指,理应受到法律的严惩,但是如果医务人员服务态度热情、友好一些,工作认真细致一些,对患者病情的说明更加耐心、详尽一些,并能够为患者提供合理的建议与力所能及的帮助,而不是像某些医务人员那样态度冷漠、敷衍塞责,患者就不会对医院产生强烈的敌对情绪,悲剧也许就不会发生。简言之,在这两起暴力杀医事件中,医务人员对患者态度冷淡,对患者缺乏应有的尊重和耐心,没有跟患者进行充分有效的沟通,也没有尽可能提供优质的服务,致使患者道德权利遭受侵犯,激起了患者的愤懑,成为诱发悲剧发生的重要原因。这两起事件也提醒人们,患者道德权利必须受到充分关注。为病情所困、充满焦虑与期待的患者来到医院,其中不乏不远千里外慕名而来的外地患者,迫切希望尽快得到救治,然而遇到的首先是挂号、候诊、缴费、取药、住院、手术等各种漫长的排队等候。在这似乎看不到希望的无尽等待里,患者本已着急、不安的内心变得更加焦虑,耐心一点点失去,病情也会逐渐加重,最后统统演化为对医院的不满与愤怒。如果这时候自己的道德权利遭受践踏,患者长时间积累起来的对"看病难、看病贵"的无奈与愤懑,很可能一下子爆发出来,促使医患矛盾迅速激化,甚至导致伤医、弑医等悲剧事件的发生。

二、医疗投入不足与分配失衡

患者权利(包括法律权利与道德权利)保障不力,难以较好地得以实现,一个重要表现是"看病难"、"看病贵"问题。城市大医院人满为患,患者带着迫切的期望来到医院,面临的却是漫长的等待,即便经过排队好不容易轮到自己就诊,医生却漫不经心、匆匆忙忙地看上几眼,简单地、看似无所用心地叮嘱几句了事。"排队大半天,看病几分钟"是许多大医院患者就医状况的真实写照。更有甚者,有的患者费尽周折来到医院,等候几天仍然住不进院,即便医院走廊里的病床也一床难求,只能再赶赴别的医院,不少患者因此延误了病情。由此,患者的获得治疗权、接受优质服务权难以得到保障,对患者利益造成十分不利的影响。患者即使是就诊与接受治疗后,心情同样不能轻松,高额的医疗费用压得不少人喘不过气来。一个普普通通的感冒,常常要花费成百上千元,做个手术就需要花费几千、几万甚至十几万元之多,近些年各地都有令人吃惊的天价医疗费用事件发生,似乎已经不再是多么新鲜的事情了。①

"看病难"、"看病贵",患者权利得不到充分保障,实质上反映了人民群众日益增长的医疗保健需要与医疗保健服务供给相对不足之间的矛盾,反映了日趋增长的服务需求、日渐增强的权益诉求与医疗服务供给方服务意识欠缺、服务质量和水平不高之间的矛盾。导致这一矛盾的主要原因之一是政府投入的不足。

改革开放以来,我国经济水平与经济规模得到快速的提升,但是社会事业发展明显滞后,与我国整体发展水平以及在国际上所处的地位很不相称。医疗卫生投入占国家 GDP 总量的比例是衡量一国卫生投入的重要指标。根据世界卫生组织的官方网站显示,日本是 8.1%、德国是 10.4%、法国是 11.1%、英国是 9%、澳大利亚是 8.8%、瑞典是 9.1%、美国是 16.1%。而 2010 年中国是 4.3%。② 最近几年,政府高度重视发展医疗保障事业,财政投入增长较快,2011 年占到国家财政支出的 5.1%,③此后几年一直稳定在 5%多一点,可以视为医疗卫生事业发展取得的重大成就。但是,即便如此,跟世界上其他国家包括部分发展中国家相比较,我国医疗卫生投入在国民收入中所占比重仍然是比较低的,跟医疗保障制度比较完善的欧美国家更是不可同日而语。我国仅仅利用占全世界卫生投入 1%—2%的医疗卫生资源,为全世界 20%的人口提供服务,却使他们的平均寿命达到发达国家的水平,可以说是成绩斐然、功

---

① 2005 年,哈尔滨某医院一位患者因为医院开大处方、重复检查、医生吩咐购买进口药物等原因,住院两个多月,医疗费高达 550 万元,却仍然没有能够挽留住患者的生命。同一年,深圳某医院也出现"天价医疗费"事件,一位患者住院 4 个月,花费 120 多万,后经调查发现医院违规收费十多万元。

② 余芳倩:《推不动的医疗投入》,2015 年 3 月 13 日,见 http://www.chinaweekly.cn/ben-candy.php? fid=63&id=5831。

③ 参见 2012 年《中国的医疗卫生事业》白皮书。

绩卓著。但是,低投入使政府在医疗卫生事业发展中难以很好地发挥主导作用,也使得人民群众的医疗保障存在诸多问题。由于医疗卫生投入的严重不足,致使全国范围内医疗机构的数量、医疗机构床位数、医务人员人数以及医疗设施、设备的配置无法满足广大人民群众不断增长的医疗保障与服务需要。与发达国家,甚至是一些发展中国家相比,无论在数量还是质量上,在许多方面我国都明显地落人之后,与人民群众的医疗需求存在较大距离,不可避免地影响了患者的治疗权、优质服务权等各项权利的实现。

导致"看病难"、"看病贵"的另一个重要原因是医疗卫生资源分配严重失衡。

根据卫生部门公布的数据显示,我国80%的医疗资源集中在大城市,而其中30%的医疗资源又分布在大医院,占全国人口一半以上的广大农村地区仅仅占有不到20%的医疗资源,结果只能是造成农村卫生机构高素质医疗人才缺乏、基础医疗设施落后,农民群众看病困难重重,难以享受到较高水平的医疗服务。根据我国的医院分级诊疗制度,一级医院(主要是县级以下医院)担负着治疗常见病、多发病以及预防保健的任务,二级医院负责专科性疾病的治疗,三级医院(城市大医院)主要治疗全省及全国性的重大疑难疾病。但是,农村医疗条件严重落后的现实,导致患者在生病时,即便是一些常见病、多发病,也纷纷涌入城市大医院寻求治疗,导致大医院门庭若市,与农村基层医院冷冷清清、门可罗雀形成鲜明的对比。例如,由于北京优质医疗卫生资源集中,大量外地人口进京看病就医,仅仅是毗邻的河北省每年就有700万人次,日均70万人次。大量患者甚至感冒发烧等常见病都要赶赴北京就医问药,使其被戏称为"全国看病中心",各大中医院不堪重负,大大加剧了城市人口和交通负担。此外,其他一些省会城市大医院的情况也大致如此。调查显示,省级医院病床使用率达到120%,而乡镇卫生院病床使用率不到25%。①

即便在大城市,按理说,社区医院离家近又不需要扎堆排队、看病拿药都很方便,本应受到患者的欢迎。但是,根据中国青年报社会调查中心的一项调查显示,平时看病,41.7%的受访者会选择去大城市大医院(三级),62.9%的

---

① 《地方医改政策密集发布　各地医改速度加快》,《都市快报》2014年9月9日。

受访者表示在目前的分级诊疗系下不会选择社区医院。① 究其原因,是因为当前社区医生的水平普遍不高。据业内人士介绍,社区医生虽号称全科医生,其实大多数只是内科医生,也只能看内科病。而且社区医生的学历普遍较低,进修机会和在职培训较少,影响了医疗工作水平的提高。

查阅《中国卫生统计年鉴》,2005 年至 2013 年,患者看病选择的变化,竟是一个三级医院"反超"二级医院的过程。到三级医院看病的比例从 2005 年的 28.7% 涨至 2013 年的 45.3%,并在 2012 年实现了对二级医院的"反超";而到一级医院诊疗的则降至 6.6%,为 2005 年以来最低。② 为数众多的患者使得大医院拥挤不堪,使医院超负荷运转,必然导致医疗服务水平与质量的滑坡。不仅医疗设施等硬件供不应求,医院良好的环境难以保障,即使是医务人员的工作态度、服务水平也大打折扣。不少医生每天门诊量超过 100 人,平均分配到每位患者身上只能是几分钟。据《广州日报》报道,各大医院医生平均2.4 分钟看一名病人,被集体"控诉"太匆忙,医患沟通不良。③ 在这样短的时间内,而且在医生早已疲惫不堪的情况下,能否详尽了解患者病情、作出精准的诊断都是未知数,更不要说注重对患者人格的尊重,与患者进行耐心的沟通,给以心理的安慰,以及做出令患者满意的其他举动了。

此外,大医院患者扎堆还进一步强化了医院在医疗服务市场中的优势地位,一定程度上推高了医疗服务价格,加剧了"看病贵"现象,加重了广大患者的经济负担。最终,患者权利,包括平等治疗权、人格尊严权、知情权、获得优质服务以及帮助权等道德权利无法得到充分的保障,权利的实现遭遇严重障碍。

三、医疗卫生体制存在弊端

从新中国成立初期到 20 世纪 80 年代,我国医疗体制与计划经济形式相适应,实行一种完全由政府主导的计划医疗体制。具体来说,在城镇建立起公

---

① 骆晓云:《要想法破解"排队两小时看病两分钟"难题》,《大众日报》2014 年 7 月 2 日。

② 《2015 医改需要越过哪些山丘?"公立医院"难改》,2015 年 3 月 14 日,见 http://www.qh.xinhuanet.com/2015-01/29/c_1114183940.htm。

③ 张立美:《"2.4 分钟看 1 个病人"问题不全在医生》,《广州日报》2014 年 6 月 30 日。

费医疗和劳动保护医疗两种模式,使各级国家机关、事业单位工作人员,国有企业与集体所有制企业职工,都享受到相对充足的医疗保障,甚至城镇户口的职工家属也在一定程度上被纳入医保体系,在患病时可以享受一定的医疗补助。在农村,医疗保障主要实行合作医疗制度,具体的做法是,农民缴纳一部分费用,村里再从集体公益金中按人头提留部分费用作为合作医疗基金,群众看病只需缴纳一点挂号费,治病、吃药不再收取费用。由此,在经济发展水平相当低的情况下,我国利用占国内生产总值3%左右的医疗卫生投入,基本满足了几乎所有社会成员的基本医疗卫生服务需求,曾经一度被视为发展中国家成功实施医疗保障的典范。

1985年,为克服计划体制下对医院统得过死、管得过多从而使医院丧失活力等弊端,以及解决医疗卫生资源短缺与人民群众的医疗需求日益增加之间的矛盾,卫生部发布《关于卫生工作改革若干政策问题的报告》,核心思想是放权让利,扩大医院自主权。20世纪90年代开始,针对医疗卫生领域的改革逐渐推向深入,开始坚持市场化的发展方向。1992年,国务院下发《关于深化卫生改革的几点意见》,提出按照"建设靠国家、吃饭靠自己"的精神,扩大院长负责制的试点,并要求医院进一步实行"以工助医、以副补主"。20世纪90年代末期以来,医疗卫生体制改革加快了市场化步伐,公立医疗机构逐渐变成一个自主经营、自负盈亏,既重视社会效益、又重视经济效益的市场主体。政府医疗投入也开始逐年减少,最后所占医院经费比例已经不到10%,甚至不足以支付医院水电费与各种设施日常维修的费用。[①] 为了自身的生存与发展,以及受经济效益的驱动,原先作为纯粹公益性机构的医院越来越变成一个"经济人"。其中一个最突出的表现是,在国家政策允许的情况下,各医院建立了"以药养医"的补偿机制,即医院售卖的药品可以定价为出厂价格的115%,医院可以获取药品出厂价与销售价15%的差价,作为自己的收入。同时,我国医药生产流通和监管体制也发生重大变化,各省药品质量管理机构开始拥有独立的药品审批权。地方保护主义的驱动与个人从中牟利的驱使,使得医药生产、销售厂家遍地开花。这些医药企业的运行与发展,都需要通过

---

① 符牡才:《医院管理与经营》,中国医药科技出版社2007年版,第14页。

"经营、收费、加价"来维持,导致医药价格的节节攀升。此外,监管制度缺失,社会不正之风的影响,还使得医药企业通过贿买医生处方权来实现销售成为公开的秘密,而行贿成本又进一步推高了药价。最终,巨额的医疗费用转嫁到患者个人身上。《中国卫生统计年鉴》显示,一台阑尾炎手术,2003 年手术费为 373 元,药费为 1038 元;2012 年手术费 1051 元,药费 2087 元。"医疗支出大,难以承受"成为城乡居民生活中第二大压力源,医疗与教育、养老一起被称为新时期压在人民群众头上的"三座大山"。

医院公益性减退、医疗费用飙升的一个直接结果必然是患者经济负担的加重,进而则导致为数众多的患者因为无力承担高昂的医疗费而看不起病,患者的生命健康权、获得治疗权等不到应有的保障。2004 年,在当时我国经济发展相对落后的情况下,特别在一些落后的农村地区,有病不医并非个别现象。当时的卫生部副部长朱庆生在国务院新闻办举行的新闻发布会上说,中国农村有一半的农民因经济原因看不起病,中西部农民因看不起病,死于家中的比例高达 60%—80%。① 最近 10 年以来,我国加速建立比较完善医疗保障体系。截至 2011 年,我国城镇职工基本医疗保险、城镇居民基本医疗保险、新型农村合作医疗参保人数超过 13 亿,覆盖面从 2008 年的 87%提高到 2011 年的 95%以上,筹资水平和报销比例也不断提高,政策范围内住院费用报销比例提高到 70%左右,②表明人民群众已经能够享受到较好的医疗保障。但是,也应该看到,目前对于下岗职工、无业人员、大多数农民等社会弱势群体而言,求医问药依然是较大的经济负担,即便对于大部分普通社会公众,一旦身患重大疾病,仍然会陷入看不起病的困境。患者的医疗权等权利仍然无法得到根本的保障。

医疗卫生体制改革的市场化导向还导致医疗机构及其医务人员工作上的趋利化倾向。对于经济利益的追逐,成为众多医院与医务人员的重要目标与工作动力,甚至凌驾于"治病救人"的基本医疗宗旨之上。大处方、大检查、小病大治等过度医疗现象,在一些地方的医院中几乎成为常态。当前,过度医疗

① 《中国农村半数农民看不起病》,2015 年 3 月 14 日,见 http://news.sina.com.cn/c/2004-11-06/09094157387s.shtml。

② 国务院新闻办公室:《中国的医疗卫生事业》,《光明日报》2012 年 12 月 27 日。

现象受到社会的普遍诟病。它们不仅侵害了患者的经济利益与财产权利,使他们背上沉重的负担,承受巨大的压力,而且在精神上对患者造成极大的伤害,辜负了他们对医院的信任与托付,牺牲了和谐、友好的医患关系,最终加剧了医患关系不断恶化的趋势。

医疗机构及其医务人员工作上的趋利化倾向,还使得医院服务理念与医务人员的职业操守出现问题,对医疗服务态度与服务质量、服务水平直接产生不良影响。有权有势、财大气粗的患者往往得到更多的关照,无论是病房环境与设施还是医务人员配备,乃至在医务人员的服务态度方面,均可以受到更多的优厚待遇,享受更加高质量的服务。网络上曾经流传"一等公民是大官,病房幽雅似别墅;半是疗养半治病,十万百万国家出;二等公民大老板,高级病房赛宾馆;家具电器皆具备,护士小姐送温暖"的言论,尽管不乏夸张色彩,但是也一定意义上反映出某些领导干部与有钱人享有超级医疗服务的现状。但是,对大多数普通患者来说,则明显地无法享受任何的优待,只能忍受着医疗服务中存在的种种不便,享受着不尽如人意的医疗服务,甚至可能遭受到医务人员的歧视,看他们的脸色行事。在这里,患者权利,特别是医疗平等权、人格尊严权、获得优质服务权等道德权利遭受到明显的侵害。

在终极意义上,医疗卫生体制属于制度的范畴。尽管患者道德权利并非通过制度直接确认并由其作为权利实现的强有力后盾,但是医疗卫生体制却对患者道德权利的实现产生重要影响。在宏观意义上,它是保障患者道德权利以及促进其得以实现的基础。我国必须进一步深化医疗卫生体制改革,才能理顺医疗卫生工作中的各种关系,解决各种矛盾,实现医疗卫生事业的健康发展,并为患者权利的实现创造积极、有利的条件。

四、医院管理相对落后

人们常说,管理也是生产力。18 世纪的西方经济学家萨伊早就指出,从事管理专职的企业家是"把土地、劳动力、资本这三个要素结合起来的第四个生产要素",意思是说只有加上管理这个要素,对这些物质要素进行优化组织、合理指导,才能形成一个现代社会的生产过程,产生经济效益。而根据系统论的原理,系统有明确的奋斗目标、合理的组织体系、健全的规章制度、灵活的运作机制,这使得系统内单个组成部分在体制的保证和制度的规范、激励下形成合力,朝着既定的目标统一行动,最大限度地发挥各自的功能。因而管理是系统的灵魂,是系统运作的主要推动力。如果管理不到位或管理混乱,系统就不能协调运动,就没有生存发展的活力。就促进医院各项事业的发展与实现患者权利保障而言,管理同样具有非常重要的意义。

20 世纪末以来,我国医院管理向着现代化方向迈进,取得了较大的成效,但是仍然存在一些问题,制约着医院的发展,影响了对患者权利的保护,尤其是不利于患者道德权利的实现。

科学的指导思想是一家医院生存与发展并在激烈竞争中立于不败之地的关键,也是患者权利保障的基本前提。但是,不少医院的指导思想存在比较突出的问题。有的医院医疗观念陈旧,很大程度上仍然停留在传统的医学模式时期,"以病为本"而不是"以人为本",注重治病救人而忽视患者权利。在一些医院管理者心目中,医院的职责就是通过最大限度地为患者提供医疗技术服务,治愈疾病,恢复患者身体健康,其他方面都无足轻重,从而埋下侵害患者权利的种子。有的医院过于重视对经济利益的追求,很多时候把经济效益凌驾于社会效益之上,甚至淡忘了"治病救人"的基本医疗宗旨。在"一切向钱看"思想的驱使下,同时也是基于自身生存与发展的需要,医院内部制定非常严格的经济考核指标,如接诊成功率、住院率、复诊率、收入总数、单体消费、人次消费等,有些医院不仅对各科室进行考核,还要对每个医生分别进行考核,医生、护士个人的收入、晋职等都要与考核成绩挂钩,完不成经济指标的科室要受到严厉的惩罚。① 在这样的背景下,医务人员不可避免地把工作重心放在完成考核指标上,不仅忽视了患者权利,无暇顾及充分有效的医患沟通以及为患者提供力所能及的帮助,反而常常要求患者做一些没必要的检查,多开药、开贵药,对患者经济利益直接造成侵害。还有的医院在办院指导思想上盲目扩大规模,忽视内涵建设。部分医院管理人员片面地追求高、大、上,尤其认为只要医院规模上去了,就会具有竞争优势,占有较大的市场份额,不仅可以

---

① 黄顺康:《以创新机制设计改善我国医患关系的对策思考》,《甘肃社会科学》2012 年第 3 期。

取得更多的经济利益,奠定进一步发展的基础,而且能够为社会作更多的贡献。但是,这种重规模、轻质量的粗放式经营模式早已经被实践证明行不通。没有高水平的医疗技术,缺乏先进的服务理念,忽视患者权利的实现,与现代医院发展趋势背道而驰,最终注定要以失败而告终。

部分医院医疗管理制度陈旧,也是影响患者权利实现的一个重要因素。首先,缺乏激励机制或者相关制度设计不够科学,束缚了广大医护员工的工作积极性,不利于提高医疗服务质量与保障患者权利。目前,公立医院仍是我国医疗卫生服务体系的主体,部分医院管理人员官本位思想严重,官僚主义作风突出,行政管理人员权力过大,管得过多过死,影响了医护员工工作积极性与主动性的发挥。在分配机制上,有的医院或医院某些科室仍然存在吃大锅饭现象,干多干少、干好干坏一个样,工作表现突出、得到广大患者高度认可者却得不到应有的报酬与奖励,也严重挫伤了医务人员的积极性。其次,忽视医疗服务细节管理,使得医疗服务停留在较低的层次与水平。人们常说,细节决定成败。优秀的高水平的医院与普通医院的不同,常常体现在医疗服务细节的不同,特别是医学人文关怀情况如何。有的医院环境卫生存在"脏、乱、差"现象;有的医院缺乏足够的相关信息告知牌,令患者分不清东西南北,找不到所要去的地方;有的医院医务人员态度冷漠,说话语气及脸色似乎要拒人于千里之外,令患者敬而远之;还有的医务人员对于医患沟通重视不够,缺乏服务的技巧和方法,容易引起患者的误解或造成不应有的伤害……正是由于在细节问题上缺乏具体的制度性规定,导致患者权利尤其是患者道德权利得不到有效的保障。最后,缺乏有效的医疗服务质量监督机制,尤其是存在严重的医学伦理监督机制缺位现象。任何一种权利的实现,都离不开监督与救济机制。我国绝大多数医院都设立了医疗服务质量监督机构,对医疗行为进行监督。但是这种监督大都是事前监督与事后监督。前者主要是制定规章制度,提出质量要求,后者主要是对医疗事故等情况作出妥善处理。对于最为重要的环节——医疗服务过程,监督却往往是缺失的,因而即便发生这样那样的医疗问题,只要没有造成严重不良影响,当事人就无须承担责任。尤其是医务人员服务态度、工作方式、沟通情况等属于道德调整的对象,一般不会产生直接的后果,更容易成为监督的真空地带。因之,患者道德权利往往得不到应有的重视,无法较好地实现。

医院文化建设存在问题突出,没有担负起应有的使命,既影响了医院的发展,也不利于患者权利保障与实现。医院文化建设作为医院管理工作的一个具体环节,在发达国家以及我国一些现代化大医院里受到高度重视,被视为新形势下提升医院核心竞争力的必由之路。① 具体而言,高水平的医院文化既是促进医院发展不可或缺的重要力量,也对于患者权利实现具有十分重要的意义。医院文化所倡导的"以人为本,全心全意为患者服务"的理念,所要求的井然有序、文明卫生的医疗环境,以及医务人员规范得体的言行举止、细致入微而富有人性化的服务理念,是保障与实现患者道德权利的必然要求。但是,目前我国大多数医院的文化建设还处于较低层次,没有发挥应有的积极作用。医院文化建设中存在的问题主要包括:领导与职工重视程度不够,部分人存在比较严重的技术至上倾向,忽视精神文化的重要性;存在认识上的误区,用做思想政治工作的方法与思维来开展医院文化建设,在内容方面狭隘地理解为职工的文化生活与娱乐活动;文化建设流于形式,常常停止在组织各种文体活动以及提出一些格言、警句、标语、口号上,止于知而疏于行;缺乏系统设计,单纯地根据领导的主观想象,盲目地对医院文化发展方向进行定位,或者追时髦、赶潮流,脱离医院实际;医院文化建设雷同化,明显缺乏创意与个性,也难以引起员工们的共鸣,最终处于孤立无援的境地,并且游离于医院管理之外。医院文化建设存在的一系列问题,必然使其在促进医院发展与患者权利实现方面的作用大打折扣,甚至产生不良影响,必须引起医院管理者与广大医护员工的高度重视。

总之,由于多方面的原因,我国患者道德权利的保护与实现面临巨大的障碍与挑战。有些问题,例如医疗投入与资源分配,医疗卫生体制改革,政府已经探索多年,并且取得了较大成效,但是仍需进一步进行完善。至于患者道德权利观的形成,有待于社会整体的进步以及权利意识的演进,需要每一个人长期坚持不懈的努力。医院管理中存在的问题,则主要依靠每一家医院自身不

---

① 刘连生:《以医院文化建设提升医院核心竞争力》,《中医药管理杂志》2013年第21卷第1期。

断解放思想、深化改革、完善制度才能妥善解决。可以说,在我国已经看到患者道德权利实现的曙光,但是最终实现这一目标依然任重而道远。

第三节　患者道德权利实现的积极因素

一、我国走向权利时代的大环境

法国历史学家托克维尔曾经说过:"没有一个伟大的民族不尊重权利,因为一个理性与良知的集合体怎么能单凭强制结合起来呢?"[①]在今天,尊重与保护人权已经成为全世界的共识,权利文化也正在成为统摄我国当今时代的主流思想文化。

权利永远不能超出社会经济结构以及经济结构所制约的社会文化的发展。我国人类社会的形成初期,在古老的黄河与长江流域,农业成为最主要的生产方式,由于宗法关系的影响,逐渐形成了以个人服从和个人义务为特质的文化(在地中海沿岸,山地丘陵众多不太适合农业耕种,发展起商业贸易文明,而由于商品交换要求主体平等和契约自由,形成了以个人权利为本位的文化,成为西方文明的发端)。进入阶级社会后,统治阶级又确立了"家国同构"的社会体系。"在这样层系组织的社会中,没有'个人'观念,所有的人,不是父,就是子;不是君,就是臣;不是夫,就是妇;不是兄,就是弟。"[②]在社会领域,"溥天之下,莫非王土;率土之滨,莫非王臣",整个天下都是君主的财产,所有臣民都是其奴仆,除君主外没有任何完整的人格主体。在家庭内部,家长代表家庭行使权利,"子妇无私货、无私蓄、无私器。不敢私假、不敢私与"。[③]这种特殊社会结构以及与相应的礼教文化,导致个人权利保障的严重缺位与人们权利意识的极大匮乏。这种义务本位的文化传统一直延续到清朝末年与民国初期。新中国成立后,由于长期实行高度集中的计划经济体制以及"左"倾思想的影响,个人权利在很大程度上被忽略。再加上实行封闭性的对外政策,西方的权利本位文化未能进入我国形成强有力冲击。所以,直至

①　夏勇:《走向权利的时代》,中国政法大学出版社 2000 年版,第 11 页。
②　梁漱溟:《中国文化要义》,学林出版社 1987 年版,第 88 页。
③　《礼记·内则》。

实行改革开放政策前,现代意义的权利文化与权利保障制度在我国仍然难以形成。

1978 年改革开放以来,我国社会发生翻天覆地的变化,经济、政治、思想文化等领域都经历了极其深刻的变革,促进人们权利意识的苏醒与增强。

首先,改革实现了利益个别化,为个人权利意识奠定基础。经过多年的改革,国有经济、集体经济一统江山的局面发生根本改变,民营经济成为国民经济的重要组成部分,私人拥有相当一部分社会生产资料,个人利益的区分充分得以显现。即便在国有企业以及城镇集体经济内部,"铁饭碗"与平均主义的"大锅饭"政策得到彻底改变,职工养老等事宜由单位保障转变为社会保障,个人不再完全依附于单位,由"单位人"变成了"社会人"。利益个别化的形成,必然促使人们高度关注个人自身的权益,强化对个人权利的保护。其次,社会主义市场经济的发展有利于权利意识的萌醒,促进对个人权利的保障。市场经济的发展必须以确认与保障个人所有权、使用权等为基本前提,能够大大激发和增强社会公众的权利意识。市场经济作为一种平权型经济,孕育着深厚的公平意识,有利于增强个体权利观念。因为商品是天生的平等派,"流通中发展起来的交换价值过程,不但尊重自由平等,而且自由平等是它的产物……作为在法律的、政治的和社会的关系上发展了的东西,自由和平等不过是另一次方上的再生物而已"。① 市场经济还是一种竞争型经济,改变了计划经济僵化、保守的状态,促进人们主体意识的提高,丰富和扩大了个人权利的内涵。最后,对外开放使西方国家的民主、法治、人权观念大量进入我国,促使人们从一个崭新的角度去审视人之为人应该享有的尊严和价值,关注自身应该拥有的权利,促进了权利文化的形成与个人权利保障。

时至今日,人们的权利意识与对个人权利的保障已经达到较高的水平。如果说 20 世纪 90 年代一部《秋菊打官司》的电影,曾经让许多人充满好奇,那么今天"讨说法"已经成为社会口头禅。从主张经济、社会、文化和消费者权利,到捍卫政治、环境、食品安全和纳税人权利,"权利意识"从未像今天这样,如此深入人心、影响社会、改变国家。据《中国青年报》报道,有调查显示:

---

① 《马克思恩格斯全集》第 46 卷,人民出版社 1995 年版,第 477 页。

"80后"成为权利意识最强的一代,①"对待权利就应该从现在做起,从身边做起,从我做起"成为人们共同的心声。善待权利、呵护权利成为当今时代的最强音。同时,我国法律制度不断完善,开启了保护公民权利的新时代。例如:现行《宪法》明确规定"国家尊重和保障人权"、"公民的人格尊严不受侵犯",《物权法》第一次以法律的形式确认了公民个人合法的私有财产权不受侵犯,《国家赔偿法》规定了当国家机关给公民个人造成侵害时,公民享有从国家获得赔偿的权利。

可以说,当前我国政府与社会对个人权利的重视达到了前所未有的程度,为患者道德权利的实现创造了有利的外部环境,提供了重要的动力支持,奠定了坚实的社会基础。

二、现代医学发展的积极影响

现代医学与医疗技术的发展日新月异,已经达到相当高的水平,意味着医疗机构及其医务人员治病救人、救死扶伤的能力大大提高。患者越来越得到高水平、高质量的专业技术治疗,生命权、健康权得到较好的维护,获得帮助权、接受优质服务权等道德权利也可以较好地得以实现。例如,随着科学技术的发展进步,"微创"概念已经深入外科手术的各个领域。这是一种利用腹腔镜、胸腔镜等现代医疗器械以及相关设备进行的手术,无须开刀,只需在患者身上开1—3个0.5—1厘米的小孔即可,具有创伤小、疼痛轻、恢复快等优越性。而且,利用微创技术开展手术,患者不留疤痕、无疼痛感、只需3—5天便可完成检查、治疗、康复的全过程。毫无疑问,微创技术降低了传统手术对人体的伤害,极大地减少了疾病给患者给来的不便和痛苦,有力地维护了患者的权益。

不仅如此,随着社会的发展与进步,人们的健康意识、医疗观念正在发生明显的变化,医学的发展也日益展现出许多新特征与新趋势。早在2001年1月15日,根据现代医学的发展轨迹和社会的发展趋势,著名医学家巴德年院

---

① 王聪聪、向楠:《民调:"80后"成为权利意识最强的一代》,《中国青年报》2010年4月6日。

士在《光明日报》上刊文,提出医学的五大发展趋势,其中之一是医学的任务从以防病治病为主逐步转向以维护和增强健康、提高人的生命质量为主。今天,到医院寻求医疗服务的,不再仅仅是患者,而且还有相当数量的正常人;询医问诊的人,也不仅仅是因为躯体的缺欠或某个系统有病患的患者,相当多的人是为得到生活指导和心理咨询而求医;医生开出的不会全是去药房取药的处方,还有如何提高生活质量的指导性意见。

实际上,医学的主要任务由防病治病转向维护和增强健康、提高人的生命质量,集中反映了当代医学模式的转变。医学模式,又叫医学观,是人们考虑和研究医学问题时所遵循的总的原则和出发点。它是指人们从总体上认识健康和疾病以及相互转化的哲学观点,是人们对生命过程、健康及疾病的特点和本质的认识和历史总结,在内容上包括健康观、疾病观、诊断观、治疗观等。一定的医学模式影响着某一时期整个医学工作的思维及行为方式,使医学带有一定的倾向性、习惯化了的风格和特征,对医疗卫生事业的发展产生重要影响。

从古至今,先后出现过 5 种不同的医学模式:

其一是神灵主义医学模式。古代社会,科学很不发达,人们思想比较愚昧落后,认为人的生命与健康是上天与神灵所赐予,疾病和灾祸是受到天谴与神罚。因此人们主要依赖求神问卜、祈祷等方法祛病消灾。

其二是自然哲学医学模式。公元前几个世纪,人们对自身与外部世界的关系认识有所深化,对疾病也逐渐产生了较为深刻的认识,产生了朴素的辩证的整体医学观,形成了自然哲学医学模式。例如,中医学的阴阳五行说认为:金、木、水、火、土五种元素相生、相克,与人体相应部位对应,五行若生克适度则生命健康,如果阴阳失调则导致疾病的发生。在古希腊,人们根据当时流行的土、水、火、风四种元素构成万物的学说来解释生命现象,以此作为疾病治疗的依据。

其三是机械论的医学模式。16 世纪以后,随着牛顿古典力学理论体系的建立,西方形成了用“力”和“机械运动”去解释一切自然现象的机械唯物主义自然观,并相应地出现了“机械论医学模式”,认为“生命活动是机械运动”,把健康的机体比作协调运转加足了油的机械。

其四是生物医学模式。近代以来,生物科学取得了巨大成就,医学建立在生物科学基础之上,形成了生物医学模式。由此,人们从纯生物学角度理解宿主、环境和病因之间动态平衡的观点研究疾病传染,围绕消灭与控制传染病与营养性疾病为主要目标展开有关病原体、免疫方法、抗菌药物等方面的研究,取得巨大的成就。至今,生物医学模式仍然存在较大的影响。

其五是生物——心理——社会医学模式。进入 20 世纪,现代工业社会中心脏病、脑血管病、恶性肿瘤等非传染性疾病大大超过传染病和寄生虫引起的发病率和死亡率,而占据疾病死因图谱的前列。人们越来越认识到,当前疾病的发生更多的是由于不健康的生活方式所造成,以及取决于人们的行为以及经济条件、文化水平等社会因素。因此,1977 年美国医学家恩格尔提出,应该更加重视社会环境对于疾病的影响,用生物——心理——社会医学模式取代生物医学模式。

目前我国正处于生物医学模式到生物——心理——社会医学模式转变的过程中。新的医学模式突破了狭隘的生物学观点,从整体化、社会化的角度全方位研究身心与疾病,既重视生物因素在致病中的重要影响,又重视患者心理和社会环境因素在致病中的重要作用。① 表现在医患关系中,新的医学模式要求医患之间建立起平等关系,要更加团结、互助与友爱,尤其是医疗机构及其医务人员必须具备较高的职业道德修养与医学人文素质,更加确保患者平等的治疗权,重视尊重患者的人格尊严,注重对患者心灵的呵护、精神的慰藉、思想的沟通,维护与体现患者各种正当权益。在这样的条件下,必将极大地实现患者生理的心理满足,有力地促进患者道德权利的保障与实现。

三、我国医疗卫生事业发展的促进作用

无论患者的道德权利还是法律权利的实现,归根到底有赖于医疗卫生事业的健康、快速发展,能够提供丰富的较高水平的医疗产品与医疗服务。新中国成立后,我国医疗卫生事业发展所取得的辉煌成就有目共睹,为广大人民群

---

① 王玉梅等:《现代医学模式对医患关系的影响》,《白求恩军医学院学报》2005 年第 3 卷第 2 期。

众提供了比较充分的基础医疗服务。改革开放以来,医疗卫生事业进一步取得长足的进步,医疗服务的有效性与可及性不断增强,为患者权利实现奠定了坚实的基础。

在 2012 年 8 月 17 日举办的中国卫生论坛上,卫生部办公厅主任侯岩做了题为《中国医疗卫生事业发展状况》的报告,介绍了最近十年来中国医疗卫生事业发展状况:

（一）**基本卫生状况**

一是居民健康状况不断改善。人均期望寿命从 2000 年的 71.4 岁提高到 2010 年的 74.8 岁。孕产妇死亡率从 2002 年的 51.3/100000 下降到 2011 年的 26.1/100000。婴儿死亡率从 2002 年的 29.2‰下降到 2011 年的 12.1‰,5 岁以下儿童死亡率从 2002 年的 34.9‰下降到 2011 年的 15.6‰,实现联合国千年发展目标进展顺利。

二是卫生资源持续增长。2011 年年底,全国医疗卫生机构达 95.4 万个,其中,医院 2.2 万个、基层医疗卫生机构 91.8 万个。每千人口医疗卫生机构床位数 3.81 张、执业（助理）医师 1.82 人、注册护士数 1.66 人,每万人口专业公共卫生机构人员 4.73 人。

三是医疗卫生服务利用明显增加。全国医疗机构诊疗人次由 2002 年的 21.45 亿人次增加到 2011 年的 62.7 亿人次;住院人数由 2002 年的 5991 万人增加到 2011 年的 1.5 亿人。2011 年,中国居民平均就诊 4.6 次,每百居民住院 11.3 人,病床使用率 88.5%,平均住院日为 10.3 天。2011 年,15 分钟内可到达医疗机构住户比例为 83.3%,其中农村地区达到 80.8%。

四是城乡以及地区间卫生发展差距逐步缩小。2003 年,中国城乡居民基本医疗保障覆盖率分别为 55%和 21%,2011 年分别增至 89%和 97%,发生了重要变化。城乡居民健康指标差距逐步缩小,孕产妇死亡率城乡之比由 2005 年的 1∶2.15 缩小为 2010 年的 1∶1.01;婴儿死亡率城乡差距从 7.2 个千分点下降到 5.9 个千分点。农村住院分娩率西部与东部地区的差异由 2003 年的 34 个百分点下降到 2010 年的 2 个百分点。

五是卫生总费用发生结构性变化。2002 年,中国卫生总费用中个人卫生支出比重高达 57.7%,政府预算卫生支出和社会卫生支出分别占 15.7%和

26.6%。2011年个人卫生支出的比重下降到34.9%,政府预算和社会卫生支出的比重分别提高到30.4%和34.7%。政府卫生支出由2008年的3593.94亿元增加到2011年的7378.95亿元,年均增速为21.68%,明显快于同期卫生总费用和财政支出的年均增速。

（二）医药卫生体制改革

2009年3月,中国出台《关于深化医药卫生体制改革的意见》及近期重点实施方案,按照保基本、强基层、建机制的基本原则,全面启动深化医改工作,经过3年的努力,初步建立了中国特色基本医疗卫生制度框架。

一是基本医疗保障制度基本建立,实现"病有所医"迈出了关键性步伐。截至2011年,职工医保、城镇居民医保、新农合参保人数超过13亿,覆盖率达到95%以上。新农合从2002年建立,至2011年,参合人数达8.32亿,参合率97.5%,人均筹资标准从2003年的30元提高到2011年的246元,受益人次数从2004年的0.76亿人次提高到2011年的13.15亿人次,政策范围内住院费用报销比例达到70%以上,补偿封顶线达8万元。2010年推行新农合大病保障,截至2011年年底,已有近30万包括儿童白血病、儿童先心病、终末期肾病等8种重大疾病患者享受到补偿,实际补偿平均达65%。2012年,又将肺癌、食道癌、胃癌等12种常见多发大病纳入农村重大疾病保障试点范围,费用报销比例最高可达90%。

二是国家基本药物制度初步建立,基层医疗卫生机构运行新机制逐步形成。截至2011年,基本药物零差率销售覆盖全部政府办基层医疗卫生机构,国家基本药物制度从无到有建立起来,并有序向村卫生室、非政府办基层医疗卫生机构和公立医院延伸。目前,基本药物价格平均下降了30%。同步推进基层医疗卫生机构综合改革,落实财政专项补助和经常性收支差额补助,实施综合量化绩效考核和绩效工资制度,逐步建立新的运行机制。

三是基层医疗卫生服务体系有效夯实,"强基层"的医改目标初步实现。2009年起,中央财政安排资金470多亿元,支持近3.6万个基层医疗卫生机构业务用房建设。启动了以全科医生为重点的基层医疗卫生人才队伍建设,安排3.6万名基层医疗卫生机构在岗人员参加全科医生转岗培训,实施中西部地区农村订单定向医学生免费培养工作,为中西部地区农村基层医疗卫生机构培养 1 万多人。

四是实施公共卫生服务项目,城乡居民公共卫生服务均等化水平明显提高。国家免费向全体居民提供 10 类 41 项基本公共卫生服务,经费标准从 2009 年人均 15 元提高到 2011 年的 25 元,受益人群不断扩大。针对特殊疾病、重点人群和特殊地区,国家实施了农村孕产妇住院分娩补助、15 岁以下人群补种乙肝疫苗、农村妇女孕前和孕早期补服叶酸、贫困白内障患者免费复明手术、农村适龄妇女宫颈癌和乳腺癌检查等重大公共卫生服务项目,惠及人群近 2 亿人。

五是有序推进公立医院改革试点,积累了有益经验。2010 年起,17 个国家联系试点城市和 37 个省级试点地区进行公立医院改革试点,在完善服务体系、创新体制机制、加强内部管理等方面进行积极探索。2015 年,全国 311 个县(市)启动县级公立医院综合改革试点,以破除"以药补医"机制为关键环节,统筹推进管理体制、补偿机制、人事分配、价格机制、采购机制、监管机制等方面改革。普遍推行临床路径管理、同级医疗机构检验结果互认、预约诊疗和分时段就诊、双休日和节假日门诊、优质护理服务等措施,控制医疗费用,方便群众就医,提高服务质量。进一步完善鼓励支持社会办医政策,截至 2011 年年底,全国非公立医疗机构数为 45.7 万所,占全国医疗机构总数的 47.9%,床位数占全国总数的 9.7%。

(三)重大疾病防控

一是严重威胁居民健康的重点传染病、地方病得到有效控制。2010 年年底,中国存活艾滋病病毒感染者和病人约为 76 万人,远低于将艾滋病病毒感染人数控制在 150 万以内的目标;全国结核患病率降至 66/10 万,提前实现了联合国千年发展目标确定的结核病控制指标;血吸虫病病人约 32.6 万,较 2004 年减少了 61.3%,全国所有血吸虫病流行县实现疫情控制目标。2004 年,启用传染病网络直报系统,2007 年起,国家免疫规划疫苗种类由 6 种扩大到 14 种,预防的疾病由 7 种增至 15 种,人群也从儿童扩展到成人,有效降低了传染病发病率。国家层面上已实现消除碘缺乏病目标,大骨节病、克山病和氟中毒等病情得到有效控制,发病患者显著减少。

二是卫生应急能力全面提高。建立了国家、省、地市、县四级应急管理体制,形成了多部门突发公共卫生事件应对协调机制,健全了卫生应急预案体系。组建了传染病控制、医疗救援、中毒处置、核放射处置类 27 支国家级卫生应急队伍。有效处置了传染性非典型肺炎、甲型 H1N1 流感、鼠疫、人禽流感等突发公共卫生事件,及时开展了四川汶川特大地震、青海玉树地震、甘肃舟曲特大山洪泥石流灾害的紧急医学救援,保护了居民的生命和健康。

三是慢性病防治工作逐步加强。中国现有慢性病患者 2.6 亿人,慢性病导致的死亡人数已经占到总死亡人数的 85%,疾病负担已占总疾病负担的 70%。2002 年以来,防控逐步由重治疗向防治结合转变,形成了由疾控机构、基层医疗卫生机构、医院和专业防治机构共同构筑的防控工作网络。启动了国家级慢性病综合防控示范区建设,持续开展亿万农民健康促进行动、相约健康社区行、健康素养促进行动、中国健康传播激励计划等,建立起多部门合作、全社会参与的城乡居民健康教育体系。

四、其他卫生工作

一是爱国卫生运动更加深入。爱国卫生运动是具有中国特色的动员群众广泛参与卫生的工作方式。目前,已创建 153 个"国家卫生城市"、32 个"国家卫生区"和 456 个"国家卫生镇(县城)",农村自来水普及率和卫生厕所普及率分别达到 72.1% 和 69.2%,为降低传染病危害、提高居民健康水平发挥了重要作用。

二是食品药品监管能力得到增强。审查通过 124 项、公布 21 项食品安全国家标准,制定 96 项食品添加剂产品标准。强化食品安全风险评估,建立了覆盖全国 244 个地市的食品安全风险监测体系。开展了为期两年的食品、药品安全整顿工作,妥善处置问题乳粉、台湾塑化剂事件等事件,打击食品违法添加非食用物质行为,发布 64 种非食用物质和 22 种易滥用添加剂名单。制定《国家药品安全规划》,公布施行 2010 年新修订的药品生产质量管理规范。推进药品电子监管制度建设,建立健全药品质量追溯和安全应急管理体系。

三是中医药工作得到重视和发展。落实扶持和促进中医药事业发展的政策措施,加强各级各类中医医疗机构能力建设。充分发挥中医药在公共卫生、基本医疗以及重大、疑难疾病防治方面的作用,积极推进中医药医疗、保健、科研、教育、产业和文化"六位一体"协调发展。

四是科技和人才队伍建设进一步加强。制定《医学科技发展"十二五"规划》，实施"艾滋病和病毒性肝炎等重大传染病防治"和"重大新药创制"两个科技重大专项，启动基层卫生人才、医学杰出人才、紧缺专门人才、中医药人才和医师规范化培训等人才工程。

五是卫生国际合作不断深化。长期以来，中国积极参与全球卫生事务，广泛开展卫生领域的政府间、民间的多边及双边合作交流，积极参加国际社会、国际组织倡导的重大卫生行动。高度重视对发展中国家开展卫生国际合作和提供援助，在新的国际形势下，中国将创新援外工作模式，继续为发展中国与各国人民的友谊、展示中国"爱和平、负责任"形象作出积极的贡献。

第四章　患者道德权利与和谐医患关系的建构

　　从古至今,人们一直没有停止过对医患关系问题的思考,医患关系作为医疗活动中最基本、最重要的人际关系,始终是生命伦理学的核心问题和现实存在。在今天,医患关系和谐对于医疗工作的顺利进行、医疗机构各项事业的发展,以及社会的和谐稳定,都具有十分重要的意义。患者道德权利的实现与保护,在建构和谐医患关系中扮演着不可或缺的角色,需要引起全社会,尤其是医院及其医务人员的高度重视与关注。

第一节　医患关系的道德属性

一、医患关系的定义

　　乍看起来,医患关系不是一个复杂的概念,可以简单地界定为:在诊疗过程中,医生与患者之间发生的各种关系。由此可以使人对于医患关系概念形成大致的一目了然的认识。但是,这样的定义显然过于简单,不能够深刻揭示它的丰富内涵,难以使人们对这一概念形成全面、深刻的认识。

　　20 世纪八九十年代以来,医患关系问题一直是我国医学与社会学界研究的热门话题,学者们纷纷致力于对医患关系相关问题的研究与探讨,从多个视角对这一概念的内涵作出阐释。比较早的观点,例如,1990 年上海人民出版社出版的曹开宾主编的《当代医学伦理学》一书提出:"医患关系实际上应该是指以医生为主体的人群与以'求医者'为中心的人群之间的关系","就是上述两群人以保持健康和消除疾病为目的而建立起来的供求关系,其中供者为

'医',求者为'患'"。1996年北京医科大学、中国协和医科大学出版社联合出版李本富主编的《医学伦理学》认为:"医患关系是以医务人员为一方,以患者及家属为一方在诊断、治疗、护理过程中结成的人际关系。"[1]后来,随着研究的逐渐深入,越来越多的学者提出医患关系有广义与狭义之分,从两个维度对医患关系的内涵进行解读。例如,2004年孙慕义主编《医学伦理学》提出:医患关系是建立在医疗卫生保健活动过程中特定的人际关系,也是最重要、最基本的人际关系。狭义的医患关系是指行医者与患者的关系。这是一种个体关系,属于传统医学道德研究的内容,也是最古老的医疗人际关系;广义的医患关系是指以医务人员为一方的群体与以患者及其家属等为一方的群体之间的医疗人际关系。这是一种群体关系,属于现代医学伦理学研究的内容。[2]2011年袁俊平、景汇泉主编的《医学伦理学》一书认为,医患关系是医务人员与患者在医疗过程中结成的特定的医疗人际关系。医患关系有狭义和广义之分。狭义的医患关系是仅指医生与患者的关系。广义的医患关系是指医院与患者的关系,医生与患者及其家属、患者所属单位、团体及与患者治疗费用有关的机构的关系。在广义的医患关系中,"医"不仅是指医生、护理、医技人员,还包括后勤管理服务人员及医疗群体等;"患"不仅是指患者,还包括与患者有关联的亲属、监护人、单位组织等群体。[3]

　　"狭义"与"广义"说比较全面、准确地揭示了现代医患关系的内涵。因为,尽管任何时候医生与患者都是医疗行为过程最主要的参与者,但是与古代医患关系中医生作为个体的存在相比较,现代医患关系中的"医"与"患"的内涵已经发生变化。在今天,医生只不过是医疗机构的代表,严格意义上的医方权利义务主体是医疗机构而非医生本人。而且,代表医疗机构与患者直接发生关系的并非仅仅限于医生,还包括护理人员、药剂人员、医技人员,甚至包括管理人员和后勤服务人员。从患方的角度看,有权代表患者权益与医疗机构发生关系的,也不仅仅限于患者一个人,除了患者本人,还包括他的家人、亲属、监护人或单位等。所以,时至今日,"狭义"与"广义"说已经成为学术界在

---

① 曹永福:《医患关系的伦理和法律属性比较研究》,《医学伦理学》2001年第1期。

② 孙慕义主编:《医学伦理学》,高等教育出版社2004年版,第71页。

③ 袁俊平、景汇泉:《医学伦理学》,科学出版社2011年版,第86页。

一般意义上对医患关系概念进行解读的通说。

本书也持相同的观点,认为医患关系包含狭义的医患关系与广义的医患关系。前者是特指在整个患者就医过程中,作为主体的医生与接受诊疗的患者之间发生的各种关系,这是医患关系最基本的内涵;广义的医患关系是指医务人员群体与以患者为中心的群体之间所建立起来的人际关系,其中的"医"不仅指医生,还包括护理人员、药剂人员、医技人员、医院管理人员和后勤服务人员等组成的群体,"患"不仅指患者,还包括与患者相关联的家属或监护人、单位代表人等组成的群体。

根据内容的不同以及与诊疗行为的实施是否存在直接联系,医患关系一般被分为技术关系与非技术关系。医患技术关系是指医务人员和患者在确定、实施医疗方案与医疗措施的过程中建立起来的与医疗技术应用相关的行为关系。医患非技术关系是指在整个医疗过程中,医患双方由于受到社会、心理、经济等因素的影响所形成的道德、法律、经济、价值、文化等方面的行为关系。由于两者的性质以及在医疗活动中所扮演的角色不同,医患之间的非技术关系通常被视为医患关系中最基本、最重要的方面。

二、医患关系首先是一种道德关系

对于医患关系的性质与属性,无论从何种角度去界定、去认识,有一点则是毫无疑问、毋庸置疑的,即医患关系是一种基本的人际关系,是作为理性的社会的人之间发生的关系。"这种关系既不是自然的、盲目的关系,也不是由权威、律令强行规定的关系,而是一种由关系双方作为自觉主体本着'应当如此'的精神相互对待的关系。这种关系就体现着人与人之间的伦理关系。"[①]因而,医患关系是一种道德关系。

具体地说,道德关系是指在一定的社会道德生活中,人们基于某种既定的社会道德意识并遵循某种既定的社会道德准则,而以某种特定的道德活动方式所结成的一种特殊的社会关系。这种社会关系是在由经济关系所决定的各种利益关系的基础上,按着一定的善恶观念和价值准则形成的,并通过人的道

---

① 宋希仁:《论伦理关系》,《中国人民大学学报》2000 年第 3 期。

德行为和道德实践而表现出来的。① 医患关系是一种道德关系,而且首先表现为一种道德关系,是由医疗工作的神圣使命、医患关系建立的基础、调整医患关系的手段以及医疗职业的特殊性等多种因素共同决定的。

医疗职业自从诞生之日起就肩负着神圣的使命,或者说医疗职业正是因为需要完成治病救人的重要而崇高的任务而产生的。中国古代把保护人类健康、减少预防疾病、追求健康长寿作为传统医学伦理的核心,正如明代医生裴一中在《言医》中指出:"医以活人为心,视人之病,犹己之病。"古代西方医学也把治病救人作为最基本的任务,"西医之父"希波克拉底在《誓言》中提出:"我愿尽余之能力及判断力所及,遵守为病家谋利益之信条。"今天,以患者为中心,救死扶伤、防病治病已经成为中外所有医务工作者的共同使命,成为全世界医疗行业一致认可的工作宗旨。显而易见,医疗职业所肩负的神圣使命首先是道义上的,受到人们普遍认可的基本道德原则与规范的支持。因此,任何医疗机构及其医务人员都应把履行基本医疗宗旨、提供尽可能高水平的医疗服务视为自己的天职,没有任何理由将患者拒之门外而见死不救。几乎所有国家都要求医院把治病救人放在首要位置,也充分说明了医学的道德属性。例如,2014 年我国国家卫生和计划生育委员公布《关于做好疾病应急救助有关工作的通知》,要求:对于需要紧急救治,但无法查明身份或身份明确无力缴费的患者,要进行及时救治,不得以任何理由拒绝、推诿或拖延救治。简言之,医疗职业所肩负的神圣职责决定了医学是一种价值建构,体现出人类行为"应当"如何的伦理价值理想,也由此决定了"医患之间最本质的是一种道德关系"。②

从医患关系建立的基础来看,它是建立在一系列道德因素基础之上的,从另一个角度确证了医患关系的道德属性。比方说,信任和忠实是医患关系的一个基本特征,医患关系必须建立在高度的信任和忠实的基础之上,才能和谐发展。患者在诊疗疾病的过程中,需要在高度信任的前提下向医生敞开自己的身体、心灵、家庭、社会的私人方面,将健康生死托付给医生;医生在诊治过

---

① 魏英敏主编:《新伦理学教程》,北京大学出版社 1993 年版,第 242 页。
② 李霁、张怀承:《患者权利运动的伦理审视》,《中国医学伦理学》2007 年第 20 卷第 6 期。

程中应该本着救死扶伤、治病救人的使命,尽心尽力地利用自己的专业技能为患者解除病痛。试想一下,如果患者对某一医疗机构或医务人员心理上充满戒备,缺乏应有的信任,而医务人员也不能够忠于职守,难以完成"健康所系,性命相托"的神圣职责,医疗行为就无法实施,医患关系就难以建立。信任和忠实不是法律所能及和完成的内容,而是需要从伦理上对医患双方都要有所要求和制约。在这个意义上,医患关系是一种道德关系。同时,需要指出的是,有的学者把医患关系界定为买卖服务关系,或者叫消费关系,认为患者花钱治病,就应该像普通消费者在商场购买商品一样,有权得到100%的满意,并享受退换货的待遇,当患者消费权益受损时,运用《消费者权益保护法》保护患者权益、解决医疗纠纷。这种观点很大程度上忽视了医患关系的道德属性,把医患关系推向一个危险的境地。事实上,许多疑难绝症也绝非人力可为,在经过全力以赴的救治之后可能仍然面临患者死亡的结果,如果为此要求追究医疗机构及其医务人员的责任显然有失公平。另一方面,消费关系最基本的精神是"平等、自愿、等价、有偿",但是医疗行为的价值无法用价格来体现,难道因为患者没有足够的金钱,医生就可以不进行积极救治? 在医疗工作中,如果医务人员没有一种出自于对生命的尊重,出自于对患者生命与健康负责的那种道德义务感,人道主义、无私奉献精神严重缺失,最后导致的结果必然是医患关系沦丧,同时对于医疗卫生事业造成的不利影响也是无法估量的。

医患关系首先是一种道德关系,突出表现在道德元素在调整医患关系中发挥着支配性作用,伦理道德是调整医务人员与患者关系的根本。① 尽管依靠法律调整医院关系已经成为常态,尤其是重要的对社会影响巨大的人际关系问题需要法律作出规定,但是法律根本不可能取代道德的作用。道德是调整医患关系、规范医患双方行为的基本手段,并且经常优先于法律发挥作用——人们常常先考虑一种行为的正当性,然后再考虑它的合法性。特别是在规范居于主导地位的医务人员的行为时,道德的作用表现得尤为充分。在我国,"医者仁心"、"医乃仁术"一直是传统医学的基本命题,以人为本、博施济众、悬壶济世、重义轻利等医学伦理学的基本原则与规范,成为医疗工作者

---

① 张秀华、黄威、王爱华:《医患关系属性思辨》,《中国医刊》2002 年第 37 卷第 10 期。

实现医疗宗旨的有力保障。《淮南子·修务训》中记载，神农氏"尝百草之滋味，水泉之甘苦，令民知所避就。当此之时，一日而遇七十毒"。张仲景提出，"精究方术"，"上以疗君亲之疾，下以救贫贱之厄"。孙思邈提出"大医精诚"、"普同一等"、"一心赴救"的思想。在西方国家，《希波克拉底誓言》、迈蒙尼提斯《祷文》、胡弗兰德《医德十二箴》等著名文献对医务人员行为提出严格的道德要求。今天，医疗行为仍然需要医学伦理的指导与规范，正如1969年世界医学大会以《希波克拉底誓言》为蓝本形成的《日内瓦宣言》对医务人员提出的："我将用我的良心和尊严来行使我的职业。"在医疗实践中，医务人员的医德素养扮演着十分重要的角色。医患之间"相关信息的充分沟通、情感的正性交流，以及对患者而言精神的慰藉、情绪的稳定、希望的存在、人格的尊重等，都充分体现了作为人的公平和公正，这对医患双方都是至关重要的"。① 1988年，我国卫生部颁布《医务人员医德规范及实施办法》，对医务人员提出"救死扶伤，实行社会主义人道主义，时刻为患者着想，千方百计为患者解除病痛"等具体的行为规范。2014年，中医师协会制定出台了《中国医师道德准则》，提出医疗行为的基本准则以及医生处理与患者、同行、社会、企业等方面关系时应该遵守的行为规范。这充分表明，医学伦理道德在调整医患关系中具有不可替代的重要地位，医患关系首先表现为道德关系。

医患关系的道德属性还取决于医疗职业的特殊性，取决于医务人员的职业角色特征及其服务工作的特定内涵。医疗工作的一个重要特点是医患双方对信息的占有的严重不对称以及地位的不对等。患者往往对于医学知识一窍不通，对于应该如何治疗自身所患疾病知之甚少。疾病治疗方案的确定、治疗方法与手段的选择，甚至治疗费用的高低完全由医务人员掌控，患者只能被动地接受医生的安排。这就需要医务人员具备值得信赖、忠于职守等道德品质，需要他们对患者尽到最善义务。从具体情况看，患者的康复，还离不开与医务人员之间情感的交流、心与心的互动，需要医务人员精神的慰藉、情绪的稳定、人格的尊重，法律对此无法作出具体而全面的规定，也必须依靠医务人员具备

---

① 何志成：《医疗活动中医患关系的人文思辨》，《中华医院管理杂志》2004年第20卷第8期。

较高水准的职业道德素养与人文素质来实现。由此,医疗职业行为的道德内涵以及道德对医患关系的调整作用得到充分的体现。另一方面,对于患者而言,也不能过分苛求医生。生命科学的未知性、医疗职业的高风险性、医学发展的局限性,决定了治疗预期目标常常难以实现。但是只要医务人员尽了最大努力,没有医疗过错的发生,患者应该尽可能地给以理解与宽容,而不是求全责备、无理取闹,从而彰显出患者道德素养对医患关系的影响,体现了医患关系的道德属性。

三、关于医患关系性质界定中的道德元素

关于医患关系的性质问题,学术界一直存在较大的争议,至今仍然莫衷一是,无法达成一致的观点。总的来说,学者们比较热议的观点有 3 种:

一是共同对抗疾病的亲密合作的医患关系。根据这种观点,医务人员与患者之间是亲密合作的伙伴关系,是在同一个战壕里共同战斗的战友,敌人则是各种各样的疾病,采取行之有效的方法战胜病魔、尽快实现患者的康复是医患双方共同的目标。

这种观点历史悠久,因为突出强调了医务人员的基本宗旨,比较符合传统的医学伦理价值观,容易得到社会公众的认同。由于法律一般只能作出刚性的具体的要求,维系亲密合作的医患关系主要依靠伦理道德的约束作用。医患双方应该遵守的各自道德要求和行为准则。对于医务人员来说,自从他们步入医学院校的那一刻开始,就肩负起挽救生命、消除病痛、恢复与促进健康的神圣使命,就像《医学生医德誓言》(1991 年)所表述的:"我决心竭尽全力除人类之病痛,助健康之完美。"其后所接受的专业知识学习、临床经验积累也是为了能够更好地实现这一目标。为此,医务人员必须具备较高的医学职业道德素养,在医疗实践中严格遵守医学伦理原则与规范。我国古代有"医者仁心"、"医乃仁术"之说,西方著名的医德代表作《希波克拉底誓言》提出:"我愿在我的判断力所及的范围内,尽我的能力,遵守为病人谋利益的道德原则,并杜绝一切堕落及害人的行为。"在今天,广大医务工作者仍然应该传承"大医精诚"、"仁心妙术"等美德,提高医德认识,培养医德情感,锤炼医德意志,坚定医德信念,形成医德习惯,赢得患者的信任和支持。从患者的角度出

发，既然求助于医生，依靠医务人员的帮助获得健康利益，就要给予医生充分的理解和支持，对医生予以最大限度的配合。即便在诊疗过程中，有时候医务人员的某些行为不能尽如人意，患者也应该充分认知他们的辛勤付出，尊重他们的劳动，理智地对待存在的各种问题。对医疗工作的肯定、信任与托付就是对医务人员的最好支持，更能激发他们在工作中的热情和干劲，有力地促进和谐、亲密的医患关系形成。简言之，将医患关系的性质界定为"共同对抗疾病的亲密合作的医患关系"，是建立在医学伦理道德基础之上的，充分体现了道德在调整医患关系中的重要地位和作用，表明医患关系属于道德关系的范畴。

二是以信任托付为基础的契约关系，亦称为委托代理关系。该观点认为，医患关系发生在作为患者的自然人与提供医疗服务的医疗机构及其工作人员之间，患者委托医生确定针对自己的治疗方案、实施诊疗行为，医务人员提供医疗服务，实际上属于民事法律关系中的委托代理行为。

根据这一观点，在医患关系中，患者需要得到高质量、高水平的医疗服务，以实现治愈疾病、恢复健康的目标，由于患者在医学专业知识和技能方面的欠缺，而医务人员充分了解医疗服务的全部信息，可以满足患者的需求，因此患者委托医疗机构为自己提供医疗服务，患者作为委托人，而医疗机构及其医务人员是代理人。患者就医的过程就是委托医生选择治疗方案进行救治，医生接受患者的委托，代替患者制定与落实治疗方案的过程。在诊疗过程中，患者必须对医务人员高度信任，在疾病治疗方案的确定、治疗方法与手段的选择等方面，完全听从医生的安排。作为医务人员，必须严格忠实于患者的托付尽最大可能为患者提供优质的医疗服务，履行好"健康所系、性命相托"的神圣职责，尊重与实现患者的相关各项权利。可见，依据"委托代理关系"说，医患关系必然建立在患者对医务人员的信任与医务人员的忠实基础之上。患者的"信任"，很多时候表现为语言、态度上的尊重；医务人员不辜负这种信任，忠实地履行职责，主要表现为尽心竭力地提供优质服务，想患者之所想，急患者之所急，全面考虑治疗效果、患者感受、医疗费用等方面因素，努力做到最善注意。显然，完全依靠法律是无法对医患之间的"信任"与"忠实"作出规定与要求的，而是更多地需要发挥道德的力量，依赖于医患双方各自的道德素养，特别是依赖于医务人员较高的道德品质与职业素养。由此可见，将医患关系看作是以信任托付为基础的契约关系,或者称为委托代理关系,同样揭示了医患关系的道德属性。

三是有偿买卖服务的医患关系,即消费关系。这种观点的核心内容就是将医疗服务活动视为医患之间的一种"交易"或"买卖",等同于患者的一种消费行为,从而将一般消费品市场上适用的供求关系法则套用在医疗服务市场之中。在我国司法实践中,一些省市曾经出台相关的法律法规,将医患关系纳入消费者权益保护法领域。例如2000年10月29日,浙江省人大常委会修订的《浙江省实施〈中华人民共和国消费者权益保护法〉办法》第25条、第26条,都明确把医患关系纳入《消费者权益保护法》的调整范围。①

如前所述,将医患关系界定为买卖服务关系,或者叫消费关系,运用《消费者权益保护法》保护患者权益、解决医疗纠纷,忽视了医患关系的道德属性,把医患关系推向一个危险的境地。在普通消费品市场上,等价交换是一个基本的法则,买方或卖方都必须以支付对价为前提,买卖关系才能够建立。而且,如果卖方提供的产品有瑕疵,卖方有权要求退货、赔偿损失,甚至追究买方的法律责任。在医疗工作中,对于没钱治病的人是否可以见死不救?是否可以对医疗服务进行准确定价(医疗费用主要是对医务人员劳动付出的报酬,而非支付的对价)?医疗服务态度与服务质量不同,是否可以因此收取不同的费用?此外,由于医学科学发展的有限性,有些疾病注定是难以治愈的,当医务人员竭尽全力而未能实现患者康复时,患者家属是否应该要求医院赔偿损失?答案当然都是否定的。如果把医疗服务视为单纯的买卖行为,要求医患双方按照市场法则办事,显然是行不通的。这种"消费关系说"之所以被大多数学者否定,就是因为违背了医疗服务的根本宗旨,忽视了医务人员职业道德素质的重要性以及患者道德状况对医患关系的影响,抹杀了医患关系的道德属性。由此,从反面证明了医患关系是一种道德关系。

简言之,关于医患关系性质的3种观点反映了从不同视角对医患关系进行解读的结果,都具有合理性,同时也存在显而易见的缺陷。"亲密合作关系"说关注医务人员(医院)的义务与责任而忽视其应该享有哪些权利,对于

---

① 张琪、张捷:《医患关系性质的理论和实证分析》,《人口与经济》2009年第3期。

患者的义务过于轻描淡写；"契约关系"说视医患关系为一般意义的民事合同关系，意味着医疗机构只是普通经营者，与一般企业与商家无异，能够以经济利益最大化为主要目标，在很大程度上背离了医疗工作的基本宗旨；"消费关系"说把医患关系界定为简单的消费关系，进一步忽略了医疗机构的公益性质，同时又片面强化了医疗机构及其医务人员的责任。但是，无论如何，前两种观点揭示了医患关系的道德属性，最后一种观点则正是因为完全否定了这一点而备受诟病，得不到多数人的认可。这一切都说明，医患关系是一种道德关系，发展医疗卫生事业、建构和谐医患关系都应该建立在这一认识基础之上。

第二节 和谐医患关系建构的意义与影响因素

一、医患关系的历史演进

总的来说，人类社会产生以来，医患关系的演进经历了从古代强调非技术方面与人性化服务，向近现代以来高度重视医学专业技术的转变，近年来则又出现了向重视非技术方面与医学人文精神回归的趋势。

古代医学建立在经验主义基础之上，医生们以仁为怀，把"治病救人"作为自己的天职。东汉末年，"医圣"张仲景不辞辛苦、想方设法为患者治病，还个人出资做成"祛寒娇耳汤"，用面加羊肉包成耳朵状食品，煮熟后送给穷人吃，以促进患者的康复，使吃饺子的风俗流传至今。另一位名医董奉，给人治病时不收取医疗费用，只是要求病家栽种杏树来代替，再将收获的杏子换成粮食救济穷苦者，最终他所居住的庐山漫山遍野都是杏树，因之古往今来人们一直用"誉满杏林"赞扬医务人员的高尚德行。古罗马著名医学家盖伦提出"我将全部时间用在行医上，整天思考它"。阿拉伯医学家迈蒙尼提斯提出对待患者"无分爱与憎，不问富与贫。凡诸疾病者，一视如同仁"。正是古代医生"以人为本"、"一心赴救"、"悬壶济世"等精神风范，为和谐医患关系的建构奠定了人文基石。患者把自己的身家性命与健康完全托付给医者，医者依靠仁爱、正直、庄重赢得了患者的信任，双方成为同一个战壕里的战友，为着战胜病魔这一共同目标而密切配合，团结协作，医患关系呈现出一种自然、和谐的状态。需要指出的是,古代医患关系的和谐还与当时科学技术落后、医患关系具有直接性不无关系。由于科学发展水平低下,在医疗活动中医生很少借助医疗器械进行诊治。在获取患者临床资料时,医生一般通过望、闻、问、切等形式,与患者直接进行深入的沟通与交流;在实施治疗时,医生根据自己的经验,详细叮嘱患者如何执行治疗方案,提醒有关注意事项。医患之间密切接触,双方发生心与心的交流,使患者感受到精神的慰藉、人格的尊重,必然有利于建立起亲密、良好的医患关系。

人类进入近代社会以后,自然科学发展迅速,尤其是一系列生物科学的重大成果应用于医学,为战胜疾病、保护生命健康作出重要贡献。但是,由于当时自然科学技术的价值被无限放大,医学科学的进步使得人们对专业技术产生了迷信与崇拜心理,技术开始统治了医学,人文精神日益缺失。医生在探索疾病的生理、病理原因时,把某种特定因素从患者整体中分离出来,而对于影响患者的社会、心理等因素忽略不计。在医生眼里所看到的患者只是一些试管里、显微镜下的血液、尿液、细胞和各种形态的标本,而活生生的既有生物性又有社会性的完整人的形象则消失了。"原先紧密结合于医学的人文精神却由于医学科技的出现被十分精细的专业化发展冲得支离破碎:病人的疾病被简化为某组织器官的结构和功能异常,病人的痛苦被简化为某疾病的症状和体征,病人的治疗被简化为用药或手术等。"[1]医疗实践被视为单纯的技术活动,医疗服务就是对药物、手术或其他技术手段的运用,却忽视了对人的生命的关爱,忽略了人的心理与精神需求,淡化了对人的理解、关怀和尊重。"医学发展中技术属性与人文属性从此失衡,医疗活动中伦理与良知的视野从此遮蔽与迷失,医学的骄纵与贪婪呈现一片欣欣向荣的景象。"[2]近现代医学发展的另一个特征是医患联系的间接化。X 光机、CT 机、磁共振成像设备等大量诊疗设备的应用,改变了过去经验主义医学相对简单的诊疗方法,医务人员对医疗器械、仪器设备越来越具有依赖性。这些"物"的东西越来越横亘于医患之间,成为医患交往的媒介,导致医患交流的机会因之大大减少,医患之间

---

[1] 孙英梅:《人文视角中的医患关系研究》,《医院管理论坛》2004 年第 6 期。
[2] 彭红、李永国:《中国医患关系的历史嬗变与伦理思考》,《中州学刊》2007 年第 6 期。

的联系从直接的"医生——患者"模式变成间接的"医生——机器——患者"模式,由密切变得疏离。此外,近代社会以来,医生早已不再是单个的个体从业者,而是由许多人共同组成的职业群体。医学科学的分科越来越细,医院分为内、外、妇、儿等专业科室,每一名医生只对某一专科、某一种疾病或患者身体的某一部位负责。传统社会里比较稳定的医患之间一对一的关系不复存在,而是出现了"一医对多患"或"一患对多医"的多头关系,医患关系呈现出变动性与多样性。这也在很大程度上影响了医患之间的熟悉程度与亲近感。

时至今日,社会的经济形式、人们的生活方式与价值观念,与过去相比都发生了很大变化。尤其是医学技术进一步获得巨大发展,医学模式实现了由生物模式向生物——心理——社会模式的转变,对医患关系产生巨大的冲击,医患关系日益复杂化。一方面现代社会,医患关系技术化倾向更加突出。在技术工具主义和科学至上主义的推动下,医学从更广阔和更深刻的层面上得到发展。现代化的医疗仪器和设备使得临床诊断的方法更加现代化,不仅能够提高疾病诊断的准确率,扩大了医生认识疾病的范围和种类,而且电子计算机的广泛运用还在医生和患者之间建立起一条快速诊断的绿色通道,能够延长医生的视线。医学专家可以在数千里地以外与患者进行可视对讲,实现远距离会诊、治疗和保健咨询的自动化、高速化,使许多疑难病得到及时诊治。患者也可以通过计算机网络与医生交流,与相关的医学数据库实现链接,医患之间原先的两维关系变成医生——计算机——患者三维甚至多维关系。然而,在医学技术的作用几乎发挥到极致的情况下,与之相伴而来的是医患之间距离却更加疏远,直接交流与沟通的机会更加缺失,不仅不利于双方的理解与信任以及维护患者的道德权利,甚至会导致信任危机,破坏医患关系和谐;另一方面,医患关系日益民主化与法治化。随着社会的进步以及人们权利意识不断增强,医患之间从传统的主从型关系转变为服务与被服务、选择与被选择的平等关系。患者享有人格尊严权、医疗选择权、参与治疗权、知情同意权等各项权利,不再只是医疗服务的被动接受者,医患关系变得越来越民主化。同时,在现代医疗活动中,医患关系越来越错综复杂,完全依靠个人的道德自律来调整医患关系已经不太可能,医患双方的权利和义务更多地通过法律形式作出规定,医患关系表现为一种法律关系。医患关系的民主化与法治化,彰显了对医患双方权利的尊重与保护,必将大大有利于建构和谐、良性的医患关系。

二、建构和谐医患关系的意义

和谐医患关系,就是指在医疗活动中,以医生为中心的群体(医方)与以患者为中心的群体(患方)之间建立起来的比较协调的相互关系。通俗地说就是指在医疗活动过程中医务人员与患者之间结成的相互理解信任、和睦、融洽的一种人际关系。建构和谐医患关系具有十分重要的意义,主要表现在以下几个方面:

医患关系和谐有利于患者权利的实现。医患关系和谐本身意味着对患者权利的尊重,尤其是患者的人格尊严权、优质服务权等道德权利能够得到较好的实现,患者才会心情舒畅,与医务人员和睦相处、关系融洽。一般来说,凡是医患关系和谐的医院都是医疗服务质量与服务水平较高的医院:环境卫生及秩序良好、医疗服务周到细致、人文气息比较浓厚、医务人员视患如亲,等等。难以想象,一家医疗服务低劣、患者权利遭受侵犯的医院会存在和谐、良好的医患关系。不仅如此,医患关系和谐能够极大地促进患者疾病的治疗与身体的康复。《黄帝内经》里说:"医患相得,其病乃治",说明医患关系和谐对于促进疾病治疗的重要意义。的确如此,患者心情舒畅,对医务人员高度信任,对于疾病治疗充满信心,可以增强患者自身的机体功能,并促使患者更好地配合医务人员,从而达到较好的治疗效果。对于医务人员来说,医患关系和谐能够充分调动他们的工作积极性,在很大程度上免除对医患纠纷的后顾之忧,满怀爱心与信心地运用自己的知识技能,最大限度地为患者提供优质服务。相反,如果医患关系恶化,医患之间信任关系解体,患者权益首当其冲地遭受损害。医务人员对患者心存芥蒂,出于避免医疗风险、规避法律责任、防范医患纠纷等考虑,他们宁可采取保守的治疗方案,实施以规避风险为主要目标的所谓防御性医疗,影响救治的效果,甚至错过抢救患者生命、恢复患者健康的机会。2007年11月,北京某医院一名待产孕妇需要进行剖宫产手术,她的丈夫却拒绝在手术同意书上签字,一个重要原因是对医院的不信任——他认为妻子可以顺产,对医院的手术动机表示怀疑,结果延误了手术,酿成产妇母子双亡的悲剧。2014 年 8 月 10 日,湖南湘潭县妇幼保健院一名产妇,在做剖腹产手术时,因术后大出血死亡,医务人员因害怕被患者家属殴打而选择了逃离现场,患者去世后没有得到及时照料与充分尊重,患者的人格尊严、患者家属的知情权遭受侵害。显而易见,医患关系和谐是患者权利实现的基本保障。

医患关系和谐有利于医疗卫生事业的发展。一方面,医院各项工作的进行离不开安定有序的医疗工作环境,而和谐的医患关系是正常医疗秩序的基本保障。医患关系不和谐,医患纠纷频发,给医院带来严重不利的影响。医患纠纷不可避免地给医院造成数额不等的经济损失,目前我国几乎每家医院都受到医患纠纷的困扰,每年用于应付医患纠纷的花费高达数十万元甚至几百万元之多。在一些地方,甚至流传着"要想富,告大夫"的说法,"一脚在医院,一脚在法院"是对某些医疗机构的真实写照。医患纠纷导致医院信誉进一步受损、医务人员美好的社会形象丧失。本来是患者与社会公众眼里的"白衣天使",现在却变成了"白衣狼",医患信任关系进一步走向解体,反过来又会加剧医患纠纷现象的发生,形成恶性循环。医患纠纷频发还致使医务人员产生沉重的心理负担,影响了医院工作的正常开展。有些医院为防止医患冲突的发生,甚至给员工们配发钢盔、为医生聘请私人保镖、聘请警察当副院长,演绎出种种闹剧。医患关系不和谐也加剧了医务人员的职业倦怠感,不少人开始怀疑自己工作的价值与意义,看不到职业的神圣与崇高,工作积极性受到严重挫伤;另一方面,医患关系和谐也是促进医学科学发展的重要条件。医学是以保护和促进人类身体健康、预防和治疗疾病为主要研究对象的科学。医学的发展与进步,离不开医患双方通过患者人体实验等形式密切配合、通力协作,共同开展深入研究。医患关系的恶化,给双方积极配合开展医学研究蒙上了阴影,患者不愿意冒着生命健康危险配合医生,医务人员也出于明哲保身的需要,不敢冒着引发医患纠纷的风险进行实验与研究,最终阻碍医学科学的健康发展。久而久之,由此还会进一步形成医学研究的惰性,阻碍医务人员忽视对医学发展规律的探索,影响先进科研成果的取得与高新医疗技术的应用。

医患关系和谐有利于维护社会的和谐与稳定。社会稳定与和谐是任何一个时代广大人民群众的向往与追求,是一个国家实现繁荣与昌盛的基本前提。

然而,目前医患关系紧张、矛盾激化已经成为威胁我国社会和谐与稳定的重要因素。医患关系困局既是社会转型期我国存在的尖锐矛盾的一个缩影,又作为一种负面社会现象对社会发展产生不良影响。特别是伤医、弑医等极端恶性事件的频繁发生,严重地威胁着社会的稳定与和谐,社会影响极为恶劣。从医患纠纷与恶性事件的发生情况看,大规模的群体性事件与暴力色彩浓厚、戾气十足的杀人案件呈现出逐年增多、愈演愈烈之势,动辄数十人甚至几百人参与其中发生械斗、伤人事件,令人印象深刻,表明医患关系恶化到了伤不起的地步,对社会造成极大的破坏作用。不仅如此,医患纠纷与极端恶性事件的外溢效应令人关注,容易引发人们对社会的消极看法。从部分弑医事件(例如2005年中医学院国医堂坐诊医生被杀一案、2012年哈尔滨医科大学附属医院医生被杀事件)引起的社会反响看,大多数人表示理解甚至支持凶手的极端行为,只有医务人员与部分群众对行凶者的行为极其愤慨,站在受害者一方,而双方都质疑医疗体制的合理性,对社会现状表示不满,产生严重的不良社会影响。可以说,每一起医患纠纷,都会在社会上产生一定的负面影响;每一次弑医、伤医事件的发生,都可能使人们对社会的消极看法进一步增加,严重不利于整个社会的稳定与和谐。

三、当前影响医患关系和谐的因素

医务人员与患者本是同一个战壕里的战友,如今却似乎成为相互戒备的天敌,双方关系不容乐观。导致医患关系困局的原因主要包括政府、医院、患者、媒体等多个方面。

政府的原因。改革开放以后很长一段时间里,政府的医疗卫生投入大幅度减少,医院只能通过提升医疗费用维持自身生存与发展,而且由于医疗资源分配严重失衡,大量优质资源集中在城市里的大医院,结果导致群众"看病难"、"看病贵"问题的出现,酿成医患矛盾与纠纷。政府投入的不足,还导致医疗保障体系覆盖面过窄,大量患者因为缺乏医疗保障看不起病,常常迁怒于医疗机构费用高昂,成为医患纠纷发生的重要原因。政府以市场化为导向的医疗卫生体制改革,使广大公立医院的公益性质严重弱化,牟利成为其重要的经营目标,加之"以药养医"机制的形成,大大加重了患者的经济负担,也促使医患信任关系解体,为医患关系紧张、医患冲突发生埋下了隐患。医疗服务市场存在各种各样的问题,例如医药价格虚高、医院管理混乱、乱收费现象严重、医务人员收受红包现象普遍存在,政府作为医疗服务的监管者,监管不力,难辞其咎。因此,医患关系困局的形成,政府作为起主导作用的最有力量的管理部门,无疑应该承担最大的责任。

　　医方的原因。受市场经济条件下社会大环境以及不合理的补偿机制的影响,医院的价值取向发生偏差,不少医院的工作重心转到经济创收上,在很大程度上影响了医疗服务质量。为了获取高额经济利益,医院给各科室、科室给个人下达创收任务。为了完成任务,医务人员"大处方"、"过度检查"、乱收费成为一种常态。甚至有的医疗机构及其医务人员唯利是图,漠视生命,竟然见死不救、抛弃病人。这些做法和行径十分恶劣,引起社会公众的强烈不满,对医患关系产生极为不利的影响。从医务人员的情况看,有些人个人素质较差,业务水平不高或责任心不强,工作失职,麻痹大意,发生误诊、误治及手术失败等问题,增加了患者的痛苦,甚至造成患者死亡,导致医疗事故,引发医患纠纷。少数医务人员医德水平不高、人文素养缺失也是导致医患关系恶化的重要原因。一些医务人员思想陈旧,对患者存在"恩赐"心理,把自己凌驾于患者之上,态度冷漠、脸色难看、语气生硬、不屑理睬,甚至摆出一副盛气凌人、不可一世的派头,引起患者的极大反感。有的医务人员医德品质低下,工作作风恶劣,对待有权、有钱的患者和蔼可亲,对待普通患者冷若冰霜,工作敷衍塞责,对患者遭受的病痛与折磨没有同情心。尤其需要指出的是,由于传统医疗观念的影响,不少医务人员只重视医疗专业技术,忽略了对患者权利的充分尊重,常常侵犯患者人格尊严、个人隐私等权利,也不重视医患沟通,侵犯了患者的知情同意权。不愿沟通,不屑沟通,或者不会沟通,使得医患之间距离十分疏远,影响了医患关系的和谐。

　　患者的原因。患者不切实际的过高期望值与维权失度也是导致医患频繁纠纷发生的重要原因。任何一门科学的发展都具有局限性,医学也不例外。尽管医学的终极目标是战胜一切疾病,救治任何一位遭受病痛折磨的患者,但是医疗领域中充满着未知和变数,医学从来不是万能的。即使在医学技术比较发达的今天,国内外一致确认的医疗确诊率也只有 70% 左右,各种急重症抢救成功率在 70%—80% 左右,相当一部分疾病原因不明、诊断困难,甚至有较高的误诊率、治疗无望。① 即便是一些常见病、多发病在有些人身上,也出现向复杂性转变的可能,治疗存在一定的风险性,不能保证治疗会取得百分之百的成功,这是医学的无奈。随着社会的进步,物质文化生活水平不断提高,患者对医疗保健也提出更高的要求,对于疾病治疗效果的预期随之提升,渴望医到病除。当他们竭尽所能,包括支付了巨额的医疗费用,治疗结果却没有达到预期目标时,根本无法接受残酷的现实。长期以来所承受的压抑、痛苦以及积攒起来的对医院种种不满,可能一下子爆发出来,表现出一些过激的言行,甚至发生冲击医疗机构、危及医务人员人身安全的极端事件。还有的患者,只强调"维权"而不"自律",认为治好自己的疾病是医院的义务和责任,却不积极配合医院合理的诊疗方案,不遵守医院规章制度。当治疗效果达不到预期目标时,更是不计后果地发泄不满,成为破坏医患和谐、激化医患矛盾的直接责任者。简言之,在许多医疗案件中,处于弱势地位的患者也常常负有不可推卸的责任。

社会舆论导向的影响。当今时代,一个健全的社会离不开媒体的监督,离不开良好的舆论环境与氛围。具体到医患关系来说,正确的、适当的社会舆论评价,例如媒体对医疗领域的收受红包、吃回扣,开大处方等不良现象的揭露与鞭挞,以及对患者因医疗事故所受到的伤害与痛苦处境的报道及呼吁,对于加强医德医风建设、推动医院工作发展,最终促进医患关系的和谐具有积极意义;错误的社会舆论则会歪曲事实、混淆视听、煽风点火,致使紧张的医患关系更加恶化。尽管大多数媒体在报道医疗事件时从良好的愿望出发,但是这一涉及面广、受众面宽的问题高频度、大批量的报道,一定程度上强化了人们对医疗机构、医务人员的不满和不信任。少数媒体,则为寻求卖点、抢新闻,不是站在客观的立场上,在真相尚未弄清之前就作出失实报道,误导了读者和公众,把患者和医务人员对立起来,对医患关系紧张、医患纠纷发生起到推波助澜的作用。更有甚者,还有极个别媒体,为吸引眼球、获得点击率,断章取义、

---

① 范景敏:《医患关系紧张的原因及对策》,《中华现代医院管理杂志》2004 年第 2 卷第 3 期。

片面夸大事实，不分青红皂白甚至别有用心地地报道关于医院、医生的负面新闻，在社会上造成十分恶劣的影响。受到不公正对待、背负着沉重精神压力的医疗机构与医务人员对此深恶痛绝，容易产生严重的逆反心理，对工作产生不良影响，进一步激化了医患矛盾。

此外，我国医事法律制度不够健全，也是影响医患关系和谐的重要因素。近几年，我国医事立法速度加快，初步建立起一套适合我国国情的医事法律制度体系，为促进医疗卫生事业发展以及建构和谐医患关系奠定了基础。但是，从医疗实践来看，当前的医事法律制度体系仍然不能够完全适应经济社会发展的要求。由于一些法律规范的缺位，医疗过程中存在着复杂多变的具体情况，而相关法律尚未或不能够对医疗服务的各个细节或技术、操作等标准作出明确的界定。同时，由于没有专门的"医患关系法"或"患者权利法"，对于医患双方的权利与义务的规定也不够完善。而且，法律法规的衔接适用还存在问题，导致司法机关处理案件时，往往根据理解来适用法律。这一切都影响了法律作用的发挥，也降低了司法救济的威信，影响了法律的严肃性。于是，医务人员和患者常常分别站在各自的角度去评价对方，从而产生冲突，造成医患关系紧张。有的患者还出于对医疗事故鉴定制度以及司法机关公正和效率的怀疑，不通过法律途径解决纠纷，而是采取一些过激的暴力的方式对医护人员进行报复、破坏医疗机构的正常医疗秩序，导致医患矛盾进一步激化。

第三节　患者道德权利对医患关系的影响

一、患者道德权利实现是医患和谐的基础

无道德便无社会生活。任何一种社会的和谐与美好，都必然建立在维护与实现社会成员道德权利的基础之上。因为道德权利就是作为道德主体的人依据道德所应享有的道德自由、利益和对待，源于人的生存与发展的本能需要，体现一个人保持个体人格的独立性以及平等精神，体现人的尊严实现和人格的完善，属于基本人权范畴。倘若个人的道德权利得不到应有的尊重与保护，必然容易造成对个人基本人权的侵犯与践踏，引发矛盾与纠纷，导致人际关系的紧张。所以，从建构和谐社会关系角度看，道德权利的实现具有重要的

现实意义。

具体到患者的道德权利,即依据一般性道德原则与规范患者应该享有的权利,是一种内在价值的向度,相当一部分内容是患者最原始、最基本利益的体现,反映了患者"人之为人"的基本价值诉求。其中所蕴含的尊重、信任、友爱、关照、利他等因素闪烁着人性的光芒,乃是建构一切和谐人际关系的基础与前提,对于建构和谐医患关系的重要意义更是不言而喻。

尊重是医学伦理学的核心范畴。从作为医学人道论的核心内容、生命神圣论的形上理念到基本原则与规范、医学的道德价值诉求,尊重不仅具有规范性的内涵,其德性意蕴更为根本。① 可以说,患者的一切权利诉求,诸如平等医疗权、优质服务权、知情同意权、个人隐私权,都带有尊重患者的深厚德性意蕴。根据现代汉语词典的解释,尊重有两种基本含义:"尊敬或敬重"、"重视并严肃对待",②这是对尊重内涵的基本揭示。有学者对这一概念作出进一步的阐释,提出"尊重人的观念所倡导的那种横向平等,只有在一种隐含的上下关系中才有意义",③表明双方存在地位差别的情形下,强调尊重尤其具有重要性和必要性。医患关系的双方,恰恰在道德与法律支撑的平等帷幕后,隐藏着实际地位的落差。由于在医疗信息占有方面存在巨大差异,以及双方在诊疗过程中扮演角色的不同,决定了患者不可避免地处于弱势地位,因而医务人员尊重患者具有特别意义。在医疗实践中,由于各种各样的原因,处于主动地位的医务人员对待处于被动地位的患者,易于产生有意或无意乃至习以为常的不尊重,由此引发患者的不快,成为医患纠纷发生的导火索,或者为医患纠纷发生埋下伏笔。对于患者来说,对医疗工作满意与否,很大程度上取决于医务人员的服务态度与敬业精神,以及对患者所受痛苦所持态度是充满深切的同情还是漠不关心、冷漠无情。一般情况下,患者痛苦的境遇首先唤起道德同情感,而后催生对其健康和生命高度关注的尊重态度,这是医务人员源于人的本能的一种基本素质与要求。对患者的尊重还对医院及其医务人员提出近乎苛刻的要求,例如医院环境干净卫生、井然有序并充满人文气息,医务人员服

---

① 李德玲、张朝慧:《尊重:医疗实践中的德性意蕴》,《医学与哲学》2014 年第 35 卷第 9A 期。
② 中国社会科学院语言研究所编:《现代汉语词典》,商务印书馆 2005 年版,第 1824 页。
③ 周治华:《伦理学视域中的尊重》,上海人民出版社 2009 年版,第 156 页。

务态度和蔼可亲、热情周到并注重患者权利保护。在感受到充分尊重的情境下,患者痛苦无助的心灵得到很大程度的平复,对医务人员产生好感与信赖,甚至建立起友谊。即便医疗工作中发生意外事件,也比较容易取得患者的谅解,能够通过合适的途径理性、顺畅地得到解决。因而,以尊重为前提的医患关系自然处于比较和谐的状态。

关爱,即关心爱护,也包含着关心照料(关照)与友爱,是医务人员对待患者的基本态度与职业要求。我国古代提出"医乃仁术",是对医疗职业基本宗旨与本质特征的准确揭示,至今仍然没有丝毫的过时,而关心爱护患者毫无疑问是"医乃仁术"的应有之义。著名医学家、北京协和医院妇产科主任郎景和教授说:"医生应该怎样做? 医生给病人开出的第一张处方应该是关爱。我们要尊重病人,因他把生命和健康交给了我们,因为他教我们做医生。"①关爱患者还体现了医疗工作的基本要求,在医疗服务中医务人员只有真心关爱患者才能够更好地遵守医疗规则,并充分发挥医术的作用。"人是活的,规则是死的,一个心肠好、品德好的医护人员,比一个只是脑袋里知道规则是什么的医护人员,更能敏锐判断在不同场合中该做什么事。"②现代医学教育鼻祖、著名的加拿大医学家威廉·奥斯勒也曾说过:"医学之父有一句发人深省的名言:若有人类之爱,自有术道之爱。"③是否关爱患者,决定了医务人员的职业态度以及具体行为表现,必然对医患关系产生重要而直接的影响。例如,北京协和医院提出"待病人如亲人,提高病人满意度"的新的办院理念,推行"病人需要什么,绩效就考核什么"的全面绩效考核方案,医院管理层在拿出每一个考核指标时,都要多问一句患者能否因此获益,④奠定了建构和谐医患关系的坚实基础。相反,也有部分医院不能较好地体现与维护患者利益,致使患者在医院遇到诸多的不便,个人权利尤其是道德权利遭受侵犯,引发患者对医院的不满。甚至个别医务人员面对患者的疾患之苦,表现得冷酷无情,从而激化了

---

① 郎景和:《医道》,中国协和医科大学出版社 2012 年版,第 13 页。
② 罗秉祥、陈强立、张颖:《生命伦理学的中国哲学思考》,中国人民大学出版社 2013 年版,第 142 页。
③ [加]奥斯勒:《生活之道》,邓伯宸译,广西师范大学出版社 2007 年版,第 478 页。
④ 段文利:《"协和精神"指引医院科学发展》,《医学与哲学》2014 年第 35 卷第 2A 期。

本来比较突出的医患矛盾。2011 年 2 月,广东省某市的一家医院一名女医生在微博中写道:"有个病人的血氧在往下跌,但还是希望她能顶过今晚,这大冷天的,我暖个被窝也不容易,您就等我下班再死,好不。"①这一事件在社会上产生了非常恶劣的影响,使得本不十分和谐的医患关系雪上加霜,显示出关爱的缺失对于医患关系严重的不利影响。

利他就是医务人员心系患者,从患者角度考虑问题,想患者之所想,急患者之所急,尽可能为患者提供最大限度的帮助。我国《宪法》第 54 条规定,公民在年老、疾病或者丧失劳动能力的情况下,有从国家和社会获得物质帮助的权利。实际上,患者的需求并不仅限于物质方面,而是具有多方面的需要。医院应该时时处处为患者着想,全面体现与维护患者利益,促进患者权利的实现。国内外大医院一般都设置专门的咨询台,解答患者各种问题,使他们比较方便地了解各种信息,实现知情权。还有的医院在大厅等地摆放雨伞、轮椅等器械与物品,满足患者及家属可能的需要。一些大医院里还建立了家庭式特殊病房,令患者备感温馨,产生一种宾至如归的感觉。利他在实质反映了全心全意为患者服务的精神与态度,是医疗卫生事业发展与建构和谐医患关系的必然要求。

此外,医务人员对于患者的信任也不可忽视。一般情况下人们总是强调患者对医务人员信任的重要性,而忽视了后者对前者的信任。实际上,信任从来是双向的,和谐的医患关系既需要患者的信任与托付,也需要医务人员对患者的信任与尊重。医务人员对患者的信任主要包括,相信患者能够不折不扣地执行医嘱并在此基础上一天天得到康复,相信患者能够自觉遵守医院规章制度,以及相信患者对自己真诚的托付,等等。医务人员对患者的信任更大程度上体现了对患者人格的尊重,使患者深刻地感受到人格的尊严、人性的美好,鼓励他们树立战胜病痛的勇气与信心,有助于拉近医务人员与患者的距离,建立起医患之间的友谊,促进和谐医患关系的形成。

二、患者道德权利作为法律权利的补充对医患关系产生影响

在世界各国范围内,依靠法律调整医患关系已经成为一种趋势,通过法

---

① 陈正新:《医生微博"等我下班再死"》,《广州日报》2011 年 2 月 24 日。

律明确规定予以确认与保护的患者权利就是患者法律权利。从社会运转的表面现状来看,法律权利是一个社会稳定存在和发展的主要支撑点。通过法律对医患关系中的重大问题作出规定,提出要求,确认患者享有平等医疗权、人格尊严权、知情同意权等基本权利,明确医务人员应该遵守相应的行为规范,可以建立起正常的稳定的医疗秩序,维护患者的正当权益,奠定医患关系和谐的基础。由于法律权利是依靠国家强制力予以保障,具有较强的权威与效力,因而在调整医患关系方面具有重要作用。但是,由于法律本身所固有的稳定性,法律权利在规定其内容的法律的存续期间,不可避免地会表现出一种静态的特征,具有滞后性的弊端。道德权利则根植于社会生活本身,直接反映社会主体在一定社会经济活动中的利益诉求,其发生作用的核心动力是人们的良知,因而与社会生活联系紧密,动态地反映社会生活各方面的变化,[1]可以在很大程度上弥补法律在调整社会关系方面的不足。不仅如此,一个人具有社会效用与影响(即利害人己)的行为无不为道德所规范,而法律并不能调整所有一切社会关系与行为。"比方说,友谊和爱情中的关系就只是道德调整的范畴,而不属于法律的管辖范围。人们在友谊和爱情中所应享有的诚实对待、不被欺骗的权利只是而且只能受到道德的维护,只有当侵害他的这种权利的行为到了触犯法律的时候,法律才可以插手。"[2]具体到医患关系中,患者需要得到医务人员的人格尊重、热情的服务、真诚同情以及心灵上的交流、精神上的慰藉等,都是法律无法作出具体规定的,只能依靠道德力量来维系,从而表现为患者的道德权利。更何况,目前我国医事法律制度不够健全,对于大量的患者权利缺乏应有的关注,导致这些权利只能以道德权利形式而存在。

患者道德权利作为法律权利的补充对医患关系产生重要影响,主要表现在:

患者道德权利对患者法律权利具有价值范导与互释的作用,对医患关系产生重要影响。法律本身的合理性根据只有从道德中寻找,"在一般意义上

---

① 方兴、田海平:《道德权利如何为正当的权利体系奠基》,《南京社会科学》2002 年第 2 期。

② 李建华、周蓉:《道德权利与公民道德建设》,《伦理学研究》2002 年第 1 期。

而言,凡是法律作出否定性评价甚至要处罚的,都应当是为道德所谴责的,如果某项法律所作的否定性的评价并没有能引起道德上的普遍责难,那么,这种法律规范本身的合理性就值得怀疑,它应当或修正或废弃"。① 换言之,通常情况下一个社会的主流道德与法律规范体系的价值目标与利益导向是一致的,两者关系十分密切,由此决定了患者道德权利与患者法律权利之间的互倚与互济。因此,尊重与保护患者道德权利,往往体现了法律权利的价值取向,同时也是对实施相关法律规范强有力的奥援,必将大大促进患者法律权利的实现。实现患者法律权利,则意味着医患双方尤其是医院及其医务人员按照法律要求履行自己的义务,能够避免严重侵犯患者权利事件的发生,或者是保障人们理性地面对与处理医患关系中发生的各种事件,有利于形成良性、和谐的医患关系。也就是说,患者道德权利可以通过患者法律权利间接地对医患关系状况发生作用。

患者的某些利益或要求无法通过法律准确表达时,可以通过道德权利形式表现出来,对医患关系产生影响。法律的规范性特征决定了在许多情况下患者权利无法通过法律规定的形式表现出来,例如,患者需要医疗服务富有人性化,却很难借助于法律对所有医疗机构及其医务人员作出统一的要求,甚至有时候只可意会不可言传(例如医务人员微笑服务、医疗环境充满温馨等),患者的相关需求因而难以成为法律权利,只能作为道德权利形式而存在。在此种情况下,医学伦理道德则有了充分发挥作用的空间。加强医德医风建设,提升医务人员的职业道德水平与医学人文素养,可以大大提高医疗服务的质量与水平,促进患者道德权利的实现与保护。改善医疗工作环境,开展医院文化建设,塑造"一切为了患者"、"以患者为本"的医疗服务氛围,以及创新工作机制、完善医疗服务的环节、改进服务方式方法,也是满足患者需求、保障与实现患者道德权利的重要方面。可见,道德权利可以在很大程度上弥补法律权利的不足。在这个意义上,患者道德权利既是对法律权利的补充,也是对法律权利的超越,在建构和谐医患关系过程中扮演着十分重要的角色。

尤其是在法律规定不明确,甚至根本是空白的地方,患者道德权利保护成

---

① 余广俊:《论道德权利与法律权利》,《山东社会科学》2009 年第 10 期。

为影响医患关系的关键因素。在很多情况下,由于法律制度不够完善,对于患者某些权利规定不明确,或者是根本没有予以关注,是导致患者权利游离于法律保护之外的重要原因。此时,发挥道德的力量,诉诸道德权利便成为一种恰当的选择。此时,应该通过加强医德医风建设、改进与完善医疗工作管理等措施,弥补法律制度存在的缺憾,以充分保障与实现患者道德权利,体现与维护患者的正当利益与需求,确保患者对医疗服务工作的满意度,才能真正实现医患关系的和谐。患者道德权利保障对医患关系的影响不言而喻,甚至可以说,在法律之光尚未照见的地方,患者道德权利保护状况成为影响医患关系和谐的关键性因素。

三、患者道德权利保障不力成为影响我国医患和谐的关键因素

任何一个国家在任何时候,医患关系不和谐的主要原因归根结底主要在于对患者权利的保障不力。其中,患者法律权利的保障与实现,则主要取决于全社会法治意识与依法办事习惯的养成,取决于一个国家建设法治国家的进程以及依法治国方略的实施情况。完善医院管理与服务、提升医务人员的职业道德水平与人文素养是促进患者道德权利实现的重要保证。

近年来,随着我国建设社会主义法治国家的目标与"依法治国"基本方略的确立,全社会法治观念显著增强,遵守法律、依法维权的理念渐入人心。作为医患关系的双方,无论是医务人员还是患者,都逐渐养成依法办事的思维方式与行为习惯。尤其对于医务人员来说,大量的医患纠纷发生后,医院及医务人员被诉诸法院,也使得许多人不得不对患者权利怀有敬畏之心。维护患者的法律权利,无论是出于遵纪守法的自觉意识还是对可能发生医患纠纷的畏惧心理,已经受到广大医院及其医务人员的高度重视。然而,由于医务人员职业道德水平不高、医学人文素养缺失、医疗管理理念陈旧等原因,患者道德权利仍然得不到应有的重视,常常被有意无意地忽视,遭受侵犯与践踏,引发患者的强烈不满,成为医患关系紧张的重要原因。而且,这种不满与不信任还导致医患信任关系走向解体,致使医患关系生态日益恶化,进一步为伤医、杀医等极端恶性事件的发生埋下了伏笔。所以,患者道德权利保障不力已成为影响我国医患和谐的关键因素。对此,许多医患纠纷事件的发生充分证明了这

一点。

2009 年 11 月 3 日上午,5 个月大的婴儿徐宝宝因高烧、眼眶部肿胀等症状,入南京市某医院住院治疗。患儿家属挂了急诊并要求医生马上会诊,医院却一直到下午 1 点钟才给小孩做了挂水消炎治疗,也一直没有进行会诊。当婴儿病情发生恶化,家属向值班医生毛某反映病情时,他正在电脑上忙着玩"偷菜游戏",并称自己不是管床医生,小孩的情况不清楚,需要等到第二天管床医生过来再说。后来,患儿病情更加严重,家属又先后两次找到毛某,他却生气地说:"晚上把我叫起来,我不要睡觉了吗?"在患儿病情十分危险的情况下,家属还曾经 3 次给医务人员下跪。其中的一名医务人员先是表示自己不是对方要找的医生,后来在对方下跪后才打电话叫人。最终,患儿由于未能得到及时有效的救治,病情急剧恶化并于次日不治身亡。这就是引起社会广泛关注的"徐宝宝事件"。

在这一事件中,固然值班医生及相关责任人的渎职与不作为侵犯了患者的法律权利,理应受到法律的惩罚,但是其中所反映的个别医务人员职业道德沦丧、职业精神缺失也是显而易见的,患者的道德权利因此遭受到肆意的践踏。具体而言,在患者病情危重的情况下,医院没有及时治疗,没有根据病情需要进行会诊,是对患者医疗权与生命权的漠视。值班医生上班玩游戏,反映出他们对工作敷衍了事、无所用心,对患者的生命健康缺乏应有的关注与敬畏。患者病情比较严重时,值班医生却没有表现出应有的重视,几乎没有去病房查看过,在患者家属多次请求下仍然百般推脱,更是表现出对患者生命的残忍。在患者家属焦急万分地寻求帮助时,医务人员表现得冷漠无情,以不归自己管为由拒绝提供帮助,只是在对方下跪的情况下才打电话叫人,丝毫看不到救死扶伤、人道主义精神的影子。概言之,患者的获得及时救治权、生命健康权、获得帮助权、人格尊严权等权利严重遭受侵犯。这一事件对医患关系的伤害也是不可避免的,悲痛万分的患者家属最后向医院讨说法,引发了医患纠纷,激化了医患矛盾,最后在政府部门介入下问题才得以解决。尤为严重的是,这一事件在社会上造成极其恶劣的影响,进一步强化了医院及其医务人员的负面形象,加剧了医患之间的不信任,使得我国本来已经十分紧张的医患关系雪上加霜。

又如,在另一起患者伤医事件,即前面所述 2012 年哈医大伤人事件中,医务人员职业精神缺失、患者道德权利遭受侵犯成为导致悲剧发生的重要原因之一。事发前,杀人凶手李某某先后六次到哈医大一院就医。第一次医生敷衍了事,发生误诊,连瞅一眼都没瞅,说"跟风湿没关系,该上哪儿上哪儿"。第二次,上次误诊的医生责怪患者"看错科",并开出高达数万元的价格高昂的医药费用。后来患者风湿病没治好又患上肺结核,医生让他去医院却没有接诊,只是在电话中开出药方。在就医过程中,医务人员始终没有对患者病情及相关问题作出耐心、细致的解释,缺乏充分的沟通。无可否认,患者的获得救治权、人格尊严权、知情同意权等权利遭受侵犯激起患者(行凶者)的严重不满,并引起他的误解(认为医生不愿给自己治病),最终使其陷入绝望之中。于是,杀医泄愤成为一种合乎逻辑的结果。而且,不出所料,社会舆论对这一事件反响极为强烈,医患矛盾又一次被推向风口浪尖,在有的人为受害的医务人员深表惋惜、对凶手表示愤慨之余,大量的社会公众再次把矛头指向医务人员。根据当年 3 月 27 日新华网的报道,腾讯网转载的此事件新闻报道后,竟然有 4018 人次在网站设置的"读完这篇文章后,您心情如何"的投票中选择了"高兴",占所有 6161 投票人次的 65%。这一结果既反映出我国医患关系已经到了伤不起的地步,又进一步强化了医患之间的不信任,恶化了医患关系存在的土壤。

相反,如果医务人员具备较高的职业素养,真正能够树立与践行"患者利益至上"的服务理念,在实践中做到视患如亲,并树立较强的患者权利意识,具备较高医学人文素养与较强的医患沟通能力,则为建构和谐医患关系奠定坚实的基础,医患之间的和谐就会成为一种必然结果。例如,在同济医院心胸外科,根据老主任、著名医学家裘法祖院士当年的要求,医生们对患者家属的疑问总是耐心解释,并送给患者自己印有手机号码的名片,告诉他们"不清楚的随时电话、短信"。为了方便患者随时找到他们,许多专家近十年都没有换过手机号码。他们认为,对患者来说,自己的病痛就是最大的事,若得不到医生的重视,很容易不满和生气,这就需要医生用足够的耐心去宽慰他们焦急的心。为此,该科室还明确规定,医生做手术前至少与患者交流 15 分钟;术后头3 天,医生必须每天看望患者,并与之做良好沟通;非手术科室主管教授必须坚持每周与患者沟通交流两次以上。① 由是,患者权益得到较好的维护,在许多医院似乎可望不可即的医患和谐在同济医院心胸外科成为一种常态。

事实上,对于前往医院就医的绝大多数患者而言,由于"看病难"、"看病贵",以及医疗服务工作中存在的种种不足,诸如收红包、大处方等不正之风普遍存在,患者权利尤其是道德权利容易遭受侵犯,对医院往往存在大量的负面情绪。这一现象尽管未必会演化成激烈的医患冲突,却致使医患关系长期处于不健康的状态,存在着进一步走向恶化的危险。重视患者的道德权利,加强对患者权利的保护,最大限度地消除患者的负面情绪,才能破解我国的医患关系困局。因而,患者道德权利保护必须引起政府与社会的高度重视,真正成为所有医院及其医务人员的基本服务理念,并实实在在地在日常工作中得到践行。

---

① 雷宇:《"交心"是医患关系融洽的前提》,《中国青年报》2014 年 5 月 30 日。

第五章　我国的医患关系困局

在传统的中国社会,一说到医患关系,人们总是把医患双方视为与形形色色疾病作斗争的同一个战壕里的战友,患者更是把医生视为救苦救难的观音菩萨而心存感激。人们常常会联想到古代名医张仲景、华佗、孙思邈、李时珍等人,"杏林春暖"、"大医精诚"等美德故事流传至今。但是,20 世纪 80 年代实施改革开放政策以来,我国进入社会转型时期,医疗卫生体制改革存在一些弊端,导致医患关系呈现出前所未有的紧张态势。尽管政府、社会、医院等各个方面做了大量工作,但是至今效果尚不明显,破解医患关系困局依然是当前面临的一个重要任务。

第一节　我国医患关系的变迁

一、改革开放前的医患关系

建国之初,新中国继承了解放前的医疗卫生发展状况,广大普通民众没有任何的医疗保障,基本上处于看不起病、买不起药的境地。当时,我国国民健康指标极其恶劣,人均寿命只有 35 岁,婴儿死亡率高达 200‰。[①] 在这样的背景下,首要任务是提高医疗保障、维护人民身体健康,探索医患关系问题似乎没有太大的实际意义。中央与地方政府为了尽快改变广大人民群众缺医少药的状况,努力保障他们的身体健康,从我国国情出发,进行了坚持不懈的努力与探索,取得了巨大成功。到 20 世纪 80 年代初,人民的健康水平大幅提高,

---

① 张栋:《新中国以来医疗卫生事业的发展轨迹》,《团结》2011 年第 2 期。

很多流行性疾病,如天花、霍乱、性病等得到较彻底的消除,而寄生虫病如血吸虫病和疟疾等得到了大幅度的削减。同时,人均寿命增加到 70 岁,出生婴儿死亡率也减少到低于 50‰。短短几十年内一系列辉煌成就的取得,主要归功于建立起一套符合中国国情的医疗卫生保障体系。这一体系不仅是实现医疗保健目标、提升人民权重健康指数的强有力保障,同时也为形成健康、和谐的医患关系提供了合适土壤。

简单地说,改革开放前我国建立起一套特色鲜明、以保护广大人民群众身体健康为目的、以公共卫生和预防保健为导向、迥异于西方国家医保体系的医疗保障制度。其主要特点是:全覆盖、保基础、低成本、高效率,具有鲜明的社会公益与劳动保障性质。依靠这一保障体系,我国用占国内生产总值(GDP)3%左右的卫生投入,大体上满足了几乎所有社会成员的基本医疗卫生服务需求,不少国民综合健康指标已经达到了中等收入国家的水平,成绩十分显著,因而被一些国际机构评价为发展中国家医疗卫生工作的典范。同时,这一时期的医患关系也基本上处于比较健康的状态,医务人员与患者之间能够和谐共处、关系良好,医患矛盾始终没有成为令人关注的社会问题。

具体来说,在城镇,医疗保障体系分为两种形式:公费医疗与劳保医疗。前者面向国家机关与全民所有制事业单位的职工、高校在校学生、二级乙等以上革命残废军人,由国家财政按照人头拨付给各级卫生行政部门,专款专用。职工家属的医疗费用也由职工单位统筹负担或单位福利补助。后者面向国有企业职工与退休人员,县以上集体企业参照执行,由企业负担与支付。职工家属的医疗费用,由企业承担 50%,对于困难职工,企业适当增加补助。在农村,医疗保障实行合作医疗方式,由农民缴纳数额较少的费用,村集体与公社予以补助,形成基本医疗保障基金,农民治疗常见性疾病几乎不用花费什么费用。在公益属性明显、各项制度相对健全的医疗保障体系下,人民群众看病没有后顾之忧,生命健康权得到较好的保障,也就不会有因为经济压力太大形成思想上的紧张与焦灼之情,有利于促进医患关系的和谐,而且也避免了因为患者欠费现象引发医患纠纷的发生。同时,在高度集中的计划体制下,医院没有自己独立的经济利益,医院所有的经费(包括职工工资)全部由政府财政负担,患者医疗费用支出的多少跟医院与医务人员的经济收入没有任何联系,医务人员根本不存在实施大处方、大检查等过度医疗行为的内在动力,医患之间很少因为医疗费用问题产生矛盾。简言之,在传统计划体制下,医疗行业的公益属性既保证了每一位患者具有求医问药的条件,又使得医患之间不存在直接的经济利益关系,从而保证了医患关系的纯洁性,为双方建立良性的关系奠定了基础。

此外,当时国家十分重视加强基层医疗卫生工作,特别是对占全国人口80%以上的广大农村地区的医疗卫生保健予以充分的重视。1965 年 6 月 26日,毛泽东在讲话中指出,要"把医疗卫生的重点放到农村去",史称"6.26 指示"。由此,大批的城市优秀医务人员奔赴农村、边疆,走与工农相结合的道路。医疗卫生工作中人力、物力、财力逐步投放到农村与基层,大大促进了那里的医疗卫生事业发展,使得大多数的常见病(流行性感冒、发烧、腹泻、肺炎等)主要在基层医疗机构得以解决:在城市由单位医院(机关医院、工厂医院、学校医院等)承担,在农村则有为数众多的乡村"赤脚医生"与公社卫生院为农民提供周到细致的服务。无论在城市还是农村,由于医患之间一般比较熟悉,相互之间具有较高的信任度,有利于形成比较和谐的医患关系,医患纠纷很少发生。不仅如此,为数众多的患者留在基层与农村接受诊疗,也避免了城市大医院人满为患现象的发生,很大程度上缓解了重大疾病患者在大医院的"看病难"问题,有利于提高医疗服务质量与更好地维护患者的生命与健康利益,为和谐医患关系的建构提供了有力保障。

另一方面,改革开放之前,尽管由于物资匮乏,医院硬件条件普遍较差,但那是一个重视道德建设、强调责任与奉献的年代。在社会公共生活领域,全心全意为人民服务是占主导地位的价值观,雷锋、焦裕禄式英雄模范人物是全社会顶礼膜拜的对象。在医疗服务领域,白求恩成为全体医务人员由衷地学习的榜样,"治病救人,救死扶伤,实行革命人道主义"的医疗宗旨深入人心。绝大多数医务人员能够较好地履行自己的职责,把患者利益放在重要位置,丝毫不考虑从患者那里能否得到回报,索贿、受贿现象几乎不可能发生。如果有人存在违背医学伦理道德的现象,则会成为众矢之的,受到人们的道德谴责,甚至成为被孤立的对象,在工作与生活中陷入十分尴尬的境地。作为患者,由于个人在接受诊疗过程中无须支付医疗费用,或者医疗负担较轻,在就医过程中处于纯粹的受惠者地位,与医院及其医务人员根本不存在经济利益冲突,自然而然地对于一心一意为自己实施救治的医务人员产生发自内心的感激与崇敬。即便医疗服务过程中存在一些瑕疵,也往往比较容易得到患者的谅解与宽容。此外,在高度集中的计划体制模式下,集体主义价值观在思想领域占据绝对的支配地位,甚至在一定程度上被片面理解,而个人权益未能得到应有的体现与保护,致使人们的权利观念严重缺失,作为弱势群体的患者对于医疗服务中存在的一些侵权现象,例如医务人员对待患者态度冷淡,工作敷衍,以及患者人格尊严权、知情同意权、个人隐私权等权利遭受侵犯等等,并无强烈的感受,一般情况下也不会与医务人员产生激烈的冲突,也在一定程度上维系了医患关系的和谐。

总之,在 20 世纪 80 年代中期之前,我国医患关系总体上处于比较和谐的状态,很少有医患纠纷与医患冲突的发生,这是不争的事实。

二、改革开放以来的医患关系

改革开放以后,伴随着经济社会的快速发展,我国医疗卫生事业获得长足的进步。根据《中国医疗卫生事业发展报告 2014》提供的资料显示,我国城乡居民整体健康水平持续改善,卫生资源总量持续增加,医疗卫生服务提供体系不断完善,卫生服务可及性、医疗卫生人力资源总量、医疗机构床位持续增加,卫生服务能力不断增强。但是,由于受到一切以经济发展为中心指导思想的影响,以及伴随着政府财税体制改革各项政策的实施,医疗卫生体制改革实施过程中也出现了一些问题,对当前我国医患关系产生不良影响,致使医患关系发生前所未有的重大变化。

我国的医疗卫生体制改革在总体上可以划分为三个阶段:

第一阶段:从 1978 年年底改革开放政策的实施到 1992 年社会主义市场经济体制的确立。在这一时期,医疗卫生体制改革从开始孕育到正式启动,尤其是 1985 年国务院批转卫生部《关于卫生工作改革若干政策问题的报告》,标志着医疗卫生体制改革的正式开始。但是,这时的改革处于试水阶段,各项改革措施实际上仅仅是复制国企改革的做法,主要关注管理体制、运行机制方面的问题,政府的主导思想是"给政策不给钱"。但是,随着政府直接投入的逐步减少，市场化机制开始进入医疗机构。

　　第二阶段：从1992年社会主义市场经济体制确立到2005年新医改启动。这一时期是我国医疗卫生体制逐渐市场化的过程。1992年，邓小平南方谈话与党的十四大召开，正式确立了建立社会主义市场经济体制的改革目标。随之，国务院下发《关于深化卫生医疗体制改革的几点意见》，卫生部提出"建设靠国家，吃饭靠自己"，要求医院在"以工助医、以副补主"等方面取得新成绩。这项卫生政策要求医院创收以弥补收入不足，很大程度上影响了医疗机构公益性的发挥。1996年，医疗保险改革拉开序幕，政策目标主要是减轻政府和企业医疗支出的负担。1998年，国务院颁布《关于建立城镇职工基本医疗保险制度的决定》，基本思路是："低水平、广覆盖、双方负担、统账结合"，结果导致患者的医疗负担大大加重，医疗服务体制"市场化"悄然做大。此后，由于政府财政投入比例逐年下降导致经费短缺，一些地方开始拍卖乡镇卫生院与国有医院，而政府部门也在探索公立医院的"产权改革"，主要目标是政府减少对医疗服务领域的干预，更多地依靠市场进行运作。以市场为导向的"医改"，在很大程度上导致人民群众"看病难"、"看病贵"问题加剧，也进一步影响了医疗卫生服务的公平与公益属性。

　　第三阶段，从2005年新医改启动至今。鉴于以市场化为导向的医疗卫生体制改革造成的严重负面后果，政府开始了带有纠偏性质的新医改。当时，根据国务院发展研究中心发表的医改研究报告认为：中国的医疗卫生体制改革基本上是不成功的。由此，新医改开始启动，2005年成为新一轮医疗体制改革的起点。这一时期医改的主要特点是，在吸取以往改革经验教训的基础上，明确规定了医疗卫生事业的性质，更加强调公立医疗机构的公益属性，要求从根本上解决人民群众"看病难"、"看病贵"问题，首次完整地提出中国特色卫生医疗体制的制度框架。

　　梳理我国医疗卫生体制改革的脉络，不难发现市场化导向一直贯穿整个改革过程的始终。不可否认，医疗卫生体制改革极大地调动了广大医院及其医务人员的工作积极性，增强了医疗卫生事业发展的活力，提高了我国的医疗服务水平，同时也使得医患关系更加民主，患者权利得到前所未有的重视与保护。但是，过度市场化的一个恶果必然是导致广大公立医院公益属性的大大

减退,最终演变成以追求经济利益为主要目标的市场主体,对医患关系产生十分不利的影响。这些影响主要表现在:

其一,医患关系成为一种带有经济属性的关系,医患之间"零和"博弈,为医患纠纷发生埋下隐患。无论是早期的"放权让利,扩大医院自主权","只给政策不给钱",还是此后要求医院"建设靠国家,吃饭靠自己",并出台一系列医改配套政策,其实质都是实现医疗服务的市场化,使本来作为社会福利机构的公立医院逐渐演变成自负盈亏、自食其力的市场主体。医改开始后,许多地区拨付给公立医院的事业费甚至不足以支付医务人员工资甚至不够支付医院水电费,广大医院及其医务人员为了生存与发展的需要,只能从患者身上牟利,致使医院行为模式发生改变,医院的公益性、福利性色彩日益减退,盈利成为医院发展的重要目标,患者花钱看病成为理所当然的事情。"患者花钱、医院营利"现象的出现,使得原本纯洁、美好的医患关系打上了金钱的烙印,带有了明显的经济属性,为医患纠纷与冲突的发生埋下了伏笔。

其二,医院成为市场主体,激发趋利动机,导致医患关系异质化,容易引发大面积的医患冲突。医疗服务的市场化使得医院成为市场主体,而任何市场主体的经营目标都是利润最大化,于是医院的趋利动机大大增强,追求高额利润成为医院及其医务人员的重要目标。部分医院及其医务人员甚至出现了唯利是图倾向,"救死扶伤"、"防病治病"等基本医疗宗旨被弃之脑后。在牟利成为重要医疗动机的背景下,廉价而有效的技术和药物不再受到青睐,医务人员越来越热衷于使用费用高昂的技术设备和药物,为患者提供超过治疗疾病本身需要的"大检查"、"大处方",医患关系迅速异质化。患者的医疗费用急剧上涨,经济负担日益沉重,"看病难、看病贵"成为一种普遍现象。有人将"教育、医疗、住房"称为迈入 21 世纪的"新三座大山",足以显示医疗费用已经成为老百姓不可承受之重。以此为背景,患者对医务人员的信任逐渐解体,医患之间原本存在的美好情感一点点地遭受侵蚀。尽管政府部门多次出台关于疾病处方管理和医疗路径的管理规定,但是受制于医院的牟利冲动而最终无法得以落实。最终结果是,我国医患关系很大程度上呈现出一种畸形发展的态势,埋下了医患纠纷大面积发生的种子。有时候,哪怕发生一个小小的事件,就可能引发一场大的医患纠纷,甚至酿成伤医、杀医等极端恶性事件的发生,医患关系已经到了伤不起的地步。

其三,政府投入减少以及医疗卫生资源分配失衡,限制了医院的发展,加剧了"看病难、看病贵"。在医改过程中,政府投入减少,特别是对于基层医疗机构财政投入缺口较大,这些地方医务人员水平不高、医疗设施缺乏、医疗服务质量低下等问题大量存在,加之医疗体制不够完善等原因,导致为数众多的常见病患者涌进大城市、大医院。结果导致了一方面小医院患者流失,门可罗雀,医院经费更加紧张,职工收入更加微薄;另一方面大医院人满为患,不堪重负,医务人员超负荷运转,不可避免地影响了服务质量与水平,也使得"看病难、看病贵"现象进一步加剧。多项调查显示,在一些大医院,不少专家每天的门诊量都在 100 人以上,患者"排队几小时,看病几分钟"是这些医院的真实写照。费尽周折、花费较大代价前来求医问药的患者自然心生不满,更加失去对医院的信任与好感,医患关系困局更加处于难以破解的状态。

诚然,造成医患关系失和的原因是多方面的,例如患者权利意识的觉醒在很大程度上助推了医患矛盾的产生。改革开放以来,人民群众的权利意识与法治观念大大增强,体现在医患关系中,主要表现为:那种患者觉得医疗服务是医疗机构的恩赐、自己在医生面前低人一头,只会对医生唯唯诺诺、完全服从的时代成为过去。广大患者越来越把自己看作与医务人员地位平等的一方,把接受医务人员的服务看作自己应有的权利。他们发现自己的正当权益受到侵犯时,会毫不犹豫地提出质疑,要求医方停止侵害、赔礼道歉、赔偿损失,乃至将医院告上法庭。还有的患者维权过度,"鸡蛋里挑骨头",无理取闹、寻衅滋事,在一定程度上导致了医患关系紧张、冲突频发时代的到来。又如,医患关系紧张还受到社会矛盾泛化的影响。当前,我国正处于社会转型期,"先发"型国家的社会转型是一个"渐进的过程",而"后发"型国家的社会变革则常常是矛盾聚集的过程。① 我国作为一个后发现代化国家,在计划体制向市场体制的转轨、过渡过程中不可避免地会发生冲突和摩擦。由此引发

---

① 黄义初:《浅谈市场经济条件下如何构建和谐的医患关系》,《现代医学管理》2006 年第 6 卷第 2 期。

的各种矛盾,以及在人们生活、心理上产生的种种不适和混乱,非常容易在医院这个特殊的环境下,以某些因素作为导火索,以医患冲突的方式比较集中、激烈地爆发出来。尤其当高收入者获得较多、较高质量的医疗服务,而低收入者则获得相对较少、较低质量的服务时,社会贫困阶层和弱势群体面对疾病、失业、贫困、腐败等社会问题,本来已经发生价值趋向裂变、心态失衡,情绪处在一个负性状态,现在由于经济地位差距产生的医疗消费悬殊超出心理承受能力,进一步引发对社会公正信念的质疑,最终导致医患关系紧张,演化成医患冲突。因此,有人说,医患关系紧张与冲突实际上是转型期整个社会关系紧张的一个缩影,不是没有道理的。

三、近年来医患关系发展的新动向

2005 年以后,"新医改"开始实施,重点是回归医疗卫生服务的公益性质,解决广大人民群众"看病难、看病贵"问题,建构和谐医患关系。为此,政府、社会与医院开展了大量的工作。

政府加大医疗卫生投入,医疗卫生人力资源总量与卫生服务可及性也持续增加,医疗保障制度进一步趋向完善。最近几年,我国卫生总费用显著增加,政府卫生支出比重稳步上升,2013 年全国卫生总费用达 31868.95 亿元,卫生总费用占国内生产总值(GDP)比重已经达到 5.57%。[①] 同时,为解决医疗资源分配不均衡问题,各地积极探索大医院与中、小医院合作,通过建立医疗联合体,实施双向转诊制,努力实现优质医疗资源下沉与各医院资源互补。政府投入的增加与新医改政策的实施,为实现人民群众的生命健康以及疾病治疗权利提供了有力保障,极大地促进了和谐医患关系的建构。

医疗卫生部门充分认识到加强医德医风建设的重要性,积极采取各种措施加强医院管理,大力加强医德医风建设,促进医务人员职业道德素养快速提升。2013 年,国家卫生计生委、国家中医药管理局制定了《加强医疗卫生行风建设"九不准"》,要求"坚决纠正医疗卫生方面损害群众利益行为,严肃查处医药购销和办医行医中的不正之风问题"。2014 年,国家卫生计生委发布《关

---

① 参见中华人民共和国卫生和计划生育委员会《2014 年中国卫生统计年鉴》。

于开展医患双方签署不收和不送"红包"协议书工作的通知》，要求医疗机构和住院患者签署《医患双方不收和不送"红包"协议书》，建构良性、和谐的医患关系。同年，中国医师协会发布《中国医师道德准则》，规范医师的道德底线，促使医师把职业谋生手段升华为职业信仰。一系列措施的实行，必将极大地提升医务人员的职业道德素质与医学人文素养，对医患关系产生积极、有益的影响。

医患纠纷处理平台建设日趋完善。医患矛盾激化与医疗冲突发生，常常与解决医疗纠纷缺乏合适的平台存在密切关系。长期以来，我国医疗纠纷的解决主要通过3种路径：当事人协商、卫生行政部门调解、民事诉讼。但是，患者与医方协商很多时候难以达成一致，而且签订的协议效力不高、约束力不强，容易出现当事人反悔现象。卫生行政部门与医疗机构存在千丝万缕的联系，处理医患纠纷能否立场中立令人质疑，患者往往对调解结果难以认同。民事诉讼费时费力，成本高昂，令许多当事人望而却步。近年来，全国各地都在积极探索完善解决医疗纠纷的路径问题，目前大多数省市成立了依托司法局、居委会、保险公司或纯民间性质的第三方调解机构——医疗纠纷人民调解委员会，为医患双方实现充分沟通、公平合理地处理各种问题提供了合适的平台，使医疗纠纷得以在心平气和的氛围中得到解决，有利于维护医患关系的和谐。

打击"医闹"现象取得明显成效。多年来，在医患关系日益恶化、医患冲突持续发生的过程中，"医闹"扮演着重要角色。尤其是大量的"职业医闹"，在医患纠纷发生时推波助澜，故意扩大事态，教唆他人实施涉医违法犯罪行为或借医疗纠纷实施敲诈勒索，进一步加剧了医患矛盾，毒化了医疗工作环境。因而，打击"医闹"势在必行。2013年10月28日，由中国医师协会主办的"反对暴力严惩凶手"呼吁会召开，中国医师协会、中华医学会、中国医院协会、中国卫生法学会发出联合呼吁医疗暴力"零容忍"。2014年4月，最高法、公安部等五部门联合向社会发布《关于依法惩处涉医违法犯罪维护正常医疗秩序的意见》，要求严肃追究、坚决依法打击涉医违法犯罪行为，并明确界定了"医闹"的六种情形，被称为打击职业"医闹"最严规定的新规。此后，"医闹"现象得到有效遏制，净化了处理医患矛盾的外部环境，有助于医患关系健康、良性地发展。

总的说来,经过多方坚持不懈的探索,缓和医患矛盾、建构和谐医患关系的努力初见成效。尽管目前我国医患关系状况仍然不容乐观,在很长一个时期内建构和谐医患关系依然是一个十分艰巨的任务,但是最近几年医患关系持续恶化的局面有所改变,逐渐呈现出一些良好势头。根据中国新闻网的报道,2014年北京市属医院诊疗人次总量增幅放缓,医疗纠纷减少。[①] 不久前,国家卫生计生委宣传司司长毛群安说:"2014年,我国医患关系朝着好的方向转化。与2013年相比,不论是伤医事件发生率,还是医疗纠纷发生率,都有了明显的下降。"据统计,2014年全国医疗卫生机构总诊疗量达78亿人次,比2013年增加5亿人次。同年,全国发生医疗纠纷11.5万起,较2013年下降8.7%。医疗服务量在增长,而医疗纠纷却在下降。[②] 或许,这是一个信号,昭示着我国医患关系开始好转,从此我们看到了医患和谐的曙光。可以肯定的是,随着社会的各项制度日趋完善,医务人员的职业素养不断提升,社会公众的心理不断成熟,我国医患关系最终会向着好的方向转变,当前的医患关系困局将从根本上得到破解。

第二节　医患关系困局的表现

从我国当前医患关系的现状来看,我国医患关系的不和谐,抑或可以称之为医患关系的困局,通过医患纠纷频发尤其是令人印象深刻的患者杀医、伤医事件得到充分的体现。但是,作为一种常态与主流,则是医患关系相对平静,绝大多数医务人员与患者之间能够相互配合、相互尊重,保证了医疗工作的正常运行。然而,貌似正常的医患关系,在很多时候暗流涌动,实际上处于一种亚健康状态,存在的问题不容忽视。

[①] 《北京市属医院诊疗人次总量增幅放缓医疗纠纷减少》,2015年3月20日,见http://www.chinanews.com/df/2015/03-18/7139842.shtml。

[②] 白剑峰:《医患和谐是主流——我国依法维护医疗秩序综述》,《人民日报》2015年1月22日。

一、医患关系的亚健康状态

"亚健康"是近年来医学界提出的新概念,又称"第三状态"、"次健康",指非病非健康状态,是一类次等健康(亚即次等之意),介乎健康与疾病之间,行为人虽然没有明确的疾病症状,但是精神活力、适应能力与反应能力大大下降,如果不能引起充分重视,必然陷入疾病状态。我国医患关系的亚健康状态,是指医患之间关系冷淡,信任感缺失,尤其是相互之间缺乏发自内心的理解与尊重,存在医患矛盾随时发生的可能性,以及进一步演化为医患纠纷的风险。

医患关系的亚健康状态主要表现为:

其一,医患之间信任关系解体。医患信任既是建构和谐医患关系的基础与前提,也是医患关系呈现良性状态的具体体现。在战胜疾病的过程中,医患双方之间需要高度信任、支持与密切配合,即所谓"患不离医","医不离患"。但是,随着我国公立医院日益丧失公益属性,对经济利益的追逐成为医院重要发展目标,"大检查"、"大处方"等过度医疗行为成为一种普遍现象,加之部分医务人员医德状况堪忧、职业精神缺失,患者对医务人员的真诚信任与崇敬之情也消失殆尽。他们常常怀疑医务人员对自己实施的诊疗行为的科学性、正当性、及时性,甚至无端认为医生"小病大治"、多开药、开贵药,实施没必要的检查以便收取高额费用,也对某些医务人员的专业水平、职业素养、服务态度屡屡提出质疑。于是,有的患者家属在诊疗现场录像、录音,以防止医务人员医疗过错的发生,所以"缝肛门"事件、"八毛门"事件①的发生并不令人感到十分意外。对于医务人员来说,持续不断的医患纠纷,尤其是伤医、杀医等极端恶性事件的发生,也使得他们对患者心存戒备,在工作中常常不再把全面维护患者利益放最重要的位置,而是把最大限度地防范医患纠纷发生、实现明哲保身作为首先要考虑的问题。因之,基于防止意外情况发生的"大检查"在各

---

① "八毛门"事件是产妇"缝肛门"事件后另一个产生较大社会影响的医患关系事件。2011年9月5日,深圳的陈先生向媒体报称:刚出生的儿子因腹胀转入深圳市儿童医院,医院建议进行造瘘活检手术,手术费超过十万,他又带儿子到广州市儿童医院就诊,接诊医生开了八毛钱的药,"孩子就治好了,能吃能拉"。后来,患儿因病情反复到医院做了手术,证明深圳市儿童医院诊断并无错误,陈先生写致歉信向该医院道歉。这一事件再次表明我国的医患之间存在信任危机。

医院成为一种常态,最近的一次调查显示,85.8%以上的医生承认因忧医患纠纷做过防御性医疗。① 甚至,2014 年在湖南某医院发生了"产妇死亡,医务人员怕遭受患者家属殴打而跑路"的奇怪事件。② 医患之间的信任危机,尽管尚未出现激烈的矛盾与冲突,但是折射出我国医患关系的不正常,表明医患关系处于一种亚健康的状态。

其二,患者对医疗工作不满意。医患关系不和谐并非仅仅通过激烈的医患冲突形式表现出来,在大多数情况下,医患双方相安无事,显得平静而和谐,但是这种表象的背后却往往隐藏着患者对医院及其医务人员的极大不满。几乎所有患者对于"看病难"、"看病贵"现象存在不满的情绪,对于部分医务人员医疗服务中存在的种种问题也颇有微词。2013 年年底,《半月谈》社情民意调查中心的一项调查结果显示,患者对医院最不满意的前两项分别是"医生开'大处方'导致看病贵"(占 38%)、"医护人员缺乏必要的敬业精神"(占27%)。此外,令患者不满的事项还包括医院收费太高、医务人员对患者不够尊重、医务人员收受"收红包"、医护人员服务水平不高、医院在出现医疗纠纷后一味逃避责任等内容。③ 最近,深圳卫生计生委公布了 2015 年第一季度全市医疗行业服务公众满意度排名,从此次调查分析评估来看,老百姓对医院服务不满意有"就医环境、服务态度、等候时间、技术水平、医疗费用"五大原因。其中,最不满意的是服务态度,该指标的不满意率达 62%。④ 日常医疗工作中患者对医疗工作的不满,尽管不像尖锐的医患冲突那样令人印象深刻,往往难以引起社会与医院应有的重视,但是反映出医患关系的亚健康状态。一旦出现导火索,这种不满就会迅速演化为医患纠纷与冲突,造成严重的事态。

其三,患者对医务人员不理解。患者需要对医务人员理解与宽容,这是由医疗工作的基本特征决定的。首先,医学发展的有限性决定了医生不是百病皆治的神仙,患者不应对医生抱有不切实际的期望。作为医疗对象的患者是

---

① 王品芝:《85.8%以上的医生承认因忧医患纠纷做过防御性医疗》,《中国青年报》2015年 4 月 20 日。

② 莫瑾榕、郑诚:《产妇死亡,医生护士全跑路?》,《羊城晚报》2014 年 8 月 14 日。

③ 吴桐等:《健康的社会离不开健康的医患关系》,2015 年 4 月 26 日,见 http://www.banyuetan.org/chcontent/zc/dcfx/20131231/89869.html。

④ 鲍文娟:《六成受访市民对医院服务态度不满》,《广州日报》2015 年 4 月 20 日。

千差万别的复杂体,既有社会性属性,也有自然属性,即便一些常见病、多发病在有些人身上,也会出现向复杂性转变的可能,不能保证治疗取得百分之百的成功。但是,对于许多患者而言,觉得医院就是保险箱,渴望医到病除。尤其当他们支付了巨额的医疗费用,治疗却没有达到预期目标时,根本无法接受残酷的现实。其次,医疗工作十分辛苦,医务人员辛勤劳动,无私奉献。尤其是我国大医院的医务人员,大部分人处于工作超负荷状态,几乎每天身体与精力都被严重透支。但是,有些患者及家属根本不体谅医务人员,认为救死扶伤是医院的义务和责任,一味地强调自己的权利,甚至维权过度,对医务人员提出种种无理要求,使医务人员怀疑自己神圣职业的价值,产生不满与对立情绪。患者的不理解,还使得医务人员的职业自豪感消失,为避免医患冲突而增加各种不必要的检查,以及在高负荷工作压力面前产生心理和职业倦怠感等一系列问题。

其四,医患关系存在诸多矛盾与问题。医患关系中存在大量问题,既是导致医患关系处于不健康状态的原因,也是医患关系畸形发展的具体体现。这些矛盾与问题主要表现为:患者权利,尤其是道德权利得不到充分保障,常常遭受医务人员有意无意的侵害,成为医患矛盾激化的导火索;医患沟通不畅,双方难以达到充分、有效的理解与宽容,是导致许多医患纠纷发生的主要原因;医疗纠纷解决机制不完善,一旦出现医患矛盾,常常因为缺乏合适的医患纠纷处理平台而得不到及时、有效的处理,本来可以有效化解的医患矛盾、可以避免的医患冲突最终却演变为可悲的现实……只要上述矛盾与问题不能得到妥善的解决,就无法实现医患关系的健康与和谐。即使医患之间相安无事,甚至表面上一团和气,仍然会暗流涌动,在表面和谐的背后隐藏着深刻的危机。

二、激烈的医患纠纷与冲突

医患纠纷是指在患者就医过程中,医患双方由于在诊疗行为、诊疗结果、收费情况以及患者权利保护等方面存在分歧而引发的纠纷。一般认为,医患冲突既是医患纠纷的表现形式,又是纠纷的进一步发展,是医患纠纷比较激烈的状态。改革开放以来,我国医疗卫生服务行业同社会其他领域一样,承受着新旧体制转换带来的种种无序和利益失衡,出现了一系列的问题与冲突。其中的主要表现之一就是医患关系紧张,矛盾激化,冲突不断。从 20 世纪末期到本世纪初,我国医患纠纷频发的势头有增无减,由此引发的患者冲击医院、干扰医疗秩序的恶性事件呈现出不断上升趋势,医患对簿公堂也似乎成为一种常态。

根据原卫生部 2003 年《第三次国家卫生服务调查主要结果》显示:全国医疗机构医疗纠纷发生率为 98.7%,当年医疗纠纷增长率高达 22.9%;全国患者及家属冲击医院、干扰医疗秩序的恶性事件急剧上升,2002 年发生 5000多起,2004 年上升到 8000 多起,2006 年更是高达近 10000 起。中华医院管理学会 2006 年对全国 270 家各级医院进行相关调查的数据显示:有超过 73%的医院出现过患者及其家属殴打、威胁、辱骂医务人员的情况;有近 60%医院发生过因病人对治疗结果不满意,聚众围攻医院和医生的情况;有近 77%的医院发生过患者及其家属在诊疗结束后拒绝出院且不缴纳住院费用的情况;有近 62%的医院发生过患者去世后,家属在医院内摆放花圈、烧纸、设置灵堂等事件。①

近几年,医患关系的紧张状况仍然引起全社会的关注,医患纠纷以及患者伤医、杀医事件一直在为医患关系的复杂性、恶劣性敲响警钟:2011 年 9 月 15日,在北京同仁医院,一名就诊男子将耳鼻喉科一名女医生连砍 7 刀后逃离,尽管最终该男子被公安机关逮捕,造成的极其恶劣的社会影响却无法挽回;2012 年 3 月 23 日,哈尔滨医科大学第一附属医院发生一起患者伤害医务人员事件,1 名年轻的实习医生被残忍地杀害,另有 3 名医务人员受伤,耐人寻味的是网上一项调查显示,65.2%的调查对象对此表示高兴;2013 年 10 月 25日,浙江省温岭市第一人民医院三名医生被患者捅伤,其中一人因抢救无效死亡,中国医师协会为此发表谴责声明;2014 年 3 月 5 日,广东省潮州中心医院消化内科收治一名酒后急性酒精中毒患者,后来该患者经抢救无效死亡,患者家属纠集一百多人,押着值班医生在医院内游行,边走边喊:"就是这位医生害死了死者",时间长达半个小时之久……中华医院管理学会对 326 所医院

---

① 郑雪倩:《构建和谐医患关系靠全社会的共同努力》,《中国医院》2005 年第 9 卷第 11 期。

的调查显示：每年，每所医院发生暴力伤医事件的平均数从 2008 年的 20.6 次上升到 2012 年的 27.3 次；遭遇患者扰乱医院诊疗秩序的占 73.5%，发生的打砸事件有 143 起，占 43.9%；对医院设施直接造成破坏的占 35.6%；打伤医务人员 113 人，占 34.7%。

由复旦大学、清华大学、哈尔滨医科大学、新疆医科大学以及国务院发展研究中心、国家卫计委等政学研用单位组成的健康风险预警治理协同创新中心，最近发布的一项新的研究成果显示：引起媒体和社会公众高度聚集的典型医患冲突案例重案例数量正呈现不断上涨态势，从 2004 年的 4 例上升到 2013 和 2014 年的 90 例。此外，哈尔滨医科大学课题组对 960 名医生的调查结果表明，在过去 2014 年中，有 10.8% 的被调查者遭受身体暴力，72.8% 的被调查这遭受过非身体暴力；对 588 名护士的调查结果显示，过去一年中，遭受到身体暴力的占 7.8%，遭受到非身体暴力的有 70.9%。① 正如著名医院管理专家、中国医院协会副秘书长庄一强所指出的，目前我国已经成为全世界医生遭到伤害最多的国家之一。尤其是医患纠纷频繁发生，患者弑医事件持续出现，充分表明我国医患关系已经恶化到极其危险的程度，不仅严重影响了医疗卫生事业的健康发展，也极大地破坏社会的和谐与稳定，努力破解医患关系困局成为我国医疗工作的当务之急。

附：近 10 年以来我国比较有影响的部分医患纠纷案件一览

◆2005 年 5 月 11 日，湖北省东湖人民医院，医闹二百余人打砸医院、殴伤院长。

◆2005 年 8 月 12 日，福建省福州市中医学院国医堂，教授戴春福被钢刀直刺腹部杀害。

◆2005 年 8 月 27 日—28 日，吉林省德惠市人民医院，医闹殴打医护长达 1 小时，并开警车打砸医院。

◆2005 年 12 月 26 日，广州黄埔区港湾医院，上百名医闹打砸医院、围殴医生、民警、协调人员。

---

① 陈静：《2014 年超 10% 医生遭受身体暴力》，2015 年 4 月 27 日，见 http://www.chaj.com. cn/zgyynews/xwzx/2015-04-27/21098.html。

◆2006 年 3 月 28 日,广东省广州医学院第二附属医院,急诊室患者斧劈医生护士。

◆2006 年 4 月 10 日,广东省惠州市中心人民医院,医闹二百多人冲击医院。

◆2006 年 5 月 20 日,广东省廉江市东升农场医院,医闹三百余人封锁、围攻医院持续 3 天。

◆2006 年 5 月 23 日,山东省临沂市人民医院脑科医院,医闹六十多人打砸医院、群殴医务人员。

◆2006 年 5 月 26 日,广州市华侨医院,医闹围攻医院、凌辱女医生、拘禁院长 26 小时,事件持续 12 天,两个临床科室被迫关闭。

◆2006 年 5 月 31 日,河南省内乡县医院,医闹冲击医院,医院反击打死患者家属。

◆2006 年 6 月 15 日,云南省昆明某医院,医闹冲击医院持续 3 天,医院负责人胸骨被打断两根。

◆2006 年 8 月 16 日,安徽省枞阳县人民医院,医闹聚众连续两日打砸医院。

◆2006 年 9 月 11 日,广州中医药大学第一附属医院,七十余名医闹大闹医院。

◆2006 年 11 月 1 日,山西省临猗县,七级镇麻家卓村村民退药不成持刀杀死医生。

◆2007 年 3 月 29 日,广东佛山市三水某医院,夜归女医生遭残忍砍手。

◆2007 年 6 月 13 日,河南省新乡市第二人民医院,医生在手术中被捅 11 刀死亡。

◆2007 年 6 月 24 日,河北衡水市第四医院,患者怀疑多收费连砍医生头部 40 多刀。

◆2007 年 7 月,广东省汕头大学医学院第二附属医院,患者家属汕头电视台记者纠集一帮医闹打砸、封锁医院持续 5 天。

◆2007 年 8 月 7 日,江苏丹阳市中医院,医闹数十名冲击、扰乱医院,持续六日以上。

◆2008 年 9 月 22 日,杭州湾微创医院、下城区长征医疗,患者先后在两医院持刀行凶,刺伤 5 名医务人员。

◆2008 年 12 月 14 日—15 日,广东中山大学第一附属医院黄埔院区,百名医闹冲击医院。

◆2008 年 12 月,福建松溪县医院,全院职工不满医闹围殴医生上街抗议。

◆2009 年 6 月 2 日,河南省武陟县妇幼保健院,医闹数十人围攻医院,院长遭受毒打被逼披麻戴孝。

◆2009 年 6 月 9 日,浙江省杭州市第一医院,医闹百余人围攻打砸医院,医护人员 6 人受伤。

◆2009 年 6 月 11 日,武汉江夏区疾控中心,护士被割喉而死只因患者怀疑被打疫苗为"毒血"。

◆2009 年 6 月 21 日,广东省第二人民医院,百名医闹打砸医院、殴打医护、阻拦抢救病人及急救车。

◆2009 年 6 月 21 日,福建省南平市第一人民医院,数百名医闹拘禁、凌辱、殴打医护人员轰动医疗界。

◆2009 年 7 月 10 日,湖南省辰溪县中医院,医闹百余人占领医院门诊大厅封锁打砸医院。

◆2009 年 7 月 6 日,南宁市广西民族医院,医闹包围重症监护病房拘禁主治医生 8 小时毒打跪地。

◆2010 年 6 月 10 日—11 日,山东大学齐鲁医院连发两起伤害医务人员事件,患者家属行凶,致一人死亡,一人重伤。

◆2011 年 1 月 31 日,上海新华医院医护人员被刺事件,6 名医护人员受伤,其中 1 人被刺重伤住院。

◆2011 年 9 月 15 日,北京同仁医院患者砍伤医生,受害人被砍十几刀,身负重伤。

◆2011 年 11 月 3 日,广东省潮州男科医院发生一起凶杀案,造成医院副院长当场死亡和两名医务人员受伤。

◆2011 年 8 月 23 日,南昌市第一医院门口恶性持械斗殴事件,一百多名医务人员与护工队员与近100名病人家属发生冲突,导致院方2人、患者家属13人受伤。

◆2012年3月23日,哈尔滨医科大学第一附属医院发生患者伤害医务人员事件,一名年轻的实习医生被残忍杀害,另有3人受伤,耐人寻味的是网上一项调查显示65.2%的调查对象对此表示高兴。

◆2012年4月13日,北京大学人民医院发布消息,13日10时25分左右,北京大学人民医院耳鼻喉科一名主任医师被扎伤。

◆2012年5月5日凌晨3时30分,湖北荆州第一人民医院急诊手术室内,一名正准备做手术的患者突然从手术台上跳下追打医生,造成当值医生受伤。

◆2012年11月29日13时30分左右,1名中年男子冲进天津中医药大学第一附属医院2楼诊室,用斧头砍伤1名当班医生,该医生经抢救无效死亡。

◆2013年6月20日晚8时许,三兄妹因占道经营打伤两名执法城管队员,被带到西长安街派出所接受调查。在此期间,其中一名女子称"不适"拨打120要求送往医院。因送医问题,其兄用烟头偷袭医生,致其颈部烫伤。

◆2013年10月25日,浙江省温岭市第一人民医院三名医生被患者捅伤,其中一人因抢救无效死亡,中国医师协会发表谴责声明。

◆2014年2月25日,因为床位问题,南京口腔医院护士被一对官员夫妇殴打,目前被打护士下肢瘫痪,打人凶手已经被撤职查办。

◆2014年2月17日上午10时左右,位于黑龙江省齐齐哈尔市富拉尔基区的北满特钢医院耳鼻喉科主任孙某某在出诊过程中,被突然冲来的一名男子用钝器猛击头部,经抢救无效死亡。

◆2014年3月5日中午,在广东省潮州市中心医院,因一名患者饮酒呕吐后在医院抢救无效死亡,死者亲友纠集数十人到医院"讨说法",一度包围值班医生,并押着值班医生在医院内游行。

◆2014年5月24日,在安庆市立医院,一名即将出院的女患者用刀捅伤一名当班护士,并用铁靠椅砸击护士头部。院方通报称,引发这起伤医案的原因,疑是患者不满意医护人员关于用药、病情等情况的解释。

◆2015 年 1 月 24 日凌晨,在栾川县人民医院,一名骨伤患者的朋友在就诊治疗过程中与医生发生了纠纷,进而演化成了打架斗殴。在厮打过程中,两人撞开了电梯的厅门,一起掉下了 15 层楼高的电梯井,导致双双坠亡。

第三节　医患关系失和的影响及辩证思考

我国医患关系失和,无论是表现激烈的医患冲突、医疗纠纷,还是相对缓和的医患关系冷淡、双方信任感缺失、互不理解、互不信任,对于医患关系双方、医疗卫生事业发展以及我国社会都造成极其严重的危害。可以说,医患关系之殇,是医生与患者之殇,是医学之殇,也是整个社会与民族之殇。

一、医患关系失和的影响

对患者的影响。在医患双方的对阵中,注定不会有真正的赢家,而患者遭受的损失可能最为惨重。因为,在医患关系中,患者由于缺乏医疗专业知识,又是比较被动的一方,只能一切听从医生的安排。医患关系的恶化使得医务人员对患者心存芥蒂,出于避免医疗风险、规避法律责任、防范医患纠纷等方面的考虑,他们宁可采取最为安全同时也是最为保守的治疗方案,实施所谓"防御性医疗",而不是采用虽然带有一定风险但是可能对患者生命健康最有助益的治疗方案,从而影响救治效果,损害患者的生命、健康利益,甚至可能错过抢救患者生命与恢复患者健康的机会。在前面所述案例"2007 年 11 月,北京某医院患者丈夫拒绝在手术同意书上签字、致使产妇母子双亡"中,医务人员依据法律规定"实施手术必须征得患者家属同意并签字",生怕引发医患纠纷而承担责任,迟迟未做手术,最终酿成母子双亡的惨剧。此类事件层出不穷,2010 年 9 月 7 日,在南京市,因为医生怕承担责任,一女性患者在一夜间被三次转院,在社会上产生极坏的影响。[①] 除此之外,医务人员的防御性医疗还表现在,即便对一些常见病症也不敢轻易下结论,而是要求患者去做胸透、

---

① 华琳月:《女子看病一夜被转三家医院都怕担责任踢皮球》,《南京晨报》2010 年 9 月 7 日。

彩超检查,验血、验尿,借助于医疗器械尽可能排除一切意外可能性,导致过度医疗现象发生,既浪费了大量的医疗资源,也加重了患者的医疗负担。医患之间的不信任还使患者承受较大的心理压力。由于对医务人员的不信任,有些医院甚至出现"医生不收红包,患者不敢手术"的荒谬现象,一些患者找熟人、托关系、送红包,既耗费了大量精力,也花费了数额不菲的金钱。有些患者还把正常的医疗程序和必要的医疗检查误解为医生的诱导消费,在心理上承受着巨大压力,就医时有一种如临深渊的感觉,使本来冷淡的医患关系雪上加霜。

对医方的影响。医患关系恶化对于医方的影响最为直接。一方面,医患关系困局对医院工作的正常运行及医院发展产生严重不利的影响。医患纠纷大面积地发生,尤其是患者家属、医闹在医院摆花圈、设灵堂、打砸科室,绑架医生,甚至伤医、杀医,使医疗工作秩序遭受不同程度的干扰与破坏,正常工作被迫中断,医院各项事业的发展受到严重的影响。医患纠纷发生后一个较长的时期内,人心惶惶。为防止医患冲突的发生,一些医院甚至给员工们配发钢盔、为医生聘请私人保镖、聘请警察当副院长,演绎出种种令人不可思议的奇闻怪事,其实际效果难如人意,医患纠纷频发势头并未得到遏制,却使得医患之间更加充满隔阂。医患纠纷给医院造成的经济损失也不容忽视。医院疲于应对医患纠纷,需要耗费大量的时间、人力与财力。目前,我国几乎每一家医疗机构都经常遭受医患纠纷的困扰,每年用于应付医患纠纷的花费都高达数十万元甚至几百万元之多。在一些地方,甚至流传着"要想富,告大夫"的说法,自从 20 世纪末以来我国患者状告医院案件一直呈现逐年上升的势头。医患纠纷还导致医院的信誉进一步受损,医院与医务人员曾经美好的社会形象进一步丧失。因为,大量医疗纠纷与极端恶性事件不断发生,使得医患之间作为同一个战壕里共同面对病魔的战友似乎越来越失去实际意义,医务人员本来是患者与社会公众眼里的"白衣天使",现在却变成了"白衣狼"。由此,医患信任关系进一步走向解体,不仅对医院发展产生不利影响,而且反过来又会加剧医患纠纷现象的发生,形成恶性循环,导致医患关系更加恶化。另一方面,医患纠纷频发对于医务人员的消极影响不可忽视。卫生部统计信息中心资助的一项调查研究显示,74.1%的医护人员认为其影响作用较大,而且高级别医院医护人员自觉职业风险大于低级别医院。① 大量的伤医、杀医事件,以及医务人员遭受各种身体和言语、威胁等非身体暴力现象,使他们的人格尊严、生命与健康等权利无法得到保障,"不仅仅会直接导致误工、劳动力丧失,还会严重挫伤医疗服务这一职业在社会原来所拥有的声望和地位,医患人员的职业自豪感消失"。② 不少医务人员因为压力太大,产生沉重的心理负担,以及强烈的职业倦怠感,甚至感觉不到职业的神圣与崇高,为工作前景深感担忧。这种担忧与焦虑还反映在医务人员子女未来的职业选择上。不久前,医务专业网站"丁香园"发起了一项对 3860 名医务工作者的问卷调查,结果引人深思。这项调查中,有 58.0%的受访者会力阻自己或亲友子女报考医学院校,仅 3%的受访者建议自己或亲友的子女学医。③ 自然而然,这种对医疗职业的悲观情绪也会影响到其他社会公众对医疗职业的选择,致使大量的优秀人才放弃医疗工作而转投其他行业,前些年就曾经一度出现部分医务人员"跳槽"做医药代理的现象,直接影响到医院各项工作的正常开展,严重不利于国民健康水平的提高。

对医学发展的影响。医学是探索人的疾病发生、发展规律,寻求诊断与治疗疾病的方法,以达到预防和治疗疾病、促进人类身体健康的目标的科学。医疗技术的进步、医疗宗旨的实现、医疗卫生事业的发展,无不以医学科学的不断发展作为基本前提。促进医学发展是每一个医务工作者肩负的重要使命。他们开展任何一项医学研究,总是离不开患者充分的理解、支持与配合。所有新的诊疗技术、医疗设备以及药物在用于临床之前,都必须通过对患者进行人体实验这一中间环节,而人体实验需要医患双方密切配合、通力协作,而且无论何种形式的实验总是存在风险性,都可能对患者的生命与健康构成威胁。医患关系的恶化,给双方积极配合开展医学研究蒙上了阴影。在医患纠纷大量发生的背景下,医务人员出于明哲保身的需要,不敢冒着引发医患纠纷与承

---

① 刘丽等:《不同级别医院医患关系现状及医方影响因素分析》,《医学与哲学(人文社会医学版)》2009 年第 30 卷第 8 期。

② 陈静:《2014 年超 10%医生遭受身体暴力》,2015 年 4 月 26 日,http://www.chaj.com. cn/zgyynews/xwzx/2015-04-27/21098.html。

③ 黄冲:《近六成医生力阻子女学医　医疗环境是首因》,《中国青年报》2014 年 7 月 31 日。

担重大责任的风险进行实验与研究,使医学科研深受其害。即便是已经得到大家公认的效果良好的医疗技术,也可能因为风险性较大(从理论上说,任何一种诊疗技术都存在风险,任何一台手术都有失败的可能性),医务人员过于担心医患纠纷的发生,难以得到推广应用并在实践中不断完善与发展。在这样的背景下,还会形成医学研究的惰性,导致医务人员怠于探索医学发展规律,对先进科研成果的取得与高新医疗技术的应用失去应有的热情,最终极大地阻碍与破坏医学科学的发展。

影响社会的稳定与和谐。社会稳定与和谐是任何一个时代广大人民群众的向往与追求,也是新时期我们党和政府进行社会主义现代化建设的一项基本要求。然而,自从 20 世纪末以来,我国医患关系日趋恶化,医患纠纷与冲突大面积地持续不断地出现,大量伤医、弑医等极端恶性事件频繁发生,严重地威胁着社会的稳定与和谐。特别是在新旧世纪之交的前后几年里,由于当时医疗卫生体制存在的问题比较突出,社会转型期的到来又使得广大社会公众对医患关系问题缺乏理性态度,导致医患关系迅速恶化。从一系列医患纠纷与恶性事件发生的具体情况看,大规模的群体性事件与暴力色彩浓厚、戾气十足的杀人案件呈现出愈演愈烈之势——患者砍伤医生的血腥场面令人触目惊心,动辄数十人甚至上百个"医闹"参与械斗、伤人事件令人印象深刻,表明医患关系的恶化到了无以复加的地步,对社会稳定与和谐造成的巨大破坏作用显而易见。最近几年,大规模的"医闹"现象逐渐得到遏制,激烈的医患冲突似乎有所减少,但是距离建构和谐医患关系的目标仍然十分遥远。伤医、弑医等极端恶性事件对于医疗秩序的破坏,及其在社会上产生的恶劣影响,仍然需要引起全社会足够的关注。尽管医患纠纷与极端恶性事件只是局部性的社会现象,但是产生的不良影响则具有全局性,医患冲突的外溢效应令人关注。此外,面对患者的不理智行为,少数医务人员没有采取应有的克制态度,或者通过适当方式妥善处理问题、缓解冲突,而是以暴抑暴,导致医患矛盾进一步激化,酿成更大的惨剧,进一步恶化了医患关系。事实上,每一起医患纠纷的发生,都会程度不同地在社会上产生一定的负面影响;每一次弑医、伤医恶性事件,都会使得人们对社会的消极看法进一步增加,致使社会矛盾有所加剧,不可避免地对整个社会的稳定与和谐遭造成严重的负面影响。

二、关于医患关系之殇的辩证思考

近年来,医患关系问题困扰着我国大大小小的医院,影响社会的稳定与和谐,这是否反映了我国医患关系的全貌,对此需要进行实事求是的分析与考证。唯有客观、全面地认识我国医患关系的现状,才能找到医治医患关系之殇的良方。

改革开放以来,医患关系的演变存在若干积极因素。固然要看到医患失和、信任解体、矛盾突出、纠纷不断,乃至发生一系列极端恶性事件等医患关系中存在的突出问题,另一方面,也要看到当下医患关系发展中存在的积极的建设性因素。

首先,患者权利意识萌醒与法治观念形成,促进高水平、高层次医患关系的建立。改革开放前医患关系的和谐、美好,固然主要归功于当时相对健全、符合中国国情的全民医疗体制,醇厚朴实的社会风气以及医务人员的职业素养,同时在很大程度上也与患者权利意识的缺乏、法律制度的缺位不无关系。在计划经济时代,我国人民生活在相对封闭落后的环境里,以及当时高度集中的经济形式,都决定了个人权益常常被忽略不计,没有形成现代意义上的权利观念,保护个人权利的法律制度更是严重缺失。具体到医疗工作领域,在医患关系中处于弱者地位的患者群体对于医务人员大都逆来顺受,对于自身正当权利在医院遭受侵犯的行为也往往敢怒不敢言,或者干脆没有意识到自身权利的存在。患者的人格尊严权、个人隐私权、获得优质服务权等权利很难得到充分保障。易言之,传统医患关系的和谐在一定意义上是以牺牲患者权利为基础的,医患关系在很大程度上属于较低层次,不符合现代权利社会的发展理念与价值诉求。改革开放以来,个人权利意识萌醒与法律制度的完善为保障患者权利奠定了基础。患者越来越积极主张与捍卫自身正当权益,通过各种途径寻求权利救济,这是社会进步的表现,却在一定程度上成为导致医患纠纷发生的重要原因。唯有强化对患者权利的保护,不断完善相关法律法规并确保它们得以贯彻实施,才能建立现代化的健康、良性的医患关系,在更高层次、更高水平上实现医患关系的和谐。

其次,医学科学的发展与高新科学技术的应用为提升医患关系水平奠定物质基础。传统社会医患关系充满人道主义的温情,是促进医患关系和谐的重要因素。但是,那时候的医疗技术处于比较落后的状态,医务人员对患者的人文关怀在一定意义上作为对医疗手段不足的弥补。20世纪以前医学科学的发展相当缓慢,医疗技术水平比较低下,由于缺乏有效的治疗手段,医务人员十分注重对待患者的态度与行为方式,期望通过对患者的同情、关心和安慰给予情感的关怀,以减轻他们的病痛,促进他们身体尽快康复,事实上也的确取得了一定的疗效。当今时代,现代医学突飞猛进的发展与高新科学技术的广泛应用,有力地促进了医疗手段与医疗技术水平的提高,医务人员可以为患者提供更高质量、更高水平的服务,从而可以充分满足患者的医疗需求,维护患者权益,使医患关系发展到一个新的水平。在这个意义上,现代医患关系与传统医患关系已经处于不同的层次,带有不同的性质,前者在发展层次上远远高于后者,是生产力发展与医学科学进步的必然结果与具体体现。

最后,医务人员综合素质的不断提高为建构和谐医患关系准备了有利条件。建构和谐医患关系,提高医务人员的综合素质是关键性因素。近年来,尽管医疗队伍仍然存在良莠不齐的现象,但是医务人员职业道德水平与医学人文素养的逐渐提高却是不争的事实。重塑医学人文精神、加强医德医风建设在医疗行业,乃至全社会已经成为一种共识。在医学教育领域,医学人文课程(例如医学伦理学、卫生法学、医学心理学等)开始成为必修课,为医学生的全面发展与健康成长打下基础;在医疗工作中,医务人员的职业道德与医患沟通能力等方面越来越受到重视,医院规章制度对此作出明确要求,为保护患者权利、实现医患和谐提供了保障。因此,尽管目前医患矛盾依然尖锐,医患关系问题仍然似乎处于无解的状态,但是医务人员综合素质不断提高,为破解医患关系困局准备了有利条件,为实现医患关系和谐奠定了坚实的基础。

只有全面、客观地审视医患关系现状,才能够既清醒地看到医患关系存在的严重问题,同时又准确把握医患关系的发展趋势,发现医患关系建设中的有利因素与积极力量,推动医患关系向着健康、良性的方向转变。

此外,还要看到,导致医患关系困局的原因是多方面的,总体上主要包括社会因素、体制因素以及患者权利保护等方面。当前我国正处于社会转型期,这也是一个矛盾多发期。由于不同社会群体的利益在这一阶段受到的影响不同,加之人们思想混乱、行为失范、价值观紊乱、社会失序,造就了各种矛盾滋生的温床。"看病难、看病贵",以及患者就医过程中感受到的不公平、遭遇的种种混乱和不适,都会以医患冲突的方式比较集中、激烈地爆发出来,以至于医疗领域成为社会矛盾的多发区、重灾区。以市场化为导向的医疗卫生体制改革,使得公立性医院的公益属性大大减退,同时又刺激了医疗机构及其医务人员的逐利欲望,将医患关系变成一种经济上的零和博弈关系,形成"以药养医"、"以械养医"模式,导致患者经济负担日益沉重,对医院产生严重不满,医患关系和谐、美好的时代成为过去。尽管原因多种多样,但是最终都可以归结为由于患者权利保障不力。在医患关系中,一般而言患者总是处于弱势地位,其权利总是遭受各种各样的侵害。"看病难"实际上反映了患者的疾病救治权、获得优质服务权未能得到较好的保障,"看病贵"则反映出患者的经济利益可能遭受侵犯。部分医务人员态度冷淡,言语粗暴,与患者之间缺乏充分、有效的沟通,侵犯了患者的人格尊严权与知情同意权。此外,患者的平等医疗权、个人隐私权、人身与财产安全权等权利也常常得不到应有的重视与保护,成为引发医患纠纷的导火索。在整个的患者权利谱系中,各种具体性权利大致可以归纳为法律权利与道德权利两大类别,而患者道德权利最容易遭受侵犯。患者道德权利保障不力已经成为当前医患关系恶化、医患纠纷频发的重要原因。加强对患者道德权利的保护,既需要政府进一步深化医疗卫生体制改革,医院探索不断提升医疗服务质量与水平的工作机制,也需要医务人员具备较高的职业道德素质与医学人文素养,具备较强的为患者服务的能力。唯有通过政府、社会、医院以及全体医务人员的一致努力,患者权利尤其是道德权利得到切实有效的保障,医患关系恶化的局面才能在根本上发生改变,医患关系困局终将会被打破,建构和谐医患关系的目标才能够真正得以实现。

第六章 深化医疗卫生体制改革

邓小平指出,"制度好可以使坏人无法任意横行,制度不好可以使好人无法充分做好事,甚至走向反面"。① 道德权利主要通过道德的力量得以维系与实现,与医疗卫生体制并不发生直接联系。然而,如果制度环境缺失,则从根本上破坏了道德权利实现的土壤,进而对医患关系产生十分不利的影响。科学、完善的制度则可以为患者道德权利的实现提供良好的氛围,创造有利的环境与条件。在很大意义上,医疗机构及其每一位医务人员是否以及在多大程度上尊重与保障患者的道德权利,不仅取决于他的个体德性,更取决于他所处的制度环境如何。因而,科学而完善的医疗卫生体制是患者道德权利实现的重要保障。

第一节 医疗卫生体制概述

一、什么是医疗卫生体制

在我国,在 20 世纪 80 年代之前,"体制"是一个令人感到陌生的概念。随着改革开放政策的实施,我国政治、经济、文化、教育等领域开始发生重大变化,其中最主要的变化是体制的改变,这一概念才进入人们的视野。时至今日,"体制"一词的具体内涵是什么,它与"制度"究竟有什么关系,仍然时时困扰着人们。根据互联网上"百度百科"对"体制"一词的解释,"从管理学角度来说,指的是国家机关、企事业单位的机构设置和管理权限划分及其相应关系

---

① 《邓小平文选》第二卷,人民出版社 1987 年版,第 333 页。

的制度。有关组织形式的制度,限于上下之间有层级关系的国家机关、企事业单位。如:学校体制、领导体制、政治体制等。体制是国家基本制度的重要体现形式,它为基本制度服务。基本制度具有相对稳定性和单一性,而体制则具有多样性和灵活性"。简言之,"体制"是基本制度的表现形式,是为反映与实现某一基本制度的要求,所确立的关于机构设置、权限划分、资源分配以及各部门之间相应关系等内容的具体制度。任何基本制度总是,也必定是通过一定的体制表现出来并得以实现。

医疗卫生体制①,正如长期以来医疗卫生体制改革是一个笼统的概念,无论官方还是学界很少有专门性的阐释,虽然这种解释十分必要。以至于尽管人们都知道医疗卫生体制改革十分重要,几乎达到耳熟能详的地步,但是对于什么是医疗卫生体制却并不熟悉。

根据原卫生部卫生经济研究所石光教授的说法,关于医疗卫生体制,还没有一个特别公认的定义,世界卫生组织认为用于改善健康的那些努力活动都叫健康行动,提供这些健康行动的这些机构、人员以及体系都属于卫生体制,所以它是一个非常大的范畴。具体来说,医疗体制应该包括三个方面的内容:第一个方面是医疗保障制度,诸如医疗保险、医疗救助体系;第二个方面是医疗服务提供体系,包括像疾病的预防、健康教育、医院或者是诊所;第三个方面是医疗服务的监管体系。② 我国医疗卫生体制改革的实践,也可以帮助我们理解"医疗卫生体制"概念的内涵。改革开放初期,我国对于医疗卫生体制改革并无系统的认识,多局限于扩大医院自主权,主要是管理上的修修补补,并没有涉及体制上的变革。1998 年开始,政府推行"三项改革",即医疗保险制度改革、医疗卫生体制改革、药品生产流通体制改革,2000 年国务院专门召开会议就"三改并举"问题进行部署。在此期间,有关部门对中国医改的构成以及具体内容进行探讨,以期界定具有中国特色的医改范畴,对医疗卫生体制的认识也日益深刻。2007 年 1 月,全国卫生工作会议召开,会上提出医疗卫生

---

① 本书重点讨论我国的医疗体制问题,由于我国医疗卫生体制与医疗体制并无明确区分,一般情况下将两者作为一个整体进行讨论,本书也沿袭这一模式。

② 《什么是医疗体制》,2015 年 5 月 1 日,见 http://news.sina.com.cn/o/2005 - 09 - 26/13407038833s.shtml/。

体制包括四大基本制度,即基本卫生保健制度、医疗保障体系、国家基本药物制度和公立医院管理制度。2007 年 10 月,中共十七大报告中首次明确提出卫生医疗领域的"四大体系",即"覆盖城乡居民的公共卫生服务体系、医疗服务体系、医疗保障体系、药品供应保障体系"。"四大体系"的提出不仅系统总结了以前的研究,还为今后的改革构建了崭新的框架。中共十八大报告进一步提出,"重点推进医疗保障、医疗服务、公共卫生、药品供应、监管体制综合改革,完善国民健康政策",使得医疗卫生体制的内涵更加丰富,标志着对这一概念认识更加科学与深入。

在梳理我国医疗卫生体制改革脉络的基础上,我们可以对医疗卫生体制这一概念的内涵作出大致的界定:医疗卫生体制是指为了实现"人人享有医疗保健"的目标,在政府主导下建立的关于公共卫生服务、医疗资源分配、医疗服务与医院运营等方面的各项制度的总称,具体包括医疗保障、医疗服务、公共卫生、药品供应、监管体制等制度。医疗卫生体制改革就是优化各项制度,实现医疗卫生服务领域的效率与公平,重点是通过提升医疗服务的可及力、提高医疗工作的质量与水平,保障每一个公民享有基本医疗保障权利,获得优质的医疗卫生服务。一个国家健全的医疗卫生体制,是公民充分享有医疗权、建构和谐医患关系的根本保障。

二、医疗卫生体制与患者道德权利保护的关系

诚然,道德权利的实现主要依靠道德力量,并非直接依赖于制度性因素,但是不意味着医疗卫生体制的好坏与患者道德权利的实现之间没有关联。恰恰相反,科学而健全的医疗卫生体制是患者道德权利强有力的后盾。另一方面,医疗卫生体制与对于患者权利的影响,与法律制度存在显著差异,前者并不能像后者一样通过强制性手段保证每一项患者具体权利得以实现,从而导致一定的医疗卫生体制设计下的患者权利可能仍然属于道德权利的范畴,无法通过国家强制力保障得以实施。医疗卫生体制对于患者道德权利的促进作用主要是宏观意义上的,具体来说表现在以下几个方面:

医疗保障制度对于患者道德权利的影响。每一个社会成员在患病时享有平等地获得救治的权利,这是一项基本人权,同时也是一项道德权利,在实践

中没有任何一个国家通过法律形式保障所有公民享有充分的医疗救治权。这一权利的实现,在根本上取决于医疗保障制度的建构,具体而言主要取决于国家医疗投入的多少、医疗资源的分配状况、医疗保障制度的覆盖面等内容。改革开放以来,我国广大人民群众遭遇"看病难、看病贵",与医疗保障制度不够完善存在密切关系。在进入 21 世纪前后一段时间里,由于旧的医疗保障体系很大程度上已经解体,而新的体系还没有建立起来,为数众多的人(尤其是广大农民、下岗职工)陷入医保的真空,医疗救治权得不到充分保障。经过多年的努力,当前我国已经基本上建立起全民医保体系,但是由于医保水平不高、医疗资源分配不均衡、医疗服务可及性较低等原因,也影响了患者获得救治权的实现。有些社会弱势群体依然无力承担高额医疗费用,救治权的实现大打折扣;在一些农村偏远地区,因为缺医少药,患者得不到及时救治;在大城市大医院,由于大量的外地患者蜂拥而来,医务人员超负荷运转,无力对每一位患者提供高水平、高质量的服务,患者权利不可避免地遭受侵害。此外,医疗保障制度的不完善,还会导致部分患者受到个人经济收入状况的限制,无法获得优质的医疗资源,享受较高水平与高质量的服务,从而侵犯患者的医疗平等权、获得优质服务权等权利。因而,完善的医疗保障制度是患者权利,包括患者道德权利实现的重要保障。

医疗经营模式对于患者道德权利的影响。医疗经营模式是指一个国家如何给医疗服务业定位,以及具体通过什么样的模式来发展医疗卫生事业、保障人们身体健康的制度模式。世界各国都把医疗服务作为一种公益性产品,努力确保每一个公民享有基本医疗保健,享有平等的医疗权。但是,有的国家市场介入过多,大大消减了医疗服务行业的公益属性,使相当多的患者医疗权无法得以实现。例如,在美国,广大民众主要通过购买商业医疗保险的方式享有医疗保障,大多数 65 岁以下的美国人医疗保险由单位(公司)或个人买单,一些经济收入微薄的人买不起保险,导致数千万人只能游离于医保体系之外。而且,由于市场的导向作用,医疗费用高昂成为美国社会一大难题,即便有些人购买了医疗保险,生病时保险金也常常不够用。由此,患者的平等医疗权、获得优质服务权等权利无法较好地得到实现。在我国,改革开放以来坚持医疗卫生体制改革的市场化导向,一度使许多人陷入医保真空,而且严重推高了医疗费用价格,导致"看病难、看病贵"难题的出现。此外,还在很大程度上诱发了一些医疗机构及其医务人员的趋利性,淡忘了医疗服务的基本宗旨,有的甚至将看不起病的患者拒之门外,或者拒绝对家庭贫困的患者提供优质的医疗服务,对他们态度冷淡,漠不关心,既可能影响对患者的治疗,也严重伤害了患者的感情。在这样的背景下,患者的获得救治权、平等治疗权、人格尊严权、获得优质服务权等权利遭受侵害,也成为医患纠纷频繁发生的主要原因。

医药卫生体制对于患者道德权利的影响。医药卫生体制是医疗卫生体制的重要组成部分,包括医药卫生管理体制、医药卫生机构运行机制、医药价格形成机制、医药卫生监管体制、医药卫生科技创新机制和人才保障机制等。20世纪 50 年代,在国家经济十分困难的情况下,为了维持公立医院生存发展,国家明确公立医院可以将药品加价 15%后向群众提供,由此确立了我国以药养医的体制。改革开放以后,我国启动医疗改革,核心思想是放权让利,扩大医院自主权,刺激医院创收,在此基础上逐步形成由医药生产厂家、运营商、医药代表、医院与医生组成的推高药品价格的利益链条,致使药品零售价格的40%—60%留在了医生和医药代表环节。"很多药的生产成本很低,但是到了病人手里,'身价'往往几倍甚至几十倍地涨。"①由此,"以药养医"成为导致医疗费用虚高、患者医疗负担沉重的罪魁祸首,引发"看病贵"问题,不仅严重侵害了患者的经济利益,也必然毒化医疗工作土壤,影响了患者医疗救治权、医疗平等权、获得优质服务权等一系列权利的实现,并严重侵害了医患关系肌体的健康,导致医患关系持续恶化。正是在这个意义上,废除"以药养医"体制成为我国医疗体制改革急需解决的首要问题。

此外,公共卫生体系的建设通过建立完善的医疗卫生机构,开展"预防为主"的卓有成效的医疗保健工作,维护广大人民群众的生命健康,促进患者各项权利的实现;医疗监管体制不仅有助于患者制度性权利的实现,而且大大强化了人们的权利观念,有助于唤起医疗机构及其医务人员对患者道德权利的关注,同时也会提升患者自身的权利意识,从而为患者道德权利实现创造良好的氛围,使患者道德权利在更高、更广的视域下得到保障。

---

① 王梦婕:《一个医药代表的一天》,《中国青年报》2011 年 3 月 15 日。

三、国外主要的医疗体制模式

第二次世界大战以后,经过长时间的发展,世界上绝大多数国家建立起相对完善的医疗保障与医疗服务制度,为保障与实现患者权利奠定了坚实的基础。由于各个国家的国情不同,尤其是存在经济发展水平的差异,以及受到各国不同的政治制度、发展理念、传统习俗等因素的影响,形成了各具特色的医疗体制模式。

(一)国家医疗保障模式,即以英国为代表的欧洲部分发达国家和苏联、东欧国家实行的政府主导、财政包揽的国民医疗卫生服务制度。这一模式的特点是:政府主导,看病免费,医疗保障体系完善,全面覆盖。在这种模式下,基本医疗作为社会福利由政府免费、无偿地提供给全体国民,所有社会成员享有公平的医疗服务。

在英国,现行医疗体制被称为国家卫生服务体制(National Health System,简称 NHS),主要依据 1975 年通过的《社会保障法》以及 1986 年实施的《国民保健制度为基础》建立起来,目前公立医疗系统提供的免费医疗服务服务覆盖 99% 的英国人。第二次世界大战以后,工党上台执政,开始推行所谓"从摇篮到坟墓"的国家福利政策。在医疗卫生保健领域,设立了三级管理体系:第一级为基本护理机构,即社区全科诊所,是国家医疗服务体系的最大部分,经费占国家医疗总预算的 75%,[①]常见病患者必须先到全科诊所就医,然后根据病情需要转到相应的医疗机构治疗;第二级为地区医院,是这一地区的医疗中心,主要任务是接待从第一级机构转诊来的患者;第三级为综合性全科医院,规模大、水平高,提供比较高端的服务,主要诊治重大疾病以及开展急救服务。在一二两级医疗服务之间,实行双向转诊制度。居民生病先到社区全科诊所就诊,若患者病情严重,则由全科医生预约专科医生,转诊至地区医院做进一步治疗。待患者病情稳定后,则回归社区医疗机构进行后续治疗和康复。由此,实现了患者分流,避免了在我国患者不论病情轻重,一窝蜂涌入大医院导致的"看病难"问题。同时,在"全民免费"的原则下,医院的各种检查、化验项

---

① 郭永松:《国内外医疗保障制度的比较研究》,《医学与哲学(人文社会医学版)》2007 年第 28 卷第 8 期。

目,住院、护理、手术、药品甚至一日三餐全部免费。此外,还实行医药分离制度,药品买卖独立于医院和医生,患者持处方可以在任何一家药店领取免费药品。"简言之,医院国有化改革通过医疗分级、政府支付、按需管理、标化工作量与医药分离,切断了医疗活动与各种利益之间的关系,保证了医疗服务的公平与公正。"①

(二)商业医疗保障模式,即美国为代表的部分国家实行的市场主导、政府参与的一种医疗体制。在这样的模式下,通过市场化的运作方式,即用人单位为员工购买或私人自愿向保险公司购买商业保险,保险公司负责筹集资金,向符合条件的患者提供就医经济补偿,或直接向医疗机构购买服务提供给患者。

在美国,与本国经济制度一样,医疗卫生体制也以高度市场化为主要特征。美国是所有发达国家中唯一没有实现全民医疗保险的国家。医疗机构以营利性的私立医院为主,大约占医疗机构总数的 70%。患者生病时,一般首先需要找自己的家庭医生,再由家庭医生决定是否转到专科医生那里。就医时的医疗消费支出以个人为主,美国联邦政府只是提供部分医疗保障机制和资金,为老年、病残、穷困和失业人口提供医疗保障,大多数 65 岁以下的美国人依靠的是私人医疗保险,其中包括团险——公司为员工集体购买的保险,参加家庭保险,或是直接购买个人医疗保险。这一模式的优点在于,医疗服务和医疗保险完全市场化,效率比较高,原则上能够满足患者不同的医疗服务需求,同时政府财政负担比较轻,摆脱了福利型国家的财政负担过重的困境。但是,缺点也比较明显——要求企业和个人必须具有较高的支付能力,承受比较沉重的经济负担。特别是由于市场的导向作用,同时医院和医生为了增加收益也不断提高诊疗费用,导致保险公司也不断提高保险费,医疗费用过高已经成为困扰美国社会的一大难题,最终造成一部分人买不起保险、看不起病的结果,人民群众的平等医疗权等权利不能得到充分保障。2009 年,美国疾病控制和预防中心公布的调查报告显示,全美共有 4630 万人没有医疗保险,约占总人口的 15.4%。② 这也是近年来美国政府实行医疗改革的一个重要原因。

---

① 白爽、刘成:《20 世纪英国医院的改革历程》,《光明日报》2014 年 12 月 10 日。

② 《最新调查显示 15% 美国人无医保约 4630 万人》,2015 年 5 月 2 日,见 http://news.qq.com/a/20100617/000399.htm。

2010年3月,在奥巴马总统的积极推动下,旨在扩大医疗保险覆盖面的医改方案在国会通过并开始实施。

(三)社会医疗保险模式,即德国、日本、加拿大、法国等国家实行的一种全民医疗保险体制模式。这种医疗保险制度具有强制性、公平性、互济社会性等特征。在这种模式下,政府从解决社会成员的基本医疗卫生需求入手,通过立法强制企业和雇员按照工资的一定比例向法定保险机构缴纳社会医疗保险金,再由法定保险机构向公立或私立医院购买服务的一种医疗体制。它与商业医疗保障模式的不同主要在于医疗费用国家化与医疗服务社会化,即大部分的医疗费用由政府负担,政府依托行业监管医院与医务人员行为,确保为患者提供高质量的医疗服务。

以日本为例,20世纪60年代日本经济从战后的衰败中重新起飞后,建立了覆盖全民的医疗保险体系。日本的医疗保险基金由个人、企业和国家共同分担,其中个人缴纳比例很小,约是工资收入的8%,但是根据个人收入不同需要缴纳的费用也存在差异——即保险费与个人收入成正比。在具体的缴纳方式上,国家机关和企业的职员,每月从工资中直接扣除;农民和私人企业,按月定期到当地社会保险部门缴费;失业者和孤寡者,由失业保险金和遗属年金为他们提供医疗保费。全国所有的医院、诊所均可为医保患者提供服务,日本国民可持医疗保险卡到其中任何一家就诊。

这种模式的优点在于,一是覆盖面广,各种医疗保险体系原则上可以覆盖所有社会成员;二是相对比较公平,保险费用与收入成正比,各种保险相互补充,政府通过预算来相对贫困的人进行一定的补贴;三是总体医疗开销较低,低于经合组织国家的平均标准。缺点在于,制度的合理难以面对不可抗的因素,制度难以约束人心道德。由于人口老龄化严重和出生率下降等因素(以日本最为突出和典型),导致投保人数日益减少而用保人数逐渐增多,支出费用大幅度上升,医保基金呈现入不敷出的趋势。此外,对于这种类似于带有全民福利色彩的医疗保障体系,一些人还抱着"不用白不用"的心理,过度使用医疗,从而造成不必要的资源浪费。

(四)储蓄型医疗保险模式,即以新加坡为代表的一种医疗保障制度。新加坡的医疗保障分为强制医疗储蓄、社会医疗保险、社会医疗救助三部分,其中最重要也是最有特色的是第一部分保健储蓄制度。在这种模式下,有薪金收入的国民都必须按月缴纳国家设立的中央公积金。中央公积金是一种强制性的社会保险制度,不论是公务员、雇主,还是雇员、个体从业人员,都必须加入这项国民储蓄计划。中央公积金局为每个成员都设立了普通、医疗和特别3个账户,缴交率为40%,其中30%归普通账户,可提取用于本人退休生活开支、购房、投资、公积金保险和教育费用等;6%归医疗储蓄账户,可以提取出来用于本人和直系亲属的医疗和医疗保险费用,4%归入特别账户,用于老年和应急开支。第二部分是健保双全计划,也被称为大病保险计划,是一项低保费医药保险计划,目的是帮助公积金存户支付顽疾或重病所带来的住院费和医药费。此外还有一种增值健保双全计划,是为那些希望得到比健保双全计划更多保障的存户而设立的,可用来承担部分住院费。第三部分是保健基金计划,由政府出资设立基金,对无力支付医疗费的穷人给予医疗补助,使这一部分人群能够看得起病。

从以上医疗保障模式看,建立覆盖全体社会成员的完善的医疗保障体系,是世界各国医疗体制改革的共同追求。由此说明,医疗保障权是一项基本人权,每一个人都有权利获得基本医疗保障,这是实现社会公平、建构和谐医患关系与维护社会稳定的必然要求。如何恰如其分地发挥政府与市场的作用,是建立完善的医疗体制的关键。一方面,大包大揽存在弊端。例如,财力雄厚的老牌资本主义国家英国,因为"政府主导、财政包揽",实行从"摇篮到坟墓"的福利制度,导致政府捉襟见肘,而且内部浪费严重,效率低下,医务人员积极性受到挫伤;另一方面,不包不揽也不行。政府作为公共权力机构,是维护社会公平公正的主体,过度地依赖市场的作用必然导致医疗资源分配不公、覆盖面过窄、弱势群体陷入"医保真空"等问题,严重侵害人民群众获得充分救治的权利,及其作为患者应该享有的各项权利。因而,依据卫生和医疗服务系统的特殊规律,制定科学而完备的制度体系,既充分发挥政府的作用,又充分发挥政府的职能,仍然是各国医疗卫生领域面临的重大课题。

第二节　我国医疗卫生体制改革取得的成就与挑战

改革开放以来,我国医疗卫生体制发生了翻天覆地的变化。从 20 世纪 80 年代开始启动医疗卫生体制改革,在 2003 年抗击传染性非典型性肺炎取得重大胜利后加快推进,到 2009 年 3 月公布《关于深化医药卫生体制改革的意见》,全面启动新一轮医改,已经过去了三十多年。在经历了改革的风风雨雨之后,目前我国医疗卫生事业的发展既取得了辉煌成就,也面临着十分严峻的挑战。

一、医疗卫生体制改革取得的成就[①]

与整个经济社会发展的大环境相适应,我国的医疗部门经历了众多制度变革。改革的基本理念,是把基本医疗卫生制度作为公共产品向全民提供,实现人人享有基本医疗卫生服务,从制度上保证每个居民不分地域、民族、年龄、性别、职业、收入水平,都能公平获得基本医疗卫生服务。通过艰苦努力,新一轮医改取得了积极进展。

——基本医疗保障制度覆盖城乡居民。截至 2011 年,城镇职工基本医疗保险、城镇居民基本医疗保险、新型农村合作医疗参保人数超过 13 亿,覆盖面从 2008 年的 87%提高到 2011 年的 95%以上,中国已构建起世界上规模最大的基本医疗保障网。筹资水平和报销比例不断提高,新型农村合作医疗政府补助标准从最初的人均 20 元人民币,提高到 2011 年的 200 元人民币,受益人次数从 2008 年的 5.85 亿人次提高到 2011 年的 13.15 亿人次,政策范围内住院费用报销比例提高到 70%左右,保障范围由住院延伸到门诊。推行医药费用即时结算报销,居民就医结算更为便捷。开展按人头付费、按病种付费和总额预付等支付方式改革,医保对医疗机构的约束、控费和促进作用逐步显现。实行新型农村合作医疗大病保障,截至 2011 年,23 万患有先天性心脏病、终末期肾病、乳腺癌、宫颈癌、耐多药肺结核、儿童白血病等疾病的患者享受到重

---

① 　国务院新闻办公室:《中国的医疗卫生事业》,《光明日报》2012 年 12 月 27 日。

大疾病补偿,实际补偿水平约65%。2012年,肺癌、食道癌、胃癌等12种大病也被纳入农村重大疾病保障试点范围,费用报销比例最高可达90%。实施城乡居民大病保险,从城镇居民医保基金、新型农村合作医疗基金中划出大病保险资金,采取向商业保险机构购买大病保险的方式,以力争避免城乡居民发生家庭灾难性医疗支出为目标,实施大病保险补偿政策,对基本医疗保障补偿后需个人负担的合规医疗费用给予保障,实际支付比例不低于50%,有效减轻个人医疗费用负担。建立健全城乡医疗救助制度,救助对象覆盖城乡低保对象、五保对象,并逐步扩大到低收入重病患者、重度残疾人、低收入家庭老年人等特殊困难群体,2011年全国城乡医疗救助8090万人次。

——基本药物制度从无到有。初步形成了基本药物遴选、生产供应、使用和医疗保险报销的体系。2011年,基本药物制度实现基层全覆盖,所有政府办基层医疗卫生机构全部配备使用基本药物,并实行零差率销售,取消了以药补医机制。制定国家基本药物临床应用指南和处方集,规范基层用药行为,促进合理用药。建立基本药物采购新机制,基本药物实行以省为单位集中采购,基层医疗卫生机构基本药物销售价格比改革前平均下降了30%。基本药物全部纳入基本医疗保障药品报销目录。有序推进基本药物制度向村卫生室和非政府办基层医疗卫生机构延伸。药品生产流通领域改革步伐加快,药品供应保障水平进一步提高。

——城乡基层医疗卫生服务体系进一步健全。加大政府投入,完善基层医疗卫生机构经费保障机制,2009—2011年,中央财政投资471.5亿元人民币支持基层医疗机构建设发展。采取多种形式加强基层卫生人才队伍建设,制定优惠政策,为农村和社区培养、培训、引进卫生人才。建立全科医生制度,开展全科医生规范化培养,安排基层医疗卫生机构人员参加全科医生转岗培训,组织实施中西部地区农村订单定向医学生免费培养等。实施万名医师支援农村卫生工程,2009—2011年,一千一百余家城市三级医院支援了955个县级医院,中西部地区城市二级以上医疗卫生机构每年支援三千六百多所乡镇卫生院,提高了县级医院和乡镇卫生院医疗技术水平和管理能力。转变基层医疗服务模式,在乡镇卫生院开展巡回医疗服务,在市辖区推行社区全科医生团队、家庭签约医生制度,实行防治结合,保障居民看病就医的基本需求,使常见病、多发病等绝大多数疾病的诊疗在基层可以得到解决。经过努力,基层医疗卫生服务体系不断强化,农村和偏远地区医疗服务设施落后、服务能力薄弱的状况明显改变,基层卫生人才队伍的数量、学历、知识结构出现向好趋势。2011 年,全国基层医疗卫生机构达到 91.8 万个,包括社区卫生服务机构 2.6 万个、乡镇卫生院 3.8 万所、村卫生室 66.3 万个,床位 123.4 万张。

——基本公共卫生服务均等化水平明显提高。国家免费向全体居民提供国家基本公共卫生服务包,包括建立居民健康档案、健康教育、预防接种、0—6 岁儿童健康管理、孕产妇健康管理、老年人健康管理、高血压和 II 型糖尿病患者健康管理、重性精神疾病患者管理、传染病及突发公共卫生事件报告和处理、卫生监督协管等 10 类 41 项服务。针对特殊疾病、重点人群和特殊地区,国家实施重大公共卫生服务项目,对农村孕产妇住院分娩补助、15 岁以下人群补种乙肝疫苗、消除燃煤型氟中毒危害、农村妇女孕前和孕早期补服叶酸、无害化卫生厕所建设、贫困白内障患者复明、农村适龄妇女宫颈癌和乳腺癌检查、预防艾滋病母婴传播等,由政府组织进行直接干预。2011 年,国家免疫规划疫苗接种率总体达到 90% 以上,全国住院分娩率达到 98.7%,其中农村住院分娩率达到 98.1%,农村孕产妇死亡率呈逐步下降趋势。农村自来水普及率和卫生厕所普及率分别达到 72.1% 和 69.2%。2009 年启动"百万贫困白内障患者复明工程",截至 2011 年,由政府提供补助为 109 万多名贫困白内障患者实施了复明手术。

——公立医院改革有序推进。从 2010 年起,在 17 个国家联系试点城市和 37 个省级试点地区开展公立医院改革试点,在完善服务体系、创新体制机制、加强内部管理、加快形成多元化办医格局等方面取得积极进展。2012 年,全面启动县级公立医院综合改革试点工作,以县级医院为龙头,带动农村医疗卫生服务体系能力提升,力争使县域内就诊率提高到 90% 左右,目前已有 18 个省(自治区、直辖市)的六百多个县参与试点。完善医疗服务体系,优化资源配置,加强薄弱区域和薄弱领域能力建设。区域医学中心临床重点专科和县级医院服务能力提升,公立医院与基层医疗卫生机构之间的分工协作机制正在探索形成。多元化办医格局加快推进,鼓励和引导社会资本举办营利性和非营利医疗机构。截至 2011 年,全国社会资本共举办医疗机构 16.5 万个,其中民营医院 8437 个,占全国医院总数的 38%。在全国普遍推行预约诊疗、分时段就诊、优质护理等便民惠民措施。医药费用过快上涨的势头得到控制,按可比价格计算,在过去三年间,公立医院门诊次均医药费用和住院人均医药费用增长率逐年下降,2011 年比 2009 年均下降了 8 个百分点,公立医院费用控制初见成效。

新一轮医改给中国城乡居民带来了很大实惠。基本公共卫生服务的公平性显著提高,城乡和地区间卫生发展差距逐步缩小,农村和偏远地区医疗服务设施落后、服务能力薄弱的状况明显改善,公众反映较为强烈的"看病难"、"看病贵"的问题得到缓解,"因病致贫"、"因病返贫"的现象逐步减少。

二、医疗卫生事业面临的困难与挑战

在取得显著成绩的同时,必须看到,我国医疗卫生事业的发展仍然存在非常突出的问题,面临十分严峻的困难与挑战。2015 年 2 月 10 日,由华中科技大学、人民出版社主办的《中国医疗卫生事业发展报告 2014》(卫生改革与发展绿皮书)开始发行,报告显示,目前我国医疗卫生事业发展面临重大挑战。

——居民医疗卫生服务需求增加,不同地区居民健康水平存在差异。城乡居民对医疗卫生服务需求不断增加,如 2003 年我国调查地区居民两周患病率是 14.3‰,慢性病患病率为 151.1‰,2013 年我国调查地区居民两周患病率是 24.1‰,慢性病患病率为 330.7‰;不同地区居民之间的健康水平仍存在明显差异,如东部城市和经济社会发展较快的地区人均预期寿命在 2010 年均超过 78 岁;而西部一些经济相对落后的省份(如云南、西藏、青海等)人均预期寿命在 2010 年还不足 70 岁,2013 年我国城市地区婴儿死亡率为 5.2‰,农村地区为 11.3‰,农村地区是城市地区的 2.2 倍。

——医疗卫生资源分布不合理。2013 年中央财政卫生投入增长 26.4%,地方财政卫生投入仅增长 9.5%,地方财力不足将导致基层财政保障风险加剧;东中西部地区间财政投入差距明显,东部由于较强的地方经济支撑,西部地区有较高的中央财政转移支付比例,而中部地区两者均未沾,而形成新的"中部塌陷"。2013 年人均卫生财政补贴东、中、西部分别为 312∶213∶331,差距明显,这种投入上的差距不利于地区间卫生资源的平衡和卫生服务能

力的均等化,影响人人享有基本卫生服务目标的实现,影响卫生筹资的公平性。

——总体医疗费用上涨过快。近三年卫生总费用平均增长速度达到13.20%,为同期 GDP 增长速度的 1.62 倍,如果不能控制当前医疗费用过快增长势必会给政府财政、实体经济背上沉重的负担;特别是考虑到我国"转方式,调结构",中高速增长的"新常态",财政收入的增长速度必然回落;医疗费用的增长使中国财政背上沉重的包袱,或许是中国社会经济危机的重要因素。

——医疗保险基金运行面临风险。在我国经济进入新常态发展阶段后,国民经济增长放缓,职工工资增长也将减速,因此按工资比例收取的城镇职工基本医疗保险基金收入的增幅也将下降。而基金支出由于继续上涨的医疗费用、进一步释放的医疗服务需求、人口老龄化加速等因素的影响保持增长态势。因此,医疗保险基金正面临巨大风险。城镇职工基本医疗保险从 2000 年至 2013 年,基金收入的年平均增幅为 33.20%,而支出的年平均增幅为34.39%。以此趋势推测,2017 年城镇职工基本医疗保险基金就将出现当期收不抵支的现象,到 2024 年就出现基金累计结余亏空 7353 亿的严重赤字。而对新农合基金的筹资和支出数据进行趋势预测,预计在 2017 年新农合的累计结余将为负数,至 2020 年支出将比当年筹资超支 15.38%。基金的收不抵支已成为目前威胁到基本医疗保险制度可持续的最重要因素。

——基层医疗机构患者的药品花费增量值开始上升。本研究报告表明:单纯依靠国家财政投入,实行零差率的基本药物供应制度对降低就诊病人用药花费和降低医院药占比仍然表现出不可持续的状态,这也意味着还有其他的因素影响着病人用药花费和医院药占比的降低,比如药品的流通成本增加、药品价格增加、医生的不合理的处方行为或基本药物制度的执行力和监督力下降等因素。

——分级诊疗机制和服务体系尚未形成。分级诊疗制度急慢分治实施困境:一是患者传统的诊疗观念影响;二是基层医疗机构的专业技术水平相对较低,难以"取信于民",省市大医院的急剧扩张也吸收了许多基层医疗机构的优秀人才;三是信息化管理机制滞后,无法形成有效的分级诊疗管理的信息平台;四是基本医疗保险制度没有从政策层面更好地引导分级诊疗,五是分级诊疗的监督机制尚未建立。

——各省、区域及城乡间存在公共卫生服务的非均等化。①我国公共卫生服务的筹资不均衡。主要表现为东部地区的公共卫生支出无论是支出总量还是人均卫生支出上都高于西部地区。另一方面,公共卫生支出的城乡差异较大;②公共卫生服务水平差异明显,如孕产妇系统管理率较低的省份主要集中于中西部地区。

——民营医疗机构发展的问题与困境。主要在于以下几个方面:一是政策设计层面,如卫生人力资源流动受到束缚、在机构审批、技术准入、不同省份之间部分诊疗服务执业资质不能互认、与社会办医关系密切的商业健康保险发展政策仍不明朗;二是政策执行层面,营利性与非营利性之间的变更程序不规范、审批权与监管权不匹配、民政部门与卫生部门之间缺乏协同监管机制;三是我国民营医疗机构自身存在的问题。

可以看出,我国医疗卫生事业发展所面临的形势不容乐观,存在的问题主要涉及医疗卫生资源分配、医疗费用上涨、医疗保险基金运行、分级诊疗机制和服务体系建构以及民营医疗机构发展等方面。

在医疗卫生资源分配方面,人民群众的医疗保障需要地方财力的支撑,由于我国各地经济发展很不均衡,在经济相对落后、财力比较紧张的地区,主要是经济不够发达而中央财政支持力度较小的中部地区,人均卫生财政补贴较少,影响了人人享有基本卫生服务目标的实现。在西部一些经济相对落后的省份(如云南、西藏、青海等),尽管中央财政给予了较大的支持,但是由于经济文化落后等原因,医疗卫生资源仍然比较紧张,医疗卫生事业发展依然滞后,影响了平等医疗权以及获得优质服务权等权利的实现,从这些地方的人均预期寿命指标可见一斑。此外,我国大量的优质医疗资源过于集中在大城市大医院、而农村与基层资源相对短缺的格局依然没有改变,同样影响了人民群众医疗权的实现,这一点可以从城乡婴儿死亡率存在的显著差异反映出来。因此,优化医疗卫生资源配置,重点加大对农村与基层地区的医疗投入,仍然是医疗卫生体制改革的重要内容。

关于医疗费用问题。与世界上许多国家一样,医疗费用过高的问题困扰着我国社会,产生严重不良的影响。上海交通大学的一份调查显示,77.3%的受访者认为医疗费用"比较高"、"非常高",超过半数的受访者认为"检查费用过高"(58.9%)、"药价过高"(56.7%)是医疗费用高的主要表现。① 近年来,为解决人民群众看不起病以及医疗负担过重问题,我国基本医疗保障制度已经基本实现了针对城乡居民的全覆盖,国家财政投入显著增加。但是,患者支付的医疗费用也水涨船高,大量的利润被中间环节(经营商、医药代表、医院领导以及医务人员等)所获取,老百姓所享受的实惠大打折扣,医疗保障制度的效用严重消减。而且,在我国经济转变为中高速增长的背景下,医疗费用的过快增长还会使国家财政背上沉重的包袱,甚至会诱发经济危机。不仅如此,由于持续上涨的医疗费用、进一步释放的医疗服务需求、人口老龄化加速等因素的影响保持增长态势,我国医疗保险基金正面临巨大风险。如果不进行改革,在不久的将来,医疗保险基金就会出现严重亏空,基本医疗保障制度就会陷入危机。

分级诊疗机制和服务体系的建构。分级医疗,就是按照疾病的轻、重、缓、急及治疗的难易程度进行分级,不同级别的医疗机构承担不同疾病的治疗。大中型医院承担的一般门诊、康复和护理等分流到基层医疗机构,形成"健康进家庭、小病在基层、大病到医院、康复回基层"的新格局。大医院由此"减负",没有简单病例的重复,可将主要精力放在疑难危重疾病方面。基层医疗机构可获得大量常见病、多发病人,大量的病例也有利于基层医疗机构水平的提高,从而更好地为人们的健康服务,步入良性循环。在20世纪80年代以前,我国比较好地贯彻了分级诊疗制度,但是实施医改以来,分级诊疗机制和服务体系走向解体,最近几年我国各地重新开始实行分级诊疗制度,以最大限度地缓解群众"看病难、看病贵"问题,促进医疗资源的合理利用,但是仍然存在诸多问题,在一些地方已经陷入困境。

民营医疗机构发展的问题与困境。我国自从20世纪80年代医改启动以来,几乎每一个政策性文件都要强调鼓励社会力量办医,但直到2008年,我国私立医院的数量仅占医院总数的20%左右,资产总额仅占医院资产总额的

———————————

① 王烨捷、周凯:《调查:半数认为医疗费高医生道德影响医患关系》,《中国青年报》2014年5月16日。

3%,门诊量仅占全部医院门诊量的 4.4%。2011 年全国达到 8437 个,占全国医院总数的 38%,①所占比例仍旧较低,尤其是医院资产总额与门诊量在公立医院面前显得微不足道。而且,在相关政策设计、政策的执行以及民营医疗机构自身存在许多问题(医疗设施落后、医务人员素质良莠不齐等),制约了它们的发展,使其难以较好地担负起弥补公立医院不足、助力医疗卫生事业发展的重任。

第三节　深化我国医疗卫生体制改革

我国医疗卫生体制改革取得辉煌成就,同时也面临重重困难与问题,只有通过进一步深化改革,革除当前医疗卫生体制存在的种种问题,才能更好地促进医疗卫生事业健康发展,充分保障人民群众的医疗保障权的实现。

当前,我国医疗卫生体制改革的重点应该包括:

一、完善医疗保障体系

2005 年以后开始的新医改,首要任务是建立健全全民多层次的基本医疗保障体制。我国的基本医疗保险主要包括城镇职工基本医疗保险、城镇居民基本医疗保险、新型农村合作医疗三种形式。早在 2002 年 10 月,《中共中央、国务院关于进一步加强农村卫生工作的决定》明确指出:要"逐步建立以大病统筹为主的新型农村合作医疗制度",新型农村合作医疗由此开始启动。它是由政府组织、引导、支持,农民自愿参加,个人、集体和政府多方筹资,以大病统筹为主的农民医疗互助共济制度。2007 年,在原先已经实施城镇职工基本医疗保险的基础上,国务院率先在部分省市开展城镇居民基本医疗保险试点,之后逐渐推广至全国所有省区市。城镇居民基本医疗保险参保范围主要是不属于城镇职工基本医疗保险制度覆盖范围的学生、少年儿童和其他非从业城镇居民,保险费的缴纳以家庭缴费为主,政府给予适当补助。近年来,我国基础医疗保障取得了显著成就,3 种保险形式参保人数超过 13 亿,覆盖面从

---

① 国务院新闻办公室:《中国的医疗卫生事业》,《光明日报》2012 年 12 月 27 日。

2008 年的 87% 提高到 2011 年的 95% 以上，已构建起世界上规模最大的基本医疗保障网，而且筹资水平和报销比例不断提高，受益人数大大增加。

　　但是，也应该看到，目前我国基本医疗保障制度仍然存在一些不尽如人意的地方。问题主要表现在：一是保障水平总体不高，人群待遇差距较大。近年来我国基本医疗保险的参保人数比例迅速增加，基本实现了全覆盖，但是由于人口基数大而整体经济发展水平不高，医疗保障仍然维持在一个较低的水平，患者报销比例偏低，在医疗费用高昂的今天，不少人即便报销之后的个人支出仍然处于高位，经济负担依然沉重。而且，一般情况下，患者的门诊费用不在报销之列，一些大病、重病也不属于医保范围，或者这些患者许多检查治疗费用、特效医药费用不能报销，导致因病致贫、因病返贫现象仍然较为普遍。在三种医保模式中，各自承保对象所享受的待遇存在明显差异。总的来说，城镇职工基本医疗保险报销比例最高，而新农合报销比例最低。即便在同一种医保模式下，由于不同的单位部门、不同地区的财政收入方面的原因，筹资能力存在差异，不同承保人享受的待遇也不尽相同，体现出现行医疗保障制度亟须改进；二是适应流动性方面不足。与国外相比，我国一个特殊国情是存在一个具有较强流动性、数字庞大的农民工群体，截止到 2013 年年底全国范围内的农民工已经达到 2.69 亿人。在目前体制下，城乡基本医疗保险分属不同部门管理，参保人员在城乡之间、区域之间流动以及身份发生变化时，医保关系转移接续困难，影响了保障效果，结果不少流动人口陷入“医保真空”。此外，异地就医问题非常明显，特别是部分异地安置退休人员反映就医报销不便，需要个人垫付医药费用；一些退休人员要求享受居住地医疗保险待遇，在现行体制下却是不允许的。今天，我国已经步入老龄化社会，老年人构成一个数量庞大的社会群体，一些老人退休后不在单位或户籍所在地生活，或者到外地跟随儿女养老，异地就医问题显得尤为突出，迫切需要得到解决。

　　完善基本医疗保障体制，主要包括三个方面的工作：第一，进一步完善基本医疗保险体系。可以借鉴一些发达国家的做法，推行强制性基本医疗保险制度，确定不同收入人群缴纳不同数额的保险费用，使保险费与个人收入成正比，从而大大提高筹集资金能力，在很大程度上避免医疗保险基金运行的风险性。政府可以通过立法形式，规定参加社会基本医疗保险是每一个公民的强制性义务。对于经济困难群体,由国家进行补贴,为他们缴纳保险费用,使全体社会成员享受到基本医疗保险体制带来的福祉。同时,建立大病保险基金,由政府、社会以及患者本人共同负担重大疾病的治疗费用,最大限度地避免一些弱势群体面对疾病束手无策的状况。第二,努力提高基本医疗保险水平,大幅度提高患者报销比例。政府应该通过增加对基本医疗保险财政投入的方式,进一步提高患者报销比例,完善基本医疗保险制度,将常见病、多发病的门诊医疗费用纳入报销范围。目前,这类医疗费用已经成为患者不小的负担,导致"看病贵、看病难",成为影响医患关系和谐的重要因素。第三,建立城乡一体化医疗卫生体制,实现全国联网基本医疗保险。重点解决现行体制下适应流动性不足、医保关系转移接续困难等问题。为此,首先必须打破城乡、所有制等各种界限,建立覆盖全民的、一体化的医疗卫生制。努力确保一个人,不管的职业与身份性质如何,不管他身处城市还是农村,只要是国家的公民,甚至是作为一名社会成员,就可以享受公正、平等的基本医疗保障待遇。即便在接受治疗地点与参保地点不一致时,他仍然有权在异地办理医疗费用报销手续。当代计算机网络技术的发达为异地就医结算创造了有利条件,政府完全可以、也应该建立一个覆盖全国范围的、统一结算的一体化医疗卫生体制。

对于不属于基本医疗保障范围的非基本医疗需求,主要通过市场化方式,依靠私立医院等营利性医疗机构的发展提供医疗服务。2013 年召开的中共十八届三中全会,进一步提出了鼓励社会力量办医的要求。截至 2011 年,全国社会资本共举办医疗机构 16.5 万个,其中民营医院 8437 个,占全国医院总数的 38%。① 政府应该在鼓励、扶持民营医院发展的基础上,积极引导、帮助、规范、监督,确保它们良性、健康发展,真正发挥在社会医疗卫生事业发展中的重要作用。

二、改革以药养医体制

以药养医体制是在我国特定历史时期形成的一种对医院进行经济性补偿的制度,即按照国家规定,医院的药品可以定价为出厂价格的 115%,即医院

---

① 国务院新闻办公室:《中国的医疗卫生事业》,《光明日报》2012 年 12 月 27 日。

可以获取药品出厂价与销售价 15%的差价,作为自己的收入。如果说在计划体制下具有一定合理性的话,在经济社会与医疗卫生体制发生翻天覆地变化的今天,不仅早已经失去了存在的必要,而且起着十分负面的作用。改革开放以来,"以药养医"已经成为医疗费用逐年攀高的主要推手,也成为滋生腐败的温床。从发达国家医疗卫生事业发展的经验看,无一不是实行医药分开,可以说是这些国家医疗卫生事业健康、良性发展的一条重要经验。我国社会一直在探讨"医药分开"问题,取消以药补医体制的呼声从未中断过。2015 年 5月 8 日,国务院办公厅发布《关于全面推开县级公立医院综合改革的实施意见》,要求所有县级公立医院推进医药分开,积极探索多种有效方式改革以药补医机制,取消药品加成(中药饮片除外),标志着医疗卫生体制改革进入新阶段。

长期以来,我国医药市场混乱、药价虚高的源头主要在药品生产与流通环节。改革开放以来,中央政府把医药生产与经营权下放至地方,各省药品质量管理机构都拥有独立的药品审批权。在药品生产分散管理的背景下,地方保护主义的驱动、个人从中牟利的驱使,使得医药生产厂家遍地开花,全国范围内一下子涌现出四千多家药品生产企业,以及更多的药品批发、零售企业。数量众多的医药企业需要生存和发展,形成最初的成本核算,之后在流通领域经过数不清的正当与不正当、合法与非法环节,使得药品价格层层加码,一路攀升,由出厂时单个药品价格几元钱最终上升为几十元,甚至上百元。这不仅导致药价高得离谱,引起人们对于医疗卫生服务公平性的怀疑,而且由于药品推销与商业贿赂联系在一起,还导致医疗行业腐败现象的加剧。

改革医药生产与流通体制,美国的一些成功实践值得我们参考与借鉴。一方面,合理集中药品分销和批发企业,可以节省监管资源,提高监管效率。美国的药品销售额占世界药品市场的份额 40%以上,但药品批发商总共只有70 家,不仅有利于实现对企业的有效监管,并大大节约了监管成本。与之形成鲜明对比的是,我国药品生产与销售在世界药品市场所占份额较小,却拥有为数众多的药厂和流通批发企业,其中不乏大量经营资质欠缺者,在很大程度上影响了政府的监管效率,同时也增加了药品流通监管中的各种安全隐患。另一方面,美国培育了比较成熟的药品流通中介服务市场。美国成立了专门的"药品集中采购组织"。该组织先是通过接受多家医疗机构的委托,形成较大的药品采购订单,在此基础上再与药品生产商或批发商进行谈判,借助于规模优势可以获得比医疗机构分散采购更低的药品价格,不仅有效地降低了医疗成本,同时也保证了药品采购渠道的合法化,避免了医疗机构自行采购药品出现的种种不良现象。我国政府主管部门应该加快医药生产与流通领域体制改革步伐,在学习美国及其他国家成功经验的基础上,建立健全相关制度,大力整顿医药市场。首先,严格按照药品生产质量管理规范(GMP)标准,对生产企业的资质、生产条件进行审核,清理淘汰一批生产条件缺乏的企业,同时对部分企业进行合理整合,改变目前药企数量多、规模小、实力弱的状况。其次,严格按照药品经营质量管理规范(GSP)对药品流通环节药品经营企业进行审核、清理,整顿市场秩序,同时培育和形成一部分大型的分销企业集团和相关中介组织,规避流通环节存在的各种安全隐患,保证药品流通领域的规范化发展。最后,加大监管力度,严格执行新修订的《药品流通监督管理办法》。重点加强对药品销售、使用环节采购的监督管理,尤其是强化对药品购销业务人员的监督管理,杜绝各种无证经营、非法经营行为。对于医药领域严重败坏行业风气、令人深恶痛绝却屡禁不止的商业贿赂行为,也要严加查处,依法对行贿人与受贿人进行严厉惩罚。

三、优化医疗资源分配

我国医疗工作与医患关系存在的主要问题是"看病难,看病贵",而导致这一现象的根本原因是医疗卫生资源分配不均衡。当前,我国大城市大医院每天门庭若市、不堪重负,出现病床一张难求现象,而基层医院却门可罗雀,患者少得可怜,医务人员常常比较清闲。大量的患者涌向大城市大医院,原因在于大量优质医疗资源,包括硬件和软件资源集中在大医院,基层小医院却长期处于失血状态,医疗水准与服务质量不能满足患者的需要。根据卫生部门公布的数据显示,我国80%的医疗资源集中在大城市,而其中30%的医疗资源又分布在大医院,由此可见卫生医疗资源分配严重不均。再加之我国医疗资源本身就很有限这一现状,使老百姓形成了无论大小病都要涌向大城市、大医院的观念,导致了医疗资源的严重浪费。

要改变"看病难，看病贵"现象，必须从根本上优化医疗资源的布局，着力加大政府对基层医疗机构的投入，优化医疗配备设施，努力提高这些地区医疗技术人员的配置数量与质量。最近几年，我国政府政府明显加大对基层与广大农村的医疗投入，不断完善基层医疗卫生机构经费保障机制。2009—2011年，中央财政投资471.5亿元人民币支持基层医疗机构建设发展。采取多种形式加强基层卫生人才队伍建设，制定优惠政策，为农村和社区培养、培训、引进卫生人才。建立全科医生制度，开展全科医生规范化培养，安排基层医疗卫生机构人员参加全科医生转岗培训，组织实施中西部地区农村订单定向医学生免费培养等。实施万名医师支援农村卫生工程，2009—2011年，一千一百余家城市三级医院支援了955个县级医院，中西部地区城市二级以上医疗卫生机构每年支援三千六百多所乡镇卫生院，提高了县级医院和乡镇卫生院医疗技术水平和管理能力。经过努力，基层医疗卫生服务体系不断强化，农村和偏远地区医疗服务设施落后、服务能力薄弱的状况明显改变，基层卫生人才队伍的数量、学历、知识结构出现向好趋势。①

优化医疗资源分配的另一种形式是建立医疗联合体，实现优质医疗资源下沉。目前全国各省市开展城市大医院与中小医院组建医疗联合体试点，取得一定的积极效果。例如，2013年12月25日，洛阳市首批7家医疗联合体正式揭牌成立，涉及全市一百二十多个医疗机构。7家医疗联合体涉就是指在一定区域内以高等级医疗机构为主体，由若干个医疗机构和基层医疗卫生服务机构组成的跨行政隶属关系、跨资产所属关系的医疗机构联合体。原则上，以三级综合医院为牵头单位，二级及以下医院、基层医疗卫生服务机构为协作单位组建医疗联合体。联合体内不仅能够实现检验检查结果互认，牵头医院的专家还要定期到基层医疗机构坐诊，实现大医院与基层医疗卫生服务机构的纵向资源流动。遵义医学院与凤冈县人民医院通过组建成立医疗联合体，开展双向转诊、远程会诊、检验结果互认等业务积极推动落实分级医疗，优化医疗卫生资源，提升基层医院服务能力，帮助凤冈医疗卫生事业发展，逐步实现大病不出县的目标。在组建医疗联合体的过程中，由遵义医学院派驻专家

---

① 国务院新闻办公室：《中国的医疗卫生事业》，《光明日报》2012年12月27日。

常驻凤冈县人民医院帮助完善医疗管理、医疗安全、医疗服务等方面的工作制度,同时,不定期派出专家到凤冈县人民医院开展业务指导等工作。2014 年,山东省聊城市开展医疗联合体试点工作,三级医院将主要诊治疑难杂症和急危重症。其他成员单位主要诊治常见病和多发病,完善基层首诊、分级治疗、双向转诊制度,医联体协作成员单位还可以共享科研仪器实行专管共用,实现检验结果、资料查阅互认,实现病人诊断信息、检验检查数据及社区健康档案信息共享,常见病多发病患者不再扎堆大医院,排队看病难问题得到缓解。当然,在我国医疗联合体作为一个新生事物,实际运行过程中还存在这样那样的问题,诸如:双向转诊存在困难,用药范围等差距的客观存在;患者对于创新服务体系缺乏理解和认同,一些基层医院医疗水平不能满足患者需求;医保预付制对联合体内医院间转院的减免措施落实不到位,等等。应该充分发挥政府的主导作用,探索建立医疗联合体的合适路径与模式,不断完善相关制度与工作机制,才能促进这一新兴事物健康、良性的发展,真正实现医疗卫生资源的优化配置,从根本上解决"看病难、看病贵"问题。

四、深化公立医院改革

公立医院就是指政府举办并经营的医院,分为三个等级:一级是社区医院或乡镇卫生院,二级是县(区)级医院,三级是市级医院。公立医院是中国医疗服务体系的主体,在保障广大人民群众生命健康权利方面发挥着主力军作用。公立医院发展状况如何,对于国计民生、社会的稳定与发展所起的重要作用不言而喻。因此,在医疗卫生事业的发展中,公立医院改革具有尤其重要的意义。

当前公立医院改革的主要目标是回归医疗卫生服务的公益属性。唯有医院提供真正意义上的公益性服务,满足人民群众对质优、价廉的医疗卫生服务需求,才能实现基本医疗宗旨,构建和谐医患关系。何谓医院的"公益性"?就是指医疗机构追求的主要目标不是本身及其成员的自身利益,而是提高医疗卫生服务的公平可及性、提升医疗服务的质量、节约患者的医疗支出等社会目标,以最大限度地实现患者利益为归依。党的十七大报告指出,公立医院要"为人民大众提供安全、有效、方便、价廉的服务"。但是,以市场化为导向的医疗卫生体制改革使得公立医院逐渐偏离了公益化方向,由此导致患者权利得不到充分保障,医患关系紧张、纠纷频繁发生。公立医院必须回归公益性,成为全社会的共识。

2010年,卫生部等五部委制定《关于公立医院改革试点的指导意见》,挑选部分城市进行公立医院改革试点,开始了坚持公益化方向、有中国特色的社会主义公立医院制度探索,形成了"一个目标,三个领域,九项任务"的框架体系。"一个目标",就是要坚决维护公立医院的公益性,调动医务人员积极性,促使公立医院切实履行公共服务职能,为群众提供安全、有效、方便、价廉的医疗卫生服务,缓解群众"看病贵、看病难"问题,为老百姓看好病。"三个领域",就是一要完善服务体系,构建公益目标明确、功能完善、结构优化、层次分明、布局合理、规模适当的公立医院服务体系;二要创新体制机制,形成科学规范的公立医院管理体制、治理机制、补偿机制、运行机制和监管机制;三要加强内部管理,提高公立医院运行绩效,做到安全上更有保障,质量上更加提升,成本上更为合理,效率上更加提高,服务上更为改善。"九项任务",是指完善公立医院服务体系,改革公立医院管理体制,改革公立医院法人治理机制,改革公立医院内部运行机制,改革公立医院补偿机制,加强公立医院管理,改革公立医院监管机制,建立住院医师规范化培训制度和加快推进多元化办医格局。

经过几年的试点,我国公立医院改革已经取得阶段性成效。2010年,17个国家联系试点城市和37个省级试点地区开展公立医院改革试点,在完善服务体系、创新体制机制、加强内部管理、加快形成多元化办医格局等方面取得积极进展。各地抓住改革"以药补医"这个关键环节,以改革补偿机制和落实医院自主经营管理权为切入点,管理体制、补偿机制、人事分配、价格机制、医保支付制度、采购机制、监管机制等综合改革统筹推进,逐步建立起维护公益性、调动积极性、保障可持续的县级医院运行新机制。农村医疗卫生服务体系能力、区域医学中心临床重点专科和县级医院服务能力有所提升,患者在县域内就诊率大大提高,医药费用过快上涨的势头得到控制。目前改革重点应该集中在:优化医疗卫生资源布局,加快形成基层首诊、分级诊疗、双向转诊的就医制度,使人民群众能够就近享受优质医疗卫生服务;坚持医疗、医保、医药联动改革,破除以药补医,理顺医药价格,确保群众看病负担减轻、资金保障可持续;建立现代医院管理制度,完善激励机制,不断提高医疗卫生服务质量水平,加强医德医风建设;加快建立医疗纠纷人民调解和医疗责任风险分担机制,严厉打击违法犯罪行为,构建和谐医患关系;加强全行业监管,严肃整治打击非法行医和虚假违法医药广告,推进医院信息公开,保障人民群众健康权益。2015 年 5 月 17 日,国务院发布《关于城市公立医院综合改革试点的指导意见》,在指导思想中提出"着力解决群众看病就医问题,把深化医改作为保障和改善民生的重要举措,将公平可及、群众受益作为改革出发点和立足点",并提出"到 2017 年,现代医院管理制度初步建立,医疗服务体系能力明显提升,就医秩序得到改善,城市三级医院普通门诊就诊人次占医疗卫生机构总诊疗人次的比重明显降低;医药费用不合理增长得到有效控制,卫生总费用增幅与本地区生产总值的增幅相协调;群众满意度明显提升,就医费用负担明显减轻,总体上个人卫生支出占卫生总费用的比例降低到 30% 以下",作为重要基本目标。由此标志着公立医院改革进入了快车道。

在整个医疗服务体系中,县级公立医院是农村三级医疗卫生服务网络的龙头和城乡医疗卫生服务体系的纽带,推进县级公立医院综合改革是深化医药卫生体制改革、切实缓解群众"看病难、看病贵"问题的关键环节。2015 年 4 月 23 日,国务院发布《关于全面推开县级公立医院综合改革的实施意见》,提出了县级公立医院改革的总体要求与主要目标,明确要求"将公平可及、群众受益作为改革出发点和立足点,坚持保基本、强基层、建机制,更加注重改革的系统性、整体性和协同性,统筹推进医疗、医保、医药改革,着力解决群众看病就医问题",主要目标是"坚持公立医院公益性的基本定位,落实政府的领导责任、保障责任、管理责任、监督责任,充分发挥市场机制作用,建立维护公益性、调动积极性、保障可持续的运行新机制"。该《意见》在具体内容上主要涉及优化县域医疗资源配置、改革管理体制、建立医院运行新机制、完善药品供应保障制度、改革医保支付制度、提升医院服务能力、强化服务监管等方面,提出了全面而具体的规划,为下一步县级公立医院医疗体制改革指明了方向。

应该看到,我国医疗卫生体制改革取得了比较显著的成绩,但是,随着改革进入深水区,触及的深层次矛盾和问题越来越多,难度越来越大。同时,人民群众对医改的期盼越来越高,医改对经济社会的影响也越来越广泛。因而,改革目标的实现不可能一蹴而就,医疗卫生体制改革依然任重而道远。

第七章　创新医疗工作机制

在一定意义上,当代社会道德权利是法律权利的补充,是在不适合通过法律规定或者法律无法予以保障的情况下,一个人应该享有的依靠道德力量来维系的权利。对于患者道德权利而言,在没有法律制度等刚性力量作为后盾的情况下,灵活多样的医疗服务模式与具体工作机制具有十分重要的意义。创新医疗工作机制、方式与方法,才能实现对患者权利的充分保障,促进医患关系的和谐。换言之,创新医疗工作机制,是保障与实现患者道德权利、建构和谐医患关系的重要途径。

第一节　创新医疗服务模式

一、树立患者权利中心意识

目前,以患者为中心的理念在各医疗机构逐渐深入人心。患者为中心,也就是以病人为中心,就是以患病的人为中心。在当代社会,任何一家医院仅仅能够履行治病救人的职责还远远不够,还必须同时注重患病的人,在医疗活动中使病人得到精神上的安慰,心理上的理解,人格上的尊重和权益受到保护。具体而言,以患者为中心,在实践中表现为一种理念与态度,一种服务与管理模式,一种团队设计与工作流程,一种服务行为与文化。以患者为中心,归结为一点,就是以患者权利为中心。对患者权利的尊重与呵护是以患者为中心理念的集中体现。树立患者权利中心意识是创新医疗模式的基本前提。任何一种医疗服务模式的建立,都必须以最大限度地服务患者为中心,这是由基本医疗宗旨决定的,是所有医院工作永恒的主题。在走向权利时代的今天,人们的权利意识高度膨胀,对医疗卫生服务工作提出了更高的要求,一切医疗工作的出发点与归宿必须是保障与实现患者的患者权利。

然而,目前在医疗实践中仍然存在着忽视患者权利甚至严重侵犯患者某些权利的现象。

首先,部分医务人员医疗观念陈旧,认为患者到医院就医是"求医问药",有一种天然优越感,把自己凌驾于患者之上,缺乏应有的主动与热情,对待患者态度"生、冷、硬"。曾几何时,"脸难看、门难进、话难听"一度是某些医务人员接待患者时真实写照,饱受患者及家属的诟病。近些年来,各个医疗机构服务观念逐渐发生转变,广大医务人员开始认识到"以人为本"、"以患者为中心"的重要性,服务理念与服务态度发生显著变化,但是距离现代医疗卫生事业发展以及患者实现自身权利的需求仍然存在较大差距。例如,很少有医务人员真心地将患者视为亲人与朋友,对患者的病痛报以深切的同情,在诊疗过程中充分听取患者的主张与建议,完全设身处地为患者提出最佳治疗方案——疗效最好,痛苦最小,伤害最轻,耗费最少。为数众多的医务人员与患者沟通时在很大程度上带有敷衍塞责的性质。在与患者及家属接触过程中,医务人员大都缺乏周到细致的文明礼仪(在一些发达国家,医生会提前等在门口迎候预约的患者,在诊疗结束后再将其送至门前),难以使患者在医院感受到家庭般的温馨、亲人般的温暖。因而,我国医患之间往往很难达到比较亲密的程度,医患信任与合作停止在较低的水准。

其次,不少医务人员医疗观念仍然停止在生物医学模式时代,重"病"轻"人",与当代医学发展以及患者的需求背道而驰。早在 1977 年,美国纽约罗切斯特大学教授恩格尔就提出了现代医学模式"生物——心理——社会"模式,提出:必须从生物的、心理的、社会的等多方面因素的结合上来综合认识人的健康和疾病。《辞海》也将新医学模式解释为"人类的健康与疾病取决于生物、心理和社会各种因素,保护和促进人类健康,要从人民的生活环境、行为、精神和卫生服务等多方面努力"。[1] 由此,关心、呵护患者,尊重与保障患者权利,是新医学模式条件下对医务人员的一项基本要求。医疗服务必须强调

---

① 袁俊平、景汇泉:《医学伦理科学》,科学出版社 2012 年版,第 55 页。

"以人为本"的理念,不仅要满足病人必需的医疗服务,还要最大限度地满足病人的合理要求,坚持病人至上,质量第一。① 但是,不少医务人员受技术至上主义影响,常常把疾病的特定因素从患者整体中分离出来,舍弃了患者的社会、心理因素,孤立地研究病因,忽视了对人的生命的关爱,淡化了对人的理解、关怀和尊重,很容易对患者权利造成侵害,导致医患纠纷的发生。医务人员必须转变思想观念,才能适应新的医学模式需要,保障患者权利,建构和谐医患关系。

最后,由于对患者权利体系缺乏科学认识,部分医务人员对于患者权利存在厚此薄彼现象,影响了患者各项权利的实现。不同的患者权利在特征与属性方面存在明显差异,导致医务人员重视的程度往往各不相同。一般来说,基础性权利(是指患者享有的医疗权,包括获得及时救治的权利,以及与之直接相关的患者生命权、健康权,是最传统意义的患者权利)比较容易受到重视与保护,派生权利(患者在医疗权基础上产生的人格尊严、隐私保护、知情同意、医疗服务选择、病历资料查阅与复制、诉讼等各项权利)则容易被一些人忽视;法律权利(是指通过法律确认并由国家强制力保障的患者权利)因为其强制色彩比较容易得到实现,道德权利(是指患者作为一个人在医疗过程中应该享有的由道德原则和规范所认可并维系的各种权利)则作为一种"软权利"容易遭受侵犯;患者的物质性权利(医疗费用支出)比较容易得到重视,而精神性权利(平等医疗权、人格权、隐私权等)常常不同程度地遭受忽视。总之,患者的派生权利、道德权利、精神性权利等作为患者权利保护的软肋,常常成为侵权现象发生的重灾区,也成为诱发医患纠纷的经常性因素。

"论及权利,最重要者莫过于该权利观念的形成,后者乃前者之确立与实现的动力。"②综上所述,尽管医疗工作者越来越认识到"以患者为中心"的重要性,许多医院将其作为宣传口号,屡屡见诸标语牌、宣传栏,但是尚未真正成为一种深入人心的理念,也不能转化为实实在在的自觉行动。当前,几乎所有医院都在探索医疗改革模式,创新医疗工作机制,以实现医院更好更快的发

---

① 鲁云敏、姚一、高明乐:《坚持以病人为中心,改善医疗服务质量》,《解放军医院管理杂志》2001 年第 4 期。

② 林志强:《健康权研究》,中国法制出版社 2010 年版,第 257 页。

展,其中的关键关键是必须以患者为中心,最大可能地促进患者权利的实现。这既是实现基本医疗宗旨的体现,也是改革与创新取得最大成效的必然要求。

二、创新医疗服务模式的积极探索

近些年来,随着医患关系的持续恶化,许多医院积极探索保障患者权利、缓和医患矛盾的路径与方法,不断创新具体的医疗服务模式,取得了比较显著的成效。比较具有代表性的创新医疗服务模式主要有以下几种情形:

医学伦理查房模式。伦理查房的设想首先是由上海中医药大学附属曙光医院的伦理学专家樊民胜在2003年提出,是指由医院伦理委员会委员(包括医学伦理学专家、医学专家、科研和管理人员、律师、居委会主任等)遵循伦理道德原则,主要从患者的知情同意权、隐私保护权,医务人员的敬业守职、钻研求新、平等待患、廉洁守纪,员工之间的相互尊重及文明用语等方面进行综合评价和审查。[1] 在医疗实践中,有的医务人员只注重对患者的治疗,却忽视了对患者的尊重;有的医务人员忽略了与患者之间的有效沟通,使其不能充分了解自身病情及相关问题;还有的医务人员缺乏对患者个人隐私给予足够的重视和有效的保护,从而对医患关系和谐造成不同程度的破坏。在这样的背景下,医学界产生了实施伦理查房的设想。医学伦理查房既不是一般的医疗查房,也不同于精神文明查房,主要目的在于及时发现临床医疗工作中的伦理问题,改进医疗服务的质量与水平,提升医务人员职业道德水平与人文素养,维护与保障患者权利,构建和谐医患关系。伦理查房主要通过观察医务人员诊疗过程、对患者随机访谈、现场查看病区环境和相关资料、查阅医患沟通记录等方式进行,查房的具体内容包括病区风貌,医患沟通情况,医务人员的服务态度与方式、职业操守、人文关怀,患者权利保障等等。每一项检查内容具体而细致,具有较强的可操作性,例如:对于医务人员职业操守状况的检查主要包括是否爱岗敬业,即医务人员在岗履行工作职责情况以及是否及时完成抢

---

① 嵇承栋、刘雪莲:《伦理查房的研究进展综述》,《中国医学伦理学》2011年第24卷第3期。

救、治疗及是否满足患者其他合理治疗要求；①廉洁守纪，即医务人员在医疗服务过程中是否存在收受、索要红包、礼品、回扣及接受宴请等不规范医疗行为，是否做到合理检查、合理医疗、合理用药、规范收费。② 对照以上内容，医院伦理委员会根据评分标准，折合成相应的分值，给出综合评价。医学伦理查房制度的实施，体现了以人为本的服务理念，提升了医务人员的伦理道德意识，促进了医疗服务质量的明显改进，有力地保障了患者的道德权利。例如，最早实行伦理查房制度的曙光医院，在医疗服务中打破了许多"惯例"，增加了不少新内容、新特色：医生、护士在查房和治疗时，为患者添置一个遮蔽的屏风，住院患者床头卡上不注明病情诊断等具体内容，尽可能地保护患者的尊严与隐私；改变直呼患者床号的做法，称患者为"先生"、"老师"等，使患者备感温馨与亲切。医学伦理查房作为塑造医院良好形象、保障患者权利的有益尝试，对破解当前我国医患关系困局、建构和谐医患关系起到了非常重要的作用。

客户服务部模式。2010 年 6 月，山东省滨州医学院附属医院成立出院病人回访中心，充分利用全程录音软件协助等手段，通过电话回访等形式，向痊愈出院的患者及家属征求其对医院的医疗服务质量、医务人员服务态度、医院收费管理及后勤保障等方面的评价意见和改进建议。在通过对回访信息进行统计与分析的基础上，医院完善医院内部管理，深化内涵建设，提高服务质量，提升工作水平。2012 年 3 月，医院又在原出院病人回访中心基础上成立了客户服务部。客户服务部集预约诊疗、出院回访、咨询投诉、健康教育于一体，构建起一个医方与患方交流的平台。在此基础上，医院各项工作进入持续改进、良性发展的轨道，而且为社会打开了一扇了解医院、了解医务人员的窗户，患者综合满意率不断提高，医患关系显著改善。"滨医附院回访模式"已经成为医院加强内涵建设、延伸服务范围的特色品牌。总结一下客户服务部模式，就会发现这实际上是一种延伸医疗服务的时空、为患者尽可能提供全方位医疗

---

① 时统君：《重建医患互信：新医改视域下和谐医患关系的伦理诉求》，《中国医学伦理学》2010 年第 23 卷第 4 期。

② 杜成林、杨晓玲、赵华伟：《医院管理制度与医学伦理建设的思考》，《中国医院管理》2010 年第 30 卷第 7 期。

技术服务的工作模式。从患者预约门诊到整个入院接受治疗期间,再到患者出院之后对患者进行回访,医疗服务涵盖院内与院外,贯穿患者就医与康复过程的始终,无微不至地为患者提供帮助,表现出对患者权利的尊重。尤其是对于法律无从顾及或者不适于调整的道德关系中患者权利,提供了有力保障。不仅如此,医院主动联系患者,真诚进行沟通,提供优质服务,既表现出对患者生命健康权的高度关注,又加强了与患者的联系,拉近了与患者之间的距离,增进了社会对医院的了解,树立起良好的社会形象,对于建构和谐医患关系、促进医院各项事业的良性发展起到十分积极的作用。

患者分时就诊模式。患者分时就诊,也称分时段就诊,是指医院对已经预约或挂号的患者,在预约单或挂号单上标明其就诊或候诊的具体时段,以方便患者就诊,避免患者长时间地无谓地等待,并在一定程度上缓解医院拥堵现象的医疗工作机制。自 2012 年 6 月 5 日起,北京安贞医院等 5 家医院开始实行专家号源分时就诊预约,患者通过网上预约平台预约医院专家后,会收到"您已成功预约了某医院某科的××医师,取号候诊时间是……"的短信提示。2014 年 11 月 18 日,北京市医院管理局宣布,积水潭、同仁、朝阳、天坛、妇产等北京市属 21 家大医院已全部实现分时段就诊,无论患者是通过电话挂号、网络挂号还是窗口挂号,预约或挂号成功后,均可获知"建议就诊/候诊时间",患者可据此前往医院就诊,不必再长时间候诊。由此,患者分时就诊作为一种医疗工作模式,得到越来越多的医院的认可与效仿。分时就诊模式实际上是患者"看病难、看病贵"、医院超负荷运转以及医患关系日益紧张的情况下,医院自我调整、自我完善的一种工作机制。这种模式的优点在于:一是有利于节约患者的候诊时间,避免无谓的时间浪费。在大医院普遍人满为患的背景下,几乎每一位患者在挂号后都要排队等候几个小时,甚至更长的时间。在当今"时间就是生命"的快节奏社会里,这毫无疑问地严重损害了患者的权益。分时就诊模式从维护患者利益出发,是对患者权利(主要表现为道德权利)尊重与敬畏,是贯彻"以患者为中心"现代医疗宗旨的具体体现;二是这项措施的实施引导不同的患者实现了"错时就诊",患者不再不约而同地在同一时间集中于医院候诊,在医院候诊的患者减少,很大程度上缓解了医院拥堵现象,有利于医院维护工作秩序,优化医疗工作环境,促进医院工作的正常开展与有序进行;三是在分时就诊工作机制下,患者无须在医院耗费大量的时间,避免了患者在医院长时间等待产生焦虑、急躁情绪,有利于防止由于患者的恶劣情绪加剧医患关系的紧张局面,或者因此造成突发性医患纠纷,从而促进和谐医患关系的建构。

其他一些医疗机构也从自身实际出发,以促进患者权利实现、建构和谐医患关系为目的进行创新医疗服务模式探索。这些探索与尝试在现有医疗卫生体制下进行,以改进医院管理与工作机制为主要形式,取得了比较明显的成效,对于提高医疗服务水平、维护患者权利、建构和谐医患关系产生积极的促进作用。当然,新医疗服务模式也存在一些缺陷与不足,例如:医学伦理查房模式中对医务人员行为的伦理评价标准有些情况很难具体化、精确化,进行评分可能未尽科学,可能因此挫伤医务人员的积极性;分时就诊模式中有些患者时间观念不强,提前就诊或迟到现象比较常见,致使医院拥堵现象仍然会经常发生,该服务模式的效果大打折扣。因而,在创新医疗工作机制、实行新医疗服务模式过程中,需要不断发现问题并及时进行改进与完善,才能最大限度地发挥它们的积极效用。

三、创新医疗服务模式的相关问题

从各医院创新医疗服务模式的情况看,在保障患者道德权利、建构和谐医患关系方面,存在一些规律性的东西,可以为其他医院提供借鉴。

首先,医疗服务模式的创新有利于保障与实现患者道德权利。道德权利是患者权利的重要内容,是患者基本利益的体现形式,对于建构和谐医患关系具有重要意义,但是,由于缺乏强有力的保障手段,患者道德权利常常难以得到充分的重视与保护,已经成为当前医患关系恶化的重要原因。创新医疗服务模式坚持以患者为中心,以保障与实现患者权利为根本出发点,通过对具体工作机制的设计,从患者利益出发为其提供各项服务,满足患者的需要,有力地促进了患者道德权利的实现。例如,在医学伦理查房模式中,检查对象包括病区风貌、医患沟通情况、医务人员的服务态度与方式等内容,涉及患者的平等医疗权、人格尊严权、知情同意权、享有优质服务权等各个层面的道德权利;在客户服务部模式中,医院拓展传统医疗服务范围,努力为患者提供全方位服务,极大地维护了患者的权益,其中包括大量的游离于法律保障之外的道德权利;在患者分时就诊模式中,人们似乎第一次认识到患者时间的价值,认识到患者在道义上享有节约时间的权利,该权利实际上是获得优质服务权的重要组成部分,属于道德权利范畴。分时就诊模式既帮助避免了无谓的时间浪费,还在一定程度上改善了医疗服务环境,提高了医疗服务质量,使患者道德权利得到保障,促进权利的实现。简言之,医疗服务模式创新是保障与实现患者道德权利,实现医患关系和谐的重要途径,应该成为所有医疗机构工作的重要内容。

其次,医疗服务模式创新的重要内容是医疗服务细节的改进。在职业活动中,人们常说,态度决定一切,细节决定成败。医疗服务模式创新的基本宗旨是更好地体现患者利益,实现患者权利,要求医务人员为患者提供优质、高效的服务,决定了关注医疗服务细节的重要性。例如:上海曙光医院实行伦理查房制度后,从对患者的称呼、床头卡内容的设计、为患者设置屏风等服务细节上,时时处处体现对患者的尊重,维护患者基本权益,受到患者与社会公众的一致肯定。滨州医学院建立客户服务部模式后,对患者从预约诊疗、出院回访到咨询投诉,从服务质量、服务态度,到医院收费、后勤保障,几乎每一个环节都是关注的对象,成为医疗服务模式创新的重要内容。注重细节应该成为创新医疗服务模式与改进工作机制的一项基本原则,无论何种医疗服务模式,都必须体现与保障患者权利,尤其是患者的道德权利。具体而言,应该努力做到"细微之处见精神",例如:强化医务人员态度热情、语言文明、动作规范等服务细节的要求;医院应设立公告栏,说明医院规章制度、收费情况、患者的权利与义务等内容,保障患者知情权;培养医患沟通技能,语言行为讲感情、讲场合、讲艺术,善于安慰、鼓励、开导患者,等等。总之,医疗服务模式创新,就是要通过细节服务,彰显对患者的呵护,使其权利得到充分实现,时时处处感受到温暖与希望。

最后,医疗服务模式创新需要学习借鉴国外成功经验。他山之石,可以攻玉。西方发达国家医院非常重视对患者权利的保护,既包括对患者法律权利的敬畏,也包括对患者道德权利的呵护。在保障与实现患者道德权利方面,国外医院一个鲜明的特征是实行细致入微的人性化管理,对患者进行全方位的人文关怀。在美国,医院在环境设置方面注重绿化,空气清新,没有医院传统的消毒剂味。门诊大厅装饰豪华,配有沙发、咖啡及宣传手册。医院内的建筑结构各异,室内、走廊墙壁色调淡雅,挂有各种艺术画、卡通画和装饰品,配以不同图案的地毯,构成了典雅、和谐、安静、舒适的就医环境。每间病房一般只设置1—2个床位,两床之间以色彩淡雅的布帘隔开,以尊重病人的隐私。病床上配有可移动的餐桌,供病人在床上就餐或写字。床单可根据病人的喜好灵活布置,以整洁有序、满意舒适为目标,满足了患者的个性需要,体现了细微之处的人文关怀。① 在日本,医院门诊大厅、走廊、诊室过道的墙壁上挂有各种风景画和书法。每个路口,从地面、墙壁到天花板都非常注重路标指示的立体性和连续性,各个方向用不同颜色标志出不同科室的肩头和路牌,轻松引导患者找到要去的地方。门诊大厅、急诊室门口和楼梯旁、电梯口等公共场所,整齐地摆放着床式的推车、轮椅、行李车、小孩车、塑料袋、纸巾等,供患者在就医过程中随时取用。医院内道路结构采用无障碍设计,各种推车和轮椅都能方便和平稳地到达医院的每一个地方,保证患者运送的快捷和便利,减轻运送过程中的震动可能对患者造成的不利影响。医务人员像对待自己家人一样,真诚地尊重和同情患者。在新加坡,各个诊区都有专门负责挂号、咨询、交费和办理住院等手续的接诊台。门诊医生对患者进行分诊,避免了误导现象的发生,使门诊工作井然有序,也没有了拥挤和排队现象。患者在候诊区,可以看电视、看报纸,取阅各种疾病宣传资料,整个环境显得温馨而和谐。医院还给在候诊时有事需要外出的患者放专门的传呼机,轮到患者就诊时,可以及时把患者叫回。医院还对专科疾病进行整体系统的设计,如糖尿病专科,就配置有专科治疗区、并发症治疗区、知识咨询区,还提供体重管理、饮食建议以及后续的出院指导和社区服务等,可以使患者的医疗服务需求一步到位得到满足,不用东奔西跑。② 我国医院创新医疗服务模式与工作机制,应该借鉴国外先进的管理经验,注重人性化服务与人文关怀,提升医疗服务的质量与水平,才能充分保障与实现患者的道德权利,更好地建构和谐医患关系。

---

① 陈晓欢、卓瑞燕、陈美榕:《体验美国医院的人性化管理》,《中国护理管理》2010年第10卷第6期。

② 吴婧、雷寒:《国外医院的人性化管理及对我们的启示》,《商场现代化》2009年第21期。

如果说医院及其医务人员提供的医疗服务是内容,医疗服务模式就是形式,形式要为内容服务,只有合适的形式才能适合内容的需要,促进内容的发展。随着我国经济社会的迅速发展,人们对于医疗服务水平与质量的要求越来越高,但是当前的医疗服务状况远远不能满足患者的需要,引发社会公众对医院的不满,必须通过探索成效显著的医疗服务模式,为患者提供高质量、高水平的服务,确保患者权利的实现。特别是在目前我国医疗卫生体制存在较多问题的情况下,通过改革完善医疗服务模式这种具体的工作机制、工作方法,弥补体制方面的不足,以促进医疗工作更好地开展,显得尤为重要。

第二节 建设高水平的医院文化

一、医院文化与患者道德权利

医院文化作为文化的一种特殊形式,有广义与狭义之分。广义的医院文化泛指医院主体(医院工作人员)和客体(患者及家属)在长期的医疗活动中共同创造的物质财富和精神财富的总和。狭义的医院文化是指医院在长期医疗活动中逐渐形成的以人为核心的文化理论、价值观念、生活方式和行为准则等精神文化。根据主体与存在状态的不同,医院文化又常常被分为硬文化和软文化两大方面。医院硬文化主要是指医院中的物质状态:医疗设备、医院建筑、医院环境、医疗技术水平和医院效益等有形的东西,其主体是物。医院软文化是指医院在历史发展过程中形成的具有本医院特色的思想、意识、观念等意识形态和行为模式以及与之相适应的制度和组织结构,其主体是人。

在具体内容上,医院文化主要包括物质文化、行为文化、制度文化与精神文化。

物质文化是一种物质形态的文化,是整个医院文化的基础与外在表现形式,主要由院容院貌、就医环境、医疗设施、技术水平等硬件所构成,属于硬件文化范畴。

行为文化是指医务人员在医疗实践中,包括在为患者提供诊疗服务以及医务人员内部交往的过程中产生的活动文化。医务人员的一言一行、一举一动,向患者与社会传递出关于医院发展状况与服务内涵的某种信息,是医院文化最生动、最直接的展示。

制度文化是通过作出明确的规定,对医务人员行为进行一定限制与约束,使之规范化,从而把看不见的思想情操、道德规范、价值标准、行为取向等变成看得见、可操作的制度形态,最终在医务人员个体身上形成一种习惯性意识并产生约束力。

精神文化是医院文化建设的核心内容和最高境界,主要是指医院的价值观、经营理念,以及全体医务人员在长期医疗实践中形成的共同的思想情操、道德规范、价值标准、行为取向等方面的总和。

医院文化建设状况对于患者权利的实现与保护具有重要影响。首先,任何优秀医院文化内涵的核心都必然充分地体现与保护患者权利,满足患者的各种正当需求,释放出尊重患者的信息,并可以唤起医务人员对患者权利的尊重,营造良好的环境氛围。先进的设施与设备、干净整洁的医疗环境、温馨和谐的病房设计、以人为本的服务理念、视患如亲的服务态度等,都是优秀医院文化的重要内容,彰显出对患者权利的呵护,大大减轻患者惶恐无助的感觉,使其感受到家庭与亲人般的温暖,产生愉悦的心情,促进疾病的治疗与康复。其次,医院文化建设是促进医务人员成长、培养医学道德品质与人文素养的重要途径,可以大大提高他们维护患者权利的素质与能力。医院文化建设从更高的层次上来讲,也是"人"的建设,只有在优秀的医院文化土壤中,才会培育出德技双馨的高素质医学人才;先进医院文化对于医院精神、办院宗旨、服务理念的阐释,对爱岗敬业、视患如亲、乐于奉献等优良品质的宣传,对医德医风建设与科学人生观、价值观的倡导与要求,都极大地促进医务人员思想的升华与职业素养的提升;科学、健全的医院规章制度可以引导与约束医务人员的行为,同时也有助于他们职业道德品质的锻造与提升,促进他们良好行为习惯与优良作风的形成;身边同事们文明、礼貌的言行举止,严谨、规范的医疗行为,密切协作、团结互助的工作作风,为每一名医疗工作者提供了良好的成长环境与氛围,对他们的成长产生榜样的力量,起到潜移默化的促进作用⋯⋯最后,医院文化建设是加强医院管理的重要内容,有助于提升医疗服务质量与水平,更好地保障与实现患者权利。医疗规章制度的贯彻与落实,是维护患者权利、建构医患和谐的重要保障。医患关系紧张、医患纠纷频发,在很大程度上是由于医务人员没有严格遵守与执行医疗规章制度。高水平的医院文化,一方面自身包含有健全、完善的医疗规章制度,另一方面又通过医德医风建设,通过科学世界观、人生观、价值观的塑造,以及各种先进人物与模范事迹的感染与带动,提高医务人员执行规章制度的自觉性和积极性,形成遵章守制、严肃认真、一丝不苟的医疗作风。由此,不仅可以节约医疗管理成本,提高管理效能,还可以及时堵塞工作中的疏漏,确保医疗安全,有助于较好地维护患者权益,避免医疗纠纷发生,实现医患和谐。

医院文化建设对于维护患者权利的特殊意义在于,作为最通常意义上的医院文化,即狭义的医院文化(主要是精神文化或软文化),更加有助于患者道德权利的保障与实现。道德权利涵盖的范围极其宽泛,决定了其不可能存在完整的、具体明确的保障手段,致使其在很大意义上成为“软权利”。通过建设高水平的医院文化,培育尊重患者、重视患者权利的合适的土壤,形成以患者为中心的良好氛围,本身就是维护患者平等医疗权、人格尊严权、享有优质服务权等道德权利的体现。一家现代化的高水平医院,其中一个典型的特征就是高水平医院文化的建立,令患者时时处处感受到人性的关怀,感受到温馨、和谐与美好,道德权利得到较好的实现。同时,通过大力提升医务人员为患者服务的理念,培养他们的职业道德素质与医学人文素养,又进一步为患者各项权利的实现奠定了坚实基础,提供了强有力的保障。因而,优秀的医院文化在实现与保障患者道德权利方面扮演着非常重要的角色,发挥着十分重要的作用。

二、我国医院文化建设的现状

20世纪80年代中期,西方国家的企业文化理论被引入我国,给我国企业发展带来前所未有的生机和活力,也引起了医学界的关注。1989年,南京中医药大学印石教授发表《研究医院文化:时代的呼唤》一文,引发了医学界研究医院文化的热潮。20世纪90年代初,哈佛大学教授约瑟夫·奈提出“软实力”概念,文化作为一种重要的软实力在世界范围内引起了广泛的关注。对于医院来说,“优秀的医院文化”得到医学界的高度认可。许多医院,特别是一些现代化程度较高的大医院,提出“以人为本,以文化人”的口号,把医院文化建设作为医院管理的重要内容。

在我国,医院文化作为一种"舶来品",属于新兴事物,当前医院文化建设仍然存在一些问题,主要表现在:

第一,对于医院文化建设重视程度不够。无论是医院的管理者还是普通的医务人员,都不同程度地存在比较技术至上倾向,忽视精神文化的重要性。在他们心目中,医院的职责就是运用医疗技术与方法治病救人,其他事情都无足轻重,"患者有哪些权利"、"自己应该遵守哪些行为规范"、"如何实现医患关系和谐"都常常被忽略不计。还有一些医院管理者过多地追求经济效益,注重规模发展的数据效应,热衷于盖高楼、搞装修、添置高档医疗设备和聘请高精尖人才,对医院精神文化与软实力的培育却投入很少,对于如何营造先进的医院文化、培育和提升医院核心竞争力缺乏深度思考。此外,在设计和制定医院文化过程中作为文化建设主体的普通职工参与较少,似乎成了医院管理层、决策层少数人的专利,导致多数员工对医院文化存在疏离感,感觉医院文化跟自身并无关联,医院精神、办院方针、办院宗旨、发展目标等理念文化,以及院标、院徽、医院形象等器物文化往往只是停留在文字上,而不能成为广大员工共同的价值观和行为准则。

第二,对于医院文化建设存在认识上的误区。尽管建设医院文化已经成为趋势和潮流,但是很多医院管理者与医务人员并不了解医院文化的深刻内涵,甚至将其与思想政治工作和精神文明建设混为一谈,用做思想政治工作的方法与思维开展医院文化建设,从而违背了医院文化建设自身的规律。在文化建设的内容方面,一些人狭隘地理解为职工的文化生活、文娱活动,认为仅仅是宣传医院规章制度与理念,组织各种知识竞赛、演讲比赛,举办各种艺术欣赏、读书活动等文体活动。还有的医院领导认为建设医院文化就是刷刷标语、口号、警句、格言等。结果,导致医院文化被严重简单化、庸俗化,对医院发展产生的不利影响是显而易见的。

第三,医院文化建设流于形式,缺乏系统设计。一些医院管理者已经认识到医院文化建设的重要性,设计并提出了医院的发展理念、价值观以及医院的愿景等内容,但是在具体的落实方面缺乏严谨、细致的规划与部署,常常表现得过于简单与肤浅,只能停止在组织各种文体活动以及宣传牌上的格言、警句、标语、口号上,例如"救死扶伤"、"团结奋斗"、"院兴我荣、院衰我耻"、"质量建院,科技兴院"等都是使用频率极高的医院精神口号。由于无法将价值观有效转化为员工们的实际行动,最终只能"止于知,疏于行",那些时髦的标语与口号也就成为毫无意义的空话。特别是由于未能结合本院实际情况进行科学的顶层设计,只是"跟着感觉走",盲目地对医院文化发展方向进行定位。显而易见,这样的医院文化根本无法引起全体员工的共鸣,得不到他们的理解和认同。"这种心理认同的缺乏,又会导致价值观向职工个体内化的障碍,无法形成共同的价值取向和行为标准,文化的发展必然是病态的。"①

第四,医院文化建设的雷同化。医院文化建设是医院管理活动的重要方面,以最大限度地提高医疗服务质量与服务水平为目的,要求既反映医疗行业的普遍特点,又体现自己单位的个性与要求。历史上北京同仁堂药店创始人乐显扬在创业过程中,从自身发展的实际出发,提出并践行在当时富有特色的"诚、信、德"经营理念,做到药品质量货真价实、服务热情周到、童叟无欺,信誉蜚声海内外,形成了著名的同仁堂品牌文化,保证了同仁堂历经几百年而不衰。但是,在今天的医院文化建设实践中,不少医院存在非常严重的盲目跟风现象,几乎没有自己的特色内涵。这样的医院文化千院一面,不能够反映本单位独特的内涵和品质,所提出的医院精神、服务理念、行为规范,只是互相套用。最主要的表现是,不少医院的文化建设的内容几乎无一例外地体现为设计院徽、谱写院歌、归纳医院精神和开展各种活动,大多数医院在建筑外形、病房装饰、医院色调、医护人员着装等方面也相差无几,明显缺乏创意与个性。由于缺乏独特的文化内涵,医院文化建设无法融入医院的日常工作,得不到广大医护员工的回应,结果必然导致文化建设实际上处于孤立无援的境地,难以取得较大的成效。

三、建设高水平的现代医院文化

(一)树立科学的理念

以人为本。医院文化在本质上属于企业文化的范畴,而企业文化的核心

---

① 孙亚林、李斌、王向东:《医院文化建设中的误区》,《中国医院管理》2002 年第 22 卷第 10 期。

理念是"以人为本"。医院文化归根到底是"人"的文化,充分重视并发挥人的因素的作用,是医院顺利获得发展的首要条件。具体来说,医院文化建设中的"以人为本"主要体现在两个方面:以患者为中心,以员工为主体。医疗工作的基本宗旨是"治病救人,救死扶伤",决定了所有的医疗工作必须"以患者为中心",为促进患者的身心健康提供力所能及的服务。20世纪70年代以来,人类疾病图谱发生变化,致人死亡的疾病由原先的传染性、流行性疾病为主转变为恶性肿瘤与心脑血管疾病为主,与之相适应,医学模式由原来的生物模式转变为生物——心理——社会医学模式。人们清醒地认识到,患者心理因素、社会外在力量成为诱发疾病、威胁人类健康的重要原因,要求医疗工作的中心从疾病向患者转变,医院应该最大限度地满足患者的需求,从运用专业技术到实施人文关怀,在医疗服务内容、服务程序、服务环境、服务态度、服务技术和服务行为等方面,努力提供最优质的服务。以人为本还体现为在强化医院管理、促进医院发展中应该"以员工为主体"。马克思深刻地指出,人是生产力中最活跃、最具变化性和能动性的因素。在医院的人、财、物等各种要素中,人是促进医院发展的首要因素,不断提升医务人员的综合素质,调动他们的积极性是医院管理工作的关键所在,也是医院文化建设的重要目标。医院管理者应该为广大员工创造良好的工作环境与心理环境,为员工的自我实现、自我发展创造有利机会和广阔空间,"营造一个有利于优秀人才脱颖而出、能上能下、人尽其才、才尽其用的良好氛围,最大限度地激发他们的成就感与创新精神"。[①] 这既是医院管理工作的基本任务,也是医院文化建设中需要秉持与宣扬的重要理念。

讲求诚信。古人云,人无信不立。讲求诚信,历来是最基本的社会道德规范之一,在调整人际关系、规范社会秩序方面发挥重要作用。对于医院来说,诚信也是最大的无形资产和核心竞争力。在医疗服务中,医患关系是具有独立人格的患者与医院及其医务人员自愿发生的关系,这种关系带有一定的契约性。[②] 由于在信息占有方面的严重不对称,患者在医患关系中处于明显的

---

① 陆建明、康小明:《试论医院文化建设的理念和实践》,《中国医院管理》2007年第27卷第3期。

② 翟晓梅、邱仁宗主编:《生命伦理学导论》,清华大学出版社2005年版,第76页。

劣势,医务人员必须真正做到受人之托、忠人之事。唯有将诚信理念融入医院文化建设之中,使诚信真正成为全体员工行为的准则和规范,才能促进医院的良性、可持续发展,并实现医患关系的和谐。具体到医疗服务中,患者的求医行为本身就隐含着对医生的高度信任。正是在这个意义上,医患关系被认为是一种健康所系、性命相托的"信托关系"。患者不仅把自己的生命和健康托付给医务人员,对于自己的隐秘也不加隐瞒,暴露在医务人员面前。作为医务人员,必须充分尊重与维护患者的权利,尽最大努力为患者提供诚信服务、优质服务,不折不扣地执行自己的服务承诺,善意地尽其所能保障患者的利益,避免大检查、大处方等过度医疗以及侵犯患者权利现象的发生。只有这样,才能实现医患之间长期的信任,医院赢得长久性回报,获得以持续、健康的发展。

执行力理念。许多医院的文化建设没有实现预期目标,甚至完全以失败告终,导致文化失灵,其中执行不力、各项制度与措施无法落到实处是一个非常重要的因素。医院文化建设应该培育有利于医院发展的执行力理念和行为方式,在制定与实施医院的发展战略、计划、制度等方面充分考虑社会与本单位的具体实际,使之能够得以顺利执行或实施。提升执行力的关键在于战略、运营流程和人员之间的有机结合,而三者实现有机结合的前提是具有科学的结合机制和高素质的人员。因此,医院文化建设需要把建立有利于提升执行力的机制放在首位,同时大力提高广大员工的素质和执行能力,确保医院文化相关理念、制度、措施得以贯彻与实施,真正达到文化建设的理想效果。

创新与品牌理念。创新是一个社会发展的动力所在,也是文化发展的本质特征。没有创新,文化建设也就失去了活力与生机。在医院文化建设中,要克服当前的雷同化现象,关键需要依靠创新。医院管理者应该根据医疗卫生服务工作的本质属性和要求,密切联系单位自身的实际,建设具有鲜明特色的医院文化。要在理念与制度、文化载体、表现形式、具体内容等方面展现出新面貌,开辟一条个性鲜明、公众认同的医院文化之路,努力形成特色,并打造知名品牌。品牌文化是指以创新为前提,在社会上具有一定知名度和享有美誉的特色鲜明的文化。一个"仁心妙术、妙手回春"的品牌给医院带来的巨大附加值是无法估量的。培育医院文化品牌,对外可以帮助医院创造有序、独特和统一的识别系统,提高医院的知名度和社会影响力,提升医院地位与社会吸引力,创造非常有利的外部环境;对内可以促进医疗技术水平的提高,同时在医院形成统一的价值观和价值标准,使全院上下达成共识,增强医院的凝聚力,从而全面提升医院的综合实力。总之,品牌形象是医院文化的体现,是员工精神面貌与价值理念的集中展现,当今医疗服务行业与市场的激烈竞争,在很大意义上就是医院文化品牌的竞争,对于每一家医院来说打造优秀的医院文化品牌重要而迫切。

(二)医院文化建设的具体措施

准确定位,建设适合自身的医院文化。医院作为治病救人的机构,具有医疗行业共通的基本属性以及需要共同遵循的运行规律、管理机制,体现了医院文化建设在一般意义上普遍性。同时,每一家医院的具体类型、等级、规模、发展历史和所处地域环境各不相同,决定了它们的文化建设在内涵和表现形式上有其各自的特殊性。例如,综合医院和专科医院、公立医院与私营医院、三级医院和基层社区医院的医院文化建设是不同的。各医院应该立足于自身的历史、现状、发展目标和医疗服务特色,尤其要厘清自身发展的发展目标与属性——是满足广大人民群众的基本医疗服务需求,还是满足某些特定就医人群的特殊需求,抑或是满足所有各种层次就医者的需要;医院的属性是公益性医院还是营利性医院,等等。以此为基础,才能在救死扶伤的共同目标下建设适合自己的、独具特色的医院文化。

塑造物质文化,树立良好外在形象。医院物质文化首先表现为医疗技术水平的高低。高超的医疗技术是医患关系中最重要、最基本的条件。知名度较高的医生更容易得到患者的信任与配合,大量高、精、尖的医疗设备与完善的基础设施能够更好地为患者提供高质量、高水平的服务,对患者存在较大吸引力,甚至会左右患者的择医行为。此外,医院的环境状况,主要包括建筑物外观色调、内饰布局风格、环境绿地景观、公共设施的陈设、病房诊室的设备等是医院是留给患者和员工最直观的第一印象,也是医院内在素质的外在体现,直接影响到医院的社会形象。因此,积极引进大批高素质的专业技术人才,尽可能购置先进的医疗仪器与设备,建设优美的医院环境,是医院物质文化建设的重要内容,对医院发展起着非常重要的作用。

规范行为文化,提高医疗服务水平。行为文化主要包括全体员工的仪容仪表、言行举止、精神面貌、气质风度等方面,是医疗服务质量状况最直接的体现与展示。医院要通过开展教育、培训活动,对医务人员进行文化渗透,对他们的一言一行作出规定与要求,建设体现知行统一的行为文化。尤其是医院要精心培育,严格管理,全面细致地建设体现丝丝入扣的细节文化。医院还要动员全体员工参加文化建设,主动地严于律己地规范自己的行为,使他们成为医院文化建设的主体,提高他们参与医院文化建设的自觉性和积极性,形成一个全员参与、共同建设的局面,共建共创群体文化。

　　培育精神文化,凝聚人心增强活力。医院精神是医院在长期的医疗实践中逐步形成并为全体员工认可和遵循的群体意识,是一家医院赖以生存和发展的精神支柱和根本动力,是医院文化建设的主体和核心。医院管理者应该依据社会发展和医院的实际,全面规划医院精神文化建设发展目标,制订近期和中长期建设规划,有计划、有步骤地开展精神文化建设。在具体工作中,一个非常重要的任务是加强培育、建立共同价值观念。首先要在医院内部通过各种宣传形式和舆论工具大力宣传,造成一种浓厚的舆论氛围,例如:医院院史教育、院训、院徽、院歌的宣传,对个人荣辱与医院兴衰之间利害关系的剖析,对医院发展道路和远景规划。同时,不断加强新时期理论学习,如社会主义荣辱观、医疗职业道德、医德医风规范,以先进的医院文化引领和影响全体员工的思想观念、价值取向、目标追求等。此外,还要通过宣传典型人物的先进事迹(例如林巧稚、华益慰等)感染医院职工,善于发现本院发生的好人好事来启迪员工,激励广大医务人员坚守医院文化的精髓。

第八章　重塑医学人文精神

人类医学发展史上曾有过医学人文精神的辉煌时期。在古代,中外医学家们所提倡的"大医精诚"、"救死扶伤"等理念深入人心,医务人员能够较好地践行这些理念与思想,极大地促进了患者道德权利的实现。但是,近代以来,人文精神与医学渐行渐远,医务人员只是把患者看作疾病的载体,忽视了对患者的尊重与呵护,患者道德权利遭受侵犯。进入现代社会,患者权利的尊重与实现成为医疗工作的重要内容,呼唤医学人文精神的回归。尤其对于患者道德权利而言,重塑医学人文精神具有十分重要的意义。

第一节　医学人文精神概说

一、什么是医学人文精神

在中国,"人文"一词最早见于《易·贲彖》:"文明以至,人文也。观乎天文,以察时变;观乎人文,以化成天下。"当时的人文思想在内容上主要指诗、书、礼、乐等教化人的学科;就目的而言,主要是满足统治阶级达到"文明"的需要以及个体修身需要的工具。在西方,跟"人文精神"一词对应的是"humanism",也通常译作"人文主义"。现代意义的"人文精神"主要起源于西方国家的文艺复兴时期。11世纪,新兴的资产阶级针对封建宗教神学鼓吹神性、反对人性、鼓吹禁欲主义、否定人的自然欲望和现实幸福、鼓吹神的价值、否定人的价值等观点,提出了人文主义思想。这种新思想赞美人的尊严,强调人的价值,论证人的现世幸福,要求重视人的"个性"、"自由意志"以及世俗的享受,提出冲破封建的宗教束缚,追求人的解放。后来,启蒙思想家又进一步提出"天赋人权"和"自由、平等、博爱"等口号与要求。在今天,人们所普遍认可与追求的人文精神,作为人类文化积淀、凝聚、孕育而成的精华,以追求真善美等崇高的价值理想为核心,以人的自身全面发展为终极目标。简言之,人文精神是一种以人为本,充分肯定人的价值与尊严,维护人的权利与幸福、满足人的需要与利益的思想文化体系,包括以人的生命为本、以人的发展为本、以人的自我实现为本等内容。

医学人文精神是人文精神在医学实践中的具体应用与体现,核心理念是以患者为本,强调一切从人性出发,在医疗过程中对患者关怀、关心与尊重,对患者的价值——患者的生命和健康、权利和需求、人格和尊严予以高度关注,要求医务人员对待患者宽容、信任、真诚,尽最大努力关心、帮助患者,在关键时刻能够为了患者可以牺牲个人利益。医学人文精神的内涵极其丰富,既可以体现为优化医疗环境所需要的人性氛围,也可以显示为优秀医务工作者所具备的道德水平与人文素质;既作为一种对医学人文本质追求过程的认识和情怀,也是一种实践人性化医疗服务的具体行为表现。医学人文精神蕴含在医学的科学素养之中,作为实践主体(医务人员)的精神支柱、动力源泉和科学素质,以及作为科学精神的道德系统,在向医学的深度和广度探究的过程中,在促进医疗工作宗旨实现方面,发挥着非常重要的作用。因而,纵观医学科学的发展,无不渗透着科学精神与人文精神相结合的要求,将医学与人文融为一体是医学和社会发展的客观必然。

在古今中外医务人员的杰出楷模身上,无不闪烁着医学人文精神的熠熠光辉,从著名的《希波克拉底誓言》与《南丁格尔誓言》中可见一斑。

希波克拉底誓言:

> 医神阿波罗,阿克索及天地诸神为证,鄙人敬谨宣誓,愿以自身能判断力所及,遵守此约。凡授我艺者敬之如父母,作为终身同世伴侣,彼有急需我接济之。视彼儿女,犹我弟兄,如欲受业,当免费并无条件传授之。凡我所知无论口授书传俱传之吾子,吾师之子及发誓遵守此约之生徒,此外不传与他人。
>
> 我愿尽余之能力与判断力所及,遵守为病家谋利益之信条,并检束一

切堕落及害人行为,我不得将危害药品给与他人,并不作此项之指导,虽然人请求亦必不与之。尤不为妇人施堕胎手术。我愿以此纯洁与神圣之精神终身执行我职务。凡患结石者,我不施手术,此则有待于专家为之。

无论至于何处,遇男或女,贵人及奴婢,我之唯一目的,为病家谋幸福,并检点吾身,不做各种害人及恶劣行为,尤不做诱奸之事。凡我所见所闻,无论有无业务关系,我认为应守秘密者,我愿保守秘密。倘使我严守上述誓言时,请求神祇让我生命与医术能得无上光荣,我苟违誓,天地鬼神共殛之。

南丁格尔誓言:

余谨以至诚,于上帝及会众面前宣誓:终身纯洁,忠贞职守。勿为有损之事,勿取服或故用有害之药。尽力提高护理之标准,慎守病人家务及秘密。竭诚协助医生之诊治,务谋病者之福利。谨誓!

1991年,原国家教育委员会颁布了我国的《医学生誓言》,也彰显了医学人文精神的重要性——"健康所系、性命相托! 当我步入神圣医学学府的时刻,谨庄严宣誓:

我志愿献身医学,热爱祖国,忠于人民,恪守医德,尊师守纪,刻苦钻研,孜孜不倦,精益求精,全面发展。我决心竭尽全力除人类之病痛,助健康之完美,维护医术的圣洁和荣誉。救死扶伤,不辞艰辛,执着追求,为祖国医药卫生事业的发展和人类身心健康奋斗终生!"

人们越来越清楚地认识到,医学不仅是一门自然科学,更是一门人文社会科学。医学科学精神与医学人文精神作为医学思想的两个维度,统一于医学实践之中。尤其是随着现代医学模式的形成,医学人文精神重新引起人们的高度重视,重塑医学人文精神已经成为世界各国医学界与教育界的共识。

二、医学人文精神与患者道德权利

医学人文精神与患者道德权利存在十分密切的关系,医务人员树立医学人文精神对于患者道德权利的实现与保障具有积极的促进作用。

首先,保障患者道德权利是医学人文精神的应有之义。医学人文精神,简单地讲,就是以患者为本、以患者为中心的精神,蕴含着丰富的保护患者道德权利的内容。因为,以患者为本、以患者为中心,归根结底就是要最大限度地尊重与体现患者利益,促进与保障患者权利的实现。而且,医学人文精神从人本主义、人文关怀角度对患者权利的关注,恰恰反映了一种主流的进步的道德价值观,是基本医学伦理思想、原则与要求的体现,换言之,医学人文精神要求与患者的道德权利主张相契合。凡是医学人文精神所提倡的,通常也是患者道德权利的基本要求;凡是患者道德权利所需要的,往往也是医学人文精神的思想内涵。例如,《黄帝内经》提出了大量弥足珍贵的医学人文思想:"人命关天"思想,"天复地载,万物悉备,莫贵于人";认为医生既要治病,又要同情、关爱患者,"上以治民,下以治身,使百姓无病,上下和亲,德泽下流";主张医生具备广阔的知识视野与科学的思维品质,"上知天文,下知地理,中知人事";要求医生具备良好的职业品格与正确的价值取向。显而易见,这些医学人文思想直指患者的生命健康权、人格尊严权、获得优质服务权等权利。一些违背医学人文精神的现象,其实质也是对患者道德权利的亵渎。2014 年 12 月 23 日,中央电视台《新闻 1+1》栏目报道:在西安某医院的手术室里,刚刚做完手术、身穿绿色手术服的医务人员,不顾身后手术台上还躺着患者,面带微笑摆起了 POSE,玩起了自拍。此事发生之后,在社会上产生了强烈的反响,人们纷纷对医务人员的冷酷表示不满。正如中央电视台一位主持人所说,毫不顾及患者的心理感受、在手术台前拍照的医生需要提高情商。这一事件折射出某些医务人员医学人文精神的缺失,其实质是医务人员缺乏对患者应有的尊重,缺乏对患者饱受病痛之苦应该抱有的同情心,构成对患者道德权利的侵犯。因而,重视与倡导医学人文精神,在很大意义上就是对患者道德权利的呵护。

其次,树立医学人文精神能够唤起对患者道德权利的重视。随着社会的发展与人们认识的不断深入,患者道德权利逐渐为人们所了解,但是由于道德权利具有弱确定性与保障手段的非强制性等特点,决定了该权利常常得不到应有的重视,其至处于被忽视状态,或者被视为"软权利",似乎可有可无,几乎得不到任何的保障。因此,在医疗实践中患者道德权利遭受侵犯已经成为影响医患关系和谐、导致医患纠纷频发的重要原因。树立医学人文精神,也就是培养与提升医务人员以患者为本、以患者为中心的意识,提升他们为患者服务的能力,可以唤起人们对患者权利的重视,引导人们从各个视角关心患者利益、尊重患者权利。概而言之,在整个患者权利谱系中,对于通过法律方式确认的患者权利而言,主要依靠国家强制力得以维系,一般情况能够引起人们的重视,比较容易得到保障与实现。对于患者道德权利来说,主要依靠道德力量予以保障,因而医务人员具备较高水准的医学人文精神显得尤为重要。树立医学人文精神,提升医务人员的职业素养,可以大大增强医务人员维护患者道德权利自觉性与主动性,激发他们的热情与活力,丰富对患者道德权利的认识,为权利的实现与保护奠定良好基础。

最后,医学人文精神有助于提升医疗服务水平与服务质量,促进患者道德权利的实现。在医疗实践中,医学人文精神主要表现为医务人员的职业道德品质与医学人文素养,不仅仅要求树立患者利益至上、以患者为中心的理念,也反映了一种为患者提供医疗服务的能力与品格。它意味着医务人员为患者提供周到细致、温暖体贴的人性化服务,意味着医务人员时时处处视患如亲的行为表现,意味着医务人员高超的医患沟通技巧以及处理医患突发事件的能力。例如,医患沟通作为每一位医务人员必须具备的一项基本技能,直接影响着医疗服务的质量与水平,影响着患者权利的实现。被称为"西医之父"的希波克拉底曾经说过,医生有三样东西能治病,一是语言,二是药物,三是手术刀,表明医患沟通在治疗过程中的重要作用。医患沟通的意义还表现在对患者的尊重以及对患者权利的维护上。目前我国医患关系不和谐,一个非常重要的原因是医患沟通不畅,患者知情同意权等权利得不到实现,这已经成为医学界与社会公众的共识。① 世界医学教育联合会 1989 年 3 月在《福冈宣言》

---

① 姚坚:《建立良好医患沟通　推进和谐医患关系》,《中国医学伦理学》2010 年第 23 卷第 1 期。

中指出："所有医生必须学会交流和处理人际关系技能。"在临床实践中,经验
丰富的医务人员与患者交流时非常注意本着平等、尊重的原则,而且十分注重
自己的行为细节:尽量使用普通话,态度不卑不亢,耐心倾听患者主诉,双目注
视着患者,一边听一边点头,等等。所以,沟通也是一门艺术,医务人员具备较
高的医学人文素养是提升医疗服务质量与服务水平的重要保证。培养与提升
医学人文精神对于维护患者权益、促进患者道德权利的实现具有重要意义。

三、医学人文精神的历史维度

在古代人类社会时期,由于生产力与科学技术的落后,医学很不发达,很
大程度上表现为一种经验主义科学。在患者就医过程中,医学人文精神扮演
着重要角色,医务人员努力通过热情周到的服务、进行心灵沟通与慰藉等人文
因素作为重要的辅助手段,促进患者的康复。所以,人类对自身的起源、疾病、
死亡、繁衍以及梦境等现象产生思考,采用催眠、心理暗示等方法驱病祛邪,是
初期医学活动的开篇之作,其中涉及大量的人文科学知识。在医学科学的形
成与发展方面,医学与宗教、哲学、伦理学等多学科相互渗透,也使得医学科学
的人文性质显而易见。世界上最早的医学院校产生于古埃及的神庙或天主教
会,印度蜚声世界的名著《吠咜》既是医学巨著又是文学作品。在古代西方,
医学教育还一直以神学、哲学、法律、拉丁文等作为基础课程,没有完成这些课
程的学习就不能成为合格的医生,因而完全脱离人文精神而纯粹属于自然科
学范畴的医学科学是根本不存在的。

"西医之父"希波克拉底在多年的行医生涯中,根据自己的切身体会,认
识到对于医生来说崇高的职业道德素养不可或缺,提出一系列著名的医学伦
理思想,把"为病家谋利益"作为医学活动的最高标准。他提出,名副其实的
医生需要具备以下几方面素质:第一,"医学仆人"的思想与患者生命至上的
理念。"无论何时登堂入室,我都将以患者安慰为念,远避不善之举"。第二,
高尚的医学人文品格与深厚的人文素养。"反对放纵,反对粗俗,反对贪婪,
反对色情,反对劫掠,反对无耻",应该"严肃、自然、放映敏锐、应对自如……
言语优美、性情宽厚,尊重事实,从善如流"。第三,知识结构合理,知识视野
广阔。"把学问引进医学,或把医学引进学问","在医学与学问之间没有不可

逾越的鸿沟"。第四,团结协作,互相配合。医生处于困境时"应该建议请别人,以便通过会诊了解真相","医生之责,非一己可完成。无患者和他人合作,则一事无成"。第五,仁爱与同情之心。"医生切不可斤斤计较","如果一个经济拮据的陌生人需要诊治,要毫不犹豫地帮助他们"。

在我国古代,中医理论坚持系统的观点、联系的观点及发展变化的观点,从整体把握部分,从人与自然环境的关系中考察人体的生理功能,分析患者疾病发生的原因,包含着丰富的辩证法思想。中医理论特别强调人的精神活动与社会、家庭、环境因素之间存在密切关系,认为人的喜怒哀乐、思悲惊恐等情绪既能致病也能治病,提出"治病先治人"的思想。[①] 在对医学性质的认识上,我国古人提出"医者意也,医者艺也",把医学看作是一门富有哲理、观念理性的技艺;提出"夫医者须上知天文,下知地理,中知人事","下医治病,中医医人,大医医国",将医学与人文社会科学高度联系起来。我国古人尤其注重医德要求,"医乃仁术"、"大医精诚"等思想是历代大医们对医疗工作伦理的最好注解。晋代杨泉在《物理论·医论》中述道:"夫医者,非仁爱之士,不可托也。"孙思邈在《备急千金要方》中强调:"若有疾厄来求救者,不得问其贵贱贫富,长幼妍媸,怨亲善友,华夷愚智,普同一等,皆如至亲之想。"[②]宋金元时期,"儒医"传统开始形成,强调医生应重视医德修养"无恒德者,不可以做医","凡为医者,性存温雅,志必谦恭,动须礼节,举乃和柔,无自妄尊"。到了清代,医生喻昌首次提出了医德核心思想:"医,仁术也,仁人君子,必笃于情,笃于情,则视人犹己问其所苦,自无不到之处。"

可见,无论中外,古代医学都在人文精神光辉的照耀下得到较好的诠释。医学科学鲜明地表现为自然科学与人文科学两大属性的统一,它们对于医学就如车之双轮,鸟之两翼,缺一不可。

近代社会以后,情况开始发生变化。尽管医学界在某些方面继承了古代医学的某些思想与做法,强调医生应该为患者提供优质的服务,例如19世纪

---

① 孙英梅:《人文视角中的医患关系》,《医院管理论坛》2004年第6期。

② 孙超:《传统医德规范对医患关系研究的启示》,《南京中医药大学学报(社会科学版)》2003年第4卷第4期。

法国制定的《医学专业指南》一书中明确指出：医生必须在较大范围内使患者感到心理舒适，在举止谈吐方面要做到礼貌、和蔼、可亲、坚定；在人际关系方面要处理好与护理人员、患者和患者家属及药商等人的关系。典型代表人物是德国柏林大学教授胡弗兰德，在《医学十二篇》中提出救死扶伤、治病救人的医德要求，被视为希波克拉底誓言的发展。但是，在总体上医学与人文精神却被割裂开来。主要原因在于，近代科学特别是生物学的迅速发展武装了医学，为医学的发展开辟了道路，使医学成为沿着生物学、化学、物理学等自然科学思路和方法认识并解决问题的学科。在此背景下，疾病被解释为某一个或某几个组织器官的结构和功能异常，患者的痛苦被看成某种疾病的症状和体征，对患者的治疗被简化为使用药物或做手术。于是，医学技术的客观与数据化逐渐替代了医学人文精神的主观和仁爱。尤其是 20 世纪以来自然科学技术更加发达，听诊器、心电图仪、CT 机、核磁共振等大量的医疗器械被用于临床诊断，使得医患关系由"人——人"的关系变成"人——物——人"的关系。许多医生陷入现代化的诊疗仪器之中，"只见病、不见人"，只对一张张化验单和检查报告作理性分析，省略了正常的"望、闻、问、切"的沟通和交流，也很少去探询患者的心理需求。患者好像是一台需要维修的机器，不而再被当作富有情感的人，医学人文精神的失落成为不争的事实。正如"现代科学之父"乔治·萨顿所指出的，"科学的发展，已经使大多数的科学家越来越远地偏离了他们的天堂，而去研究更专门和更带有技术性的问题，相当多的科学家已经不再是科学家了"。① 同理，相当多的医生也已经不再是医生，而是逐渐成为医学技术专家、操作工、医学官员、医匠以及精明能干的生意人。他们的人情味正面临枯萎与消亡，导致医学在一路向前的发展过程中，很大程度上已经迷失并陶醉在纯技术的世界里，如果不及时纠正，医学科学就会失去"医乃仁术"的本来面目。

　　20 世纪中期以后，随着社会的发展与医学模式的转变，医学人文精神开始重新引起人们的重视。20 世纪 80 年代以来，重塑医学人文精神逐渐成为世界各国医学界与教育界的共识。尤其是医学模式的转变使人们对"健康"

---

① 　郭航远等：《医学的哲学思考》，人民卫生出版社 2011 年版，第 276 页。

一词的含义与标准产生了全新认识。1948 年,世界卫生组织提出:健康是一个人的躯体、精神和社会适应处于完全良好的一种状态,而不单是指没有疾病或体弱。这一界定意味着人们开始以一种全新的眼光来重新审视自己的生存状态和生存理由,对健康的理解远远超出了生物学标准"不生病"的范畴,要求医学除了具备传统的"治病"功能,还要使患者能够更好地适应社会,实现精神上、社会上的完满状态。显然,只有人文科学才能使让人的精神世界充满健康的活力,在医疗实践中医务人员必须具备较高的医学人文素养,才能深刻理解新的历史背景下"健康"一词的内涵,自觉地维护患者精神上、社会上的完满状态,胜任自己的工作职责。因此,重塑医学人文精神成为当代医学界面临的重要任务。

在我国,清末民初西医开始出现,但是此后在很长的时间里并未在我国社会占据主导地位,主要局限于城市里的大医院。新中国成立以后,国家是医疗卫生事业的唯一举办者,医疗卫生事业从属于工业化和现代化的整体性目标,以保护劳动力为目的,以公共卫生和预防保健为导向,迥异于以个体健康为目的、以个体医疗为导向的市场化医疗卫生体系。加之政治、经济体制以及意识形态等因素的影响,科学至上主义、医学"非人化"倾向产生的影响并不突出。改革开放以来,随着以市场化为导向的医疗卫生体制改革日益深入,医疗卫生事业发展中以个体健康为目的、以个体医疗为导向的倾向逐渐显现,同时还受到医疗卫生资源紧缺以及分配不均衡因素的影响,我国医学界人文精神缺失现象十分严重。医学人文精神缺失已经成为影响医疗服务质量、破坏医患关系和谐的重要原因。近年来,在医患关系日趋恶化的背景下,医学界开始开始认识到重塑医学人文精神的重要性,医学院校针对医学生开设医学人文课程,医院加强对医务人员医德素质与医学人文素养的培训,医院管理层积极探索实现与保障患者道德权利的具体工作机制与路径,为广大医务人员医学人文精神的形成与提升奠定了基础。由此,我国医疗工作中医学人文精神失落的状况开始转变,医务人员的人文素养逐渐提高,必将有力地促进医疗卫生事业的良性发展。

第二节　我国医学人文精神的现状与改进

一、医学人文精神的缺失

改革开放以来,我国医学界存在比较严重的医学人文精神缺失现象,对于医疗卫生事业的发展产生了十分不利的影响。

过度追逐经济利益,医务人员道德滑坡。以市场化为导向的医疗卫生体制改革,使得政府投入大大减少,医院不得不自谋生路,而市场经济大环境的影响,也进一步强化了医疗机构及其医务人员对于经济利益的追求。几乎所有医院都把经济创收作为一项重要任务,给各科室以及每一位医生规定明确的创收指标,医务人员的个人收入与创收情况相挂钩。与经济利益最大化相伴随的必然是人文关怀的淡化,以及对患者正当权益的漠视。有钱人可以享受优质的甚至超级医疗服务,穷人则可能受到歧视,甚至因为无力承担医疗费用而被医院拒之门外,①医院却振振有词地辩解自己不是慈善机构。医务人员不顾及患者利益,为了增加经济收入对患者小病大治,大处方、大检查等过度医疗现象屡见不鲜,一些人收受乃至索取患者红包时似乎理直气壮,没有丝毫的愧疚感。尽管政府部门采取一系列治理措施,例如 2014 年国家卫计委要求医疗机构和患者签署《医患双方不收和不送"红包"协议书》,试图以此杜绝医务人员收受贿赂的行为,但是却收效甚微。在患者权益遭受肆意侵害的背后,折射出某些医务人员职业道德的沦丧,显示出医学人文精神明显走向失落。

诊疗过程只见病不见人。由于受到生物医学模式,以及大医院超负荷运转、医务人员不堪重负等因素的影响,我国医疗工作中"只见病,不见人"的非人化现象十分严重。近些年来,大量的高新技术被运用于我国临床诊断与治疗之中,在与病魔作斗争方面取得了巨大的成就,获得了不容置疑的权威地位,对医生的思想行为及医患关系产生了深刻的影响。为数众多的医务人员

---

① 2006 年 11 月 5 日,孕妇王某在老乡的陪同下来到汉口某医院。经医生诊断,王某为孕晚期,应当住院观察。住院需要缴纳 2000 元钱,但是王某只带了 500 元,医生不同意为其办理入院手续。最终,王某被拒之门外,在医院妇科检查室的垃圾篓上分娩一男孩,因得不到及时救助,孩子出生不久死亡。

治疗疾病时把"病"和人分离,只看到所要治的"病",对于跟患者疾病可能相关的情况(年龄、职业、家庭、心理社会因素等)不予考虑,认为只要医术高明,帮助患者解除病痛,其他问题无足轻重,或者可以迎刃而解,漠视患者的心理感受。正如美国社会学家沃林斯基指出的:"现代医学技术的飞速发展,导致了医学用技术手段而不是用人类学的(或整体论的)手段,来治疗完整的人,这是科学的碎片式方法的精致产物。"①"医学技术主义"发展的结果是,高科技离临床医学越来越近,医务人员在情感上却离患者越来越远。特别是由于我国医疗资源分配不均的特殊国情,导致大医院医生由于门诊量过大,医生每天需要接待一百多名患者,平均每位患者诊病时间只有短短几分钟,医生对患者更谈不上详细的了解、耐心的沟通,以及表达真切的同情、进行心灵的慰藉。患者根本不可能被视为一个完整的人对待。患者权利,尤其是道德权利遭受忽视成为不可避免的结果。

患者道德权利遭受忽视。在"医学技术主义"倾向突出的背景下,患者权利不可避免地遭受侵犯,尤其是患者道德权利的保障与实现深受影响。近些年来,我国医患关系恶化,医疗纠纷频繁发生,"从伦理文化的维度看,医患纠纷本质上就是医患双方彼此不尊重对方合理利益而产生的一种道德文化与道德价值观冲突"。② 由于对医疗专业技术的过分倚重,对人文关怀的忽视,医生与患者的思想、感情交流由机械的操作与被操作关系所代替,患者与医生的情感距离加大了,患者得不到医生的关心、呵护、安慰、疏导,也感受不到医生对自己人格的尊重以及对自己病情的深切同情。此外,由于医生陶醉于专业医疗技术,对患者权利漠不关心,患者其他权利,诸如自由选择权、参与治疗权、知情同意权、获得帮助权、健康教育权、批评建议权等权利的实现也不可避免地遭受影响。在尊重与维护权利已经成为社会共识的今天,或者说我们正处于走向权利的时代,只见病不见人、忽视对患者道德权利的尊重等思想观念与行为方式,需要尽快摒弃,才能符合历史发展潮流,契合现代医学发展要求,

---

① 皮湘林、王伟:《试论医患关系视角中的医德情感》,《中国医学伦理学》2006年第19卷第3期。

② 纪蕊、葛万锋:《医学生非理性素质培养途径探讨》,《中国农村卫生事业管理》2013年第33卷第7期。

促进和谐医患关系的建构。

医患沟通缺失现象严重。世界医学教育联合会在《福冈宣言》中指出："所有医生都必须学会交流和处理人际关系的技能。缺少共鸣同情，应该看作技术不够一样，是无能力的表现。"但是，长期以来，医患之间沟通不畅一直是困扰我国医院发展、影响医患和谐的一个非常突出的问题。有调查结果显示，认为医患沟通重要和非常重要的患者占到调查总人数的 99.5%①，而另一项关于医患关系紧张原因的调查表明，48% 的医生认为医患关系紧张原因在于沟通太少，50% 的患者认为医患之间缺少沟通。② 当前医患沟通存在的问题主要表现在：1. 沟通意识缺乏。部分医疗机构和医务人员仍然把为患者治病当作工作的最大目的，不愿主动与患者沟通，对于患者询问也常常不耐烦，敷衍塞责，逃避、推诿："这不属于我管，你问别人去吧。"2. 沟通水平较低。总体上，我国医患沟通处于较低水平：在沟通时间上，医生询问患者病情以及解答时间一般不超过 5 分钟，令患者感到沟通不充分；在沟通方式上，有的医务人员比较机械、呆板，不注意沟通的技巧与策略，影响沟通效果；在沟通内容上，主要限于对基本病情的了解与反馈，很少对患者心理疏导、精神安慰。3. 沟通存在偏差。医患双方由于思想观念、知识结构、个人利益等原因，各自进行沟通的视角存在差异，所需要的信息也各不相同，由此导致医患交流存在偏差与不和谐的情况，在患者心里埋下不舒服的种子，甚至诱发医患纠纷。4. 忽略行为沟通。大多数医务人员能够耐心告知患者相关疾病信息、回答他们的问题，但是却常常忽视与患者之间的肢体交流与行为沟通。许多医务人员意识不到一个亲切的微笑、一个鼓励的眼神、一次温柔的抚摸对于患者的重要意义，导致了医患之间肢体交流与行为沟通缺失，沟通效果大打折扣。

二、医学人文精神缺失的原因

导致我国医学界医学人文精神缺失的原因是多方面的。

首先，医疗卫生体制的弊端。改革开放以来，新确立的市场化导向的医疗

---

①　姜源：《患方视角下关于医患沟通的伦理学思考》，《中国医学伦理学》2013 年第 26 卷第 5 期。

②　张锦帆：《医患沟通学》，人民卫生出版社 2013 年版，第 38 页。

卫生体制使医疗机构逐渐成为自负盈亏的市场主体,被誉为救死扶伤"白衣天使"的医务人员,不得不担负起"赚钱"的使命,面临"恪守职业道德"与"为医院创收"的两难困境。医院甚至给医生下达死"命令",要求达到一定门诊量、完成一定的创收任务,才能拿到一年的全额奖金,并以此来评判一个医生的技术高超与否,以及作为评优评先的重要指标。在这样的背景下,医患之间实际上处于零和博弈状态,即一方的收益必然意味着另一方的损失,医务人员个人收入的增加必须以牺牲患者的经济利益作为代价,患者医疗费用减少则意味着医务人员利益遭受损失。马克思指出,"人们的奋斗所争取的一切,都同他们的利益有关"。[①] 当医务人员不得不面对牺牲个人还是牺牲患者利益的抉择时,"以患者为中心"的医学人文精神就失去了合适的土壤。让绝大多数医务人员在牺牲个人利益的前提下,为患者提供高质量、高水平的服务,对其进行无微不至的人文关怀,显然不切实际。而且,医患之间博弈,导致医患纠纷频发,使医务人员在备感压力的同时产生职业倦怠感,感受不到所从事职业的重要意义,甚至怀疑自己担负的神圣使命,也就不可能树立起崇高的医学人文精神。因而,深化医疗卫生体制改革是重塑医学人文精神的基础与前提。

其次,社会大环境的深刻影响。改革开放以来,我国社会发生翻天覆地的变化,目前仍然处于社会转型期。在这一时期,人们行为失范、价值观紊乱是一个典型性特征。"如果借用狄更斯的小说《双城记》的开头语'这是最好的时代,这是最坏的时代;这是最聪明的时代,这是最愚蠢的时代;这是信任的时代,这是欺骗的时代',来喻指社会转型期的思想道德状态是颇为恰当的"。[②] 特别是在市场经济的影响以及西方文化的冲击下,拜金主义、个人主义、享乐主义、诚信缺失等不良社会风气甚嚣尘上,对人们思想产生十分恶劣的影响。部分医务人员也深受影响,出现理想信仰、价值取向的缺失和迷茫,淡忘了医疗工作宗旨,全心全意为患者服务的思想发生扭曲。尊重患者,视患如亲,维护患者权益,想患者之所想、急患者之所急,在他们眼里似乎成为根本不可能的事情。同时,一些医疗机构受"一切向钱看"思想的影响,一味地追逐经济

---

① 《马克思恩格斯全集》第 1 卷,人民出版社 1995 年版。第 104 页。

② 邓小琴:《社会转型期思想道德状况及相关分析》,《中共福建省委党校学报》2007 年第 9 期。

效益,疏忽了医德医风建设,思想政治工作流于形式,对职工的医学人文教育严重缺位,导致医务人员职业道德滑坡、人文素养不高,也是造成当前广大医务人员医学人文素养普遍缺失的重要原因。

再次,部分医务人员思想观念陈旧。时至今日,部分医务人员在思想上仍然将患者看病看作"求医",存在恩赐心理,把自己凌驾于患者之上,不能够平等地对待患者、充分地尊重患者。受其影响,部分医务人员在医疗工作中,常常有意无意地侵犯患者权利,给患者带来身体上、精神上的伤害,引发患者的不满。还有部分医务人员的医疗观念仍然停止在传统的生物医学模式时期,把治病救人看作自己的全部的唯一使命,而且完全从生物学角度理解"健康"问题,意识不到尊重与保障患者各项权利的重要性,或者根本意识不到患者权利的存在。医学人文精神的实质是对患者权利的尊重,是要求患者利益至上,要求全方位地保障与实现患者权利。部分医务人员思想观念陈旧,忽视患者权利的重要意义,既是人文精神缺失的表现,也是导致人文精神缺失的重要原因。

最后,医学人文教育严重缺失。我国拥有世界上最大规模的医学高等教育,每年培养出数量庞大的医学专业人才。但是,由于"科学至上"、"技术至上"主义的影响,医学人文教育严重缺失,医学生人文精神欠缺几乎是所有医学院校教育的通病。按照 1989 年世界卫生组织亚太地区精神卫生顾问会议的建议,医学教育计划中社会人文、心理学、行为医学类课程应占总课时的 10%。在发达国家,如美国、德国占 20%—25%,英国、日本为10%—15%,而我国只占 8%左右[1]。从医学人文课程的开设情况看,许多高等医学院校人文课程设置不系统,缺乏统一的教学大纲,而且课程设置单一,除了医学心理学、伦理学以及"两课"以外,学生很少有更多的机会接触其他人文理念影响。[2] 各高等医科院校,长期以来重专业、重社会功利,轻人文、轻素质,缺乏人文教育、情感教育的理念,对临床医学生的培养中强调医学专业知识的学习,而忽略了深层次的情感教育、引导。没有人文的底蕴和氛

---

① 　曹俭、张敏霞:《充分发挥人文知识讲座在人文素质教育中的作用》,《医学教育探索》
2005 年第 4 期。

② 　黄元媛、周振军:《加强高等医学院校人文素质教育》,《南方医学教育》2007 年第 2 期。

围,学生不能很好地感受什么是真善美,医学生人文精神缺乏是一个必然的结果。尤其在医患沟通方面,"传统上,我们的医学院教育培训课程很少正式教授学生如何有效与病人沟通的能力",[①]不少医院与医务人员也看不到医患沟通的重要性,不懂得如何跟患者有效沟通,在发生纠纷或冲突时更是言行失当、不知所措。

三、我国医学人文精神的重塑

(一)加强医学人文教育

重塑医学人文精神,大力提升医务人员的人文素养是关键,而医务人员人文素养的提升首先应该从教育做起。

20 世纪 60 年代开始,新的医学人文教育在西方国家兴起,美国率先将人文教育引入医学教育,其他国家也纷纷效仿。到 20 世纪八九十年代,美国医学教育委员会在"医学教育未来方向"报告中明确提出要加强针对医学生的人文社会科学教育,提高医学生的人文素质。之后,不甘落后的英国教育部门,也提出在医学教育和实践要加入更多交叉课程,实现医学人文与医学自然科学相互渗透。以重视教育著称的日本也迅速跟进,针对医生缺乏人文知识的问题决定在课程设置上增设《医学概论》,其中涵盖了大量有关医学人文的内容。时至今日,在发达国家医学院校的课程设置中,人文社会科学课程在总学时中占有相当大的比重,主要包括哲学、历史、宗教、法律、伦理、文学、艺术及行为科学等,并以医学伦理学、医学哲学、医学法学等医学与人文科学交叉学科作为核心课程。

在我国,长期以来"重专业、轻人文","重知识、轻素质"是医学教育界普遍存在的通病。必须从根本上转变这种错误倾向,在医务人员与在校医学生中大力开展医学人文教育。对于医务人员来说,要通过宣传教育,使他们树立"医学人文精神是医学灵魂"的思想,明确医学的崇高不仅在于先进的诊疗设备和高超的技术手段,更在于对患者的关心和同情,在于对生命的敬畏和关

---

① 汤建华、谢青松:《人文沟通技能在医疗纠纷处理中的作用》,《医学与哲学》2013 年第 34 卷第 2A 期。

怀。这种理念要贯彻到他们的每一项检查、每一次治疗，要付诸每一个微笑、每一声问候之中。尤其要大力提升医务人员的职业道德素养，提高他们与患者交流、沟通的意识与能力，为关心、尊重和理解患者，提供人性化、高水平的医疗服务奠定基础。对于医学生来说，当前开设的人文社会科学课程主要是思想政治教育课，尽管各医学院校都开设《医学伦理学》以及部分医学人文方面的选修课程，但是总的来说教学内容比较单一，理论与实际联系不够密切，缺乏实用性与针对性。必须构建合理的医学人文课程体系，涵盖医学心理学、医学伦理学和卫生法学以及哲学、历史、文学、艺术等课程，使学生充分接受古今中外医学人文精神的熏陶。同时要大力革新教育、教学方式与方法，构建理论教育与实践教学相结合的人文教育体系，既保证课堂教学取得良好效果，又将人文精神培养贯穿于学校校园文化建设等一切活动之中，切实保证人文教育的实效性。

（二）深化医疗体制改革

我国当前医学人文精神的缺失，与改革开放以来市场化导向的医疗卫生体制改革存在莫大关系。不少医疗机构与医务人员形成"金钱至上"的价值观，导致人文精神与医疗工作目标相背离。深化改革是提升医学人文精神的有效举措。一是要推进公立医院改革，推动公立医院回归公益性。政府要加大投入，充分调动医院与医务人员的积极性，同时破除"以药补医"体制，从根本上解决群众"看病难"、"看病贵"问题，彰显和弘扬医学人文精神。尤其要完善药品生产销售定价机制，严格监管机制，真正解决过度用药、过度医疗等群众意见集中的问题。此外，还要扩大城镇职工基本医疗保险、农村合作医疗覆盖面和受益面，稳步提高结报比例，减轻群众负担，缓和医患对立情绪。二是推进医院内部运行体制改革，建立健全更加灵活、规范的管理体制。特别是要建立健全激励和约束机制，充分调动医务工作者的积极性和主动性。建立健全人才招录聘用和培养使用机制，营造公开平等、高效有序的良好竞争氛围，提高人才利用效率，优化人力资源配置。建立健全医风医德教育和考评机制，以体系化、制度化、规范化措施提升医务人员整体素质。只有建立起完善、科学的医疗体制，为医务人员解决工作、生活中的后顾之忧，充分调动他们的积极性，才能为医学人文精神的确立奠定坚实基础。

最近几年，新医改已经取得重要进展，进行试点的城市获得了一些宝贵经验。2013 年,卫生部长陈竺在视察厦门医改时指出:"今年,50%的县级城市将破除医药补医,17 个试点城市开始破冰,城乡医改将汇成洪流。"新医改促进"以药养医"、"以械养医"格局的转变,将有力地推动公立医疗机构回归公益性质的进程,在很大程度上有利于扭转医疗机构和医务人员"一切向钱看"的倾向,为医学回归人文本质提供政策与制度上的支持和有力保障。

(三)完善医学人才标准

医学人才应该具备哪些条件,什么样的人算是一名合格的医务人员,是每一个医疗机构引进人才、招聘员工时不可回避的一个问题,也是我国建设高素质医疗人才队伍的基本前提。

20 世纪八九十年代,随着医学模式的转变,国际上关于医学生的质量标准也随之发生变化。1988 年,世界卫生教育会议发表了《爱丁堡宣言》,提出要"重新设计 21 世纪的医生",要求医学教育不仅要传授生物医学内容,还要对专业技能、态度和行为准则给予同等。1993 年 8 月,世界医学教育高峰会议发表了《世界医学教育高峰会议公报》,提出医生应该促进人类健康,防止疾病,提供初级保健;要遵守职业道德,热心为患者治病和减轻病人痛苦;还应是优秀的卫生管理人才、患者和社区的代言人、出色的交际家,有创见的思想家、信息专家,掌握社会科学、行为科学知识并努力终身学习的学者。其中,具备一定的医学人文素养,被视为每一名合格的医务工作者不可或缺的重要条件。1995 年世界卫生组织又提出"五星"级医生的理念,指出未来的医生应是:保健的提供者(Care provider),决策者(Decision maker),健康教育者(Health educator)或称为交际家(Communicator),社区领导者(Community - leader),服务管理者(Service Manager)。需要指出的是,以上国际组织提出的医学人才标准代表了医学科学与医疗卫生事业发展发展的趋势,具有倡导性质,并不对世界各国产生法律效力,更不可能成为每一家医疗机构选聘人才具体的刚性的要求。

从我国的情况看,在医务人员人文素养方面,国家并未对医务人员统一作出具体、明确的强制性要求,这与我们的国情有关。我国医疗工作人员整体上人文素养偏低,而且由于各地经济文化发展不平衡,医疗人才队伍素质参差不齐,特别是在一些偏远、落后地区,即便是专业科班出身的医务人员也极度缺乏,更遑论要求他们具备较高水平的医学人文精神。但是,随着社会的发展与进步,以及患者对于医疗服务的要求越来越高,医学人文精神应该成为每一名医务人员必备的基本素质。因此,台湾的台湾大学、中山医科大学等学校的牙医系入学考试要考美术或美工测验,要求学生具备耐心细致的性格以及一定的审美能力,以便胜任将来所从事的医疗工作。目前,我国许多医院在招聘人才时,把考核医学人文知识、考察人文素养、进行心理测试等方面作为重要内容,体现了对人文精神的重视,得到社会的认可。还有不少医院,在职人员年度考核增加了医学伦理学、卫生法学等内容,也反映出对医学人文精神的高度重视。可以预见,随着社会的不断发展与进步,医学人文素养将越来越成为医学人才评价的重要指标。

(四)创新医疗工作机制

创新医疗工作机制,目的是更好地提高医疗服务的质量与水平,最大限度地维护患者的正当权益。为此,首先要做到"细微之处见精神"。具体表现在:强化医务人员态度热情、语言文明、动作规范等服务细节的要求;设立公告栏,公开医院规章制度、收费情况、医务人员个人相关信息,保障患者的知情权;不断提升医患沟通技能,语言行为讲感情、讲场合、讲艺术,善于安慰、鼓励、开导患者,使其时时处处感受到温暖,等等。一些医院在创新医疗工作机制方面进行了积极探索并取得显著效果,深受患者与社会的好评。例如,滨州医学院附属医院成立集出院回访、预约诊疗、健康咨询于一体的客户服务部,及时发现患者在诊疗过程中存在的问题,给予他们专业的预防保健知识及其他帮助,把健康教育延伸到患者家中。国外医院管理也给我们提供了一些有益的经验,值得我们学习与借鉴。例如,美国各大医院非常重视医患沟通,在医学专家伯威克的指导下,形成了一个明确的医患沟通清单:进入候诊室或病房前先敲门;与患者及其家属进行眼神接触;详细地进行自我介绍;解释每项检查的过程与目的;严格遵守感染控制条例;保持愉悦的语气并微笑;询问如何称呼患者;询问如何称呼患者家属;详细介绍诊疗计划;倾听患者及其家属的意见;重视患者提出的问题;保持良好的接诊态度。[1]

---

① 张东秀:《美国医院有个医患沟通清单》,《生命时报》2014 年 10 月 11 日。

创新工作机制,还应该充分发挥医院伦理委员会的作用。在西方国家,各个医疗机构普遍设立医院伦理委员会,担负着重要的职能。具体来说,它担负着医院决策的伦理导向、医学伦理教育和培训、医患纠纷伦理咨询、重大医疗问题伦理审查监督等职能,一方面在促进医院管理、强化医疗服务方面发挥了作用,另一方面也是医学人文精神的充分体现。"作为维护医患关系之间权益公平的中介力量,把医学从单一的冷冰冰的技术中解放出来,灌注于伦理的精神,把医学技术与人文关怀结合起来,在医患之间构筑起一种新型的关系。"①目前,我国部分大医院成立了医院伦理委员会,但是大多数没有实现制度化运行,伦理委员会成员组成比较混乱,素质参差不齐,难以真正发挥作用。至于众多的中小医院,伦理委员会则处于缺位状态。在患者利益至上的背景下,各医院应该尽快成立医院伦理委员会,在伦理导向、教育培训、伦理咨询、审查监督等方面充分发挥重要作用,不断提高服务质量与服务水平,以强化对患者权利的保障,促进和谐医患关系的构建。

(五)深化医学人文研究

医学人文研究不仅可以解决医疗实践中医务人员职业道德素质与医学人文素养方面的难题,为进一步提升医务人员的职业素养、加强医德医风建设奠定基础,而且能够营造重人文、讲医德的良好风气,从而有力地推进医学人文精神的重塑。改革开放以来,我国医学界对医学人文问题的研究工作逐渐加强,取得了比较显著的成就。自从 1981 年 6 月首次全国医学伦理学道德学术讨论会在上海召开之后,每隔一两年都会召开会议,研讨医学道德与人文方面的问题,寻求加强医疗队伍建设、提高服务质量与水平的良方。在此基础上,1991 年,原国家教委、卫生部、国家医药管理局、国家中医药管理局联合制定《高等医药院校教师职业道德规范》、《高等医药院校学生行为规范》、《医学生誓言》,迈出了医学伦理道德规范化第一步。1988 年,在上海还召开了全国首次安乐死与脑死亡理论研讨会,1990 年在上海还召开了"健康道德"研讨会,对于深化对医学人文问题的认识、重塑人文精神具有重要意义。此外,还涌现出一批探讨医学伦理与人文问题的出版物及学术机构,提供了合适的研究平

---

① 魏京海:《论医院伦理委员会的建设》,《医学与哲学》2005 年第 26 卷第 12 期。

台。例如《中国医学伦理学》、《医学与哲学》、《中国卫生事业管理》、《医学与社会》、《卫生软科学》等成为开展医学人文研究的重要阵地,1988 年成立中华医学会医学伦理学分会等研究机构与学术团体举办了一系列学术活动,开展大量的国际国内学术交流,极大地推动了我国的医学人文研究。但是,也应看到,总体上我国医学人文研究还比较薄弱,专业研究队伍力量不够强大,高水平的研究成果相对稀少,远远不能满足当前医疗卫生事业发展的需要。从研究平台来看,医学人文研究学术机构与学术刊物数量较少,而且层次不高,例如只有《医学与哲学》、《中国卫生事业管理》属于中文核心期刊,其他刊物属于一般性普通刊物,显示出我国医学人文研究有待于进一步深化与加强。政府与社会应该充分认识开展医学人文研究的重要性,采取有力措施促进研究工作的开展,尽快取得更多、更好的医学人文研究成果,努力推动医疗卫生事业的健康发展与建构和谐的医患关系。

第九章　探索医院道德化管理机制

　　《希波克拉底誓言》指出："人类社会自有文化以来,道德一直是医疗技术重要组成部分。"自古以来,医学与道德密不可分,医疗活动首先表现为一种道德活动,医患关系首先是一种道德关系。因而,对医院实行道德化管理具有重要意义。医院道德化管理是提高医疗服务的质量与水平,促进患者权利的保障与实现,建构和谐社会的必然要求。

第一节　医院道德化管理

一、什么是医院道德化管理

　　医院是一个特殊而复杂的社会系统,以改善人类的生存条件、预防和治疗疾病、保护和增进身心健康、提高人的生命质量为己任,必须坚持"救死扶伤,防病治病,实行人道主义"的基本宗旨,始终不渝地遵守"以患者为中心"的基本伦理原则,因此对医院实行道德化管理十分必要,具有重要的理论意义与实践意义。

　　所谓医院道德化管理,就是指依靠医学伦理道德的基本原则、规范对医院各项医疗活动进行监督管理,不断提升医务人员的职业道德素质与医学人文素养,最大限度地提高服务质量与服务水平,更好地保护患者权利,促进医疗卫生事业健康发展。具体来说,这一概念包括有两方面的含义:其一,道德是医院管理的基本目标,医学伦理学的基本理念与诉求是医院各项工作的重要指南,医院管理应该遵循医学伦理学的基本原则和规范。一切医院管理与服务工作的基础和出发点,必须是最大限度地满足患者治疗疾病、恢复健康、提高生命质量等需要,符合患者其他的权利要求,并且不违背社会公共利益。为此,医院管理活动必须坚持患者利益至上、社会效益优先的原则,坚持医疗公正原则,坚持医学人道主义原则等,紧紧围绕基本医学伦理目标开展工作。其二,医学伦理道德是医院管理的具体手段,在医院管理中应该高度重视道德方式与方法的运用,充分发挥道德在规范义务人员行为、调整医患关系等方面的重要作用。医学伦理道德和医疗规章制度是医院管理的两个重要方面,两者以不同的方式各自在管理中发挥作用。一般认为,规章制度是对人们行为的最低要求,而要充分调动人们的积极性、主动性和创造性,需要人们更大的付出与奉献,则在很大程度上依赖于道德化管理。道德对人们(首先是医务人员,其次还包括患者及家属)行为的调节作用,主要是通过社会舆论、传统习俗以及人们内在的信念来实现的。一个人道德内在信念的建立能够直接影响人们的精神生活,使其在没有外部力量监督与制约的情况下,自觉地从事符合一定的道德原则与规范要求的行为。与现代医学的发展要求相适应,现代医院管理既离不开严格的规章制度,也需要通过道德的力量促进医疗工作的发展,因而需要培养每一位医务人员高尚的道德情操。

尤其是在医学技术迅速发展的今天,医学技术的应用和实际选择正遭遇越来越多的道德难题,其医疗决策也必然受到认识主体道德决断能力和知识水平的制约,影响卫生政策的制定、实施和分析评价。就这个意义上来说,医院的管理首先是道德化管理,这是现代社会对我们提出的新任务。[①]

二、医院道德化管理与患者权利保护

医院道德化管理能够提升医疗服务质量与水平,更好地促进患者权利的保障与实现。总的来说,医院道德化管理是患者法律权利的有力奥援,而对于维护患者道德权利尤其具有重要意义。因为,任何一种管理,无非都是对人、财、物的管理。其中,对人的管理是最重要的内容,现代化管理尤其如此。医院道德化管理通过提升医务人员的职业道德素质与医学人文素养,引领与规范医务人员的行为,可以最大限度地维护患者的权益。特别是对于法律未能

[①]　吴晓琪:《医院道德化管理的探讨》,《中国医学伦理学》2001 年第 5 期。

调整的领域,道德可以对医务人员的言行举止提出要求,使患者得到充分的尊重,个人权利,即患者的道德权利得到有力的保障。

在医院道德化管理过程中,一般会遵守以下几个基本原则:

一是患者利益至上、社会效益优先原则。医院应该时时处处把患者的利益放在第一位,把最大限度地满足患者和社会利益,而不是医院利益作为各项工作的出发点和归宿。在追求医院自身效益时,首先必须考虑是否与患者、社会利益相冲突,如果两者发生矛盾,应该坚持社会效益优先,宁可牺牲医院利益也要满足社会效益的需要,尤其是决不能以损害社会与患者的利益来谋求医院的经济效益。二是一视同仁、医疗公正的原则。维护社会的公正与公平是我国社会主义建设必须遵循的一项基本原则。正如我国宪法所规定的,"中华人民共和国公民在法律面前一律平等",公平合理地对待每一个社会成员,不分信仰、不分民族、不分性别、不分老幼,无论地位高低、贫富贵贱,健康面前人人平等,是每一家医疗机构及其医务人员在医疗工作中必须履行的基本道德准则。绝不允许患者因为个人社会地位的差异、财富占有的不同而受到区别对待,尤其禁止歧视社会弱势群体,禁止医院将其拒之门外或者提供质量低劣的服务。三是以人为本、质量第一的原则。以人为本,特别是以患者为本,是现代医院管理最基本的道德要求之一。医院对内要为职工负责,对外必须坚持患者利益至上,一切都要以人为中心,调动人的积极性(包括医患双方的积极性),协调好人与人之间的各种关系。其中,医疗服务质量是满足患者权利需求的根本保证,是维系医患关系、维系医院生命的关键所在,不断提高医疗服务质量,促进患者权利的实现,是医院管理永恒的主题,也是医院管理所追求的重要道德目标。

医院道德化管理还有助于克服"医学技术至上"主义的弊端,使医院管理更好地回归人文本位,促进患者权利尤其是道德权利的实现。当前传统的生物医学模式在我国的影响仍然十分明显,医务人员重技术、轻人文现象依旧比较突出,患者在享受先进医疗技术服务的同时却感觉不到高水平的人文关怀,甚至对医院及其医务人员充满怨言。这一点通过与西方国家医院对比后,令人印象十分深刻。从中外高水平医院的发展状况看,我国与发达国家医院存在的主要差距并非是医疗设备与专业技术方面,而是表现为医务人员职业素养存在较大差异。我国医务人员对待患者常常缺乏应有的耐心与关切,对患者病情缺乏深切的同情,医患沟通不到位,医患之间缺乏充分的尊重,缺少必要的礼仪。在发达国家高水平的医院,医务人员在提供一流专业技术服务的同时,还对患者进行周到细致的人道主义照顾,时时处处充满人性的关怀。例如,耐心地向患者介绍病情,详尽地告知患者享有的各种权利,真诚地对患者提出合理建议,安慰与鼓励患者与病魔作斗争,等等。在患者离开时,医务人员还要微笑着送行,让患者带着温暖满意地离开医院。实际上,与其说这体现了管理上的不同,不如说医务人员在职业道德素质与医学人文素养方面存在差距。医院通过实施道德化管理,根据医学伦理目标对医务人员提出医学伦理方面的要求,不断提升他们的职业素养,并对他们的行为进行伦理监督,能够大大提高医疗服务的质量与水平,促进硬件服务与软件服务的协同改进,最终全面保障患者权利的实现,促进和谐医患关系的建构。

医院道德化管理作为一种依赖医学伦理道德理念管理医院的机制、方法与模式,尽管并非以保障患者道德权利为专任,但是其管理目标、管理理念体现了鲜明的道德价值,是对患者道德权利的体现与维护。医院管理最基本的目标与任务是不断提高医疗工作的质量与水平,尽可能为患者提供最优质的服务,满足患者的各种利益需要,换言之就是尽最大努力保障与实现患者权利。医院道德化管理就是依据医学伦理的基本原则、规范、理念实施管理,维护患者在道义上享有的各种权利,即患者道德权利。因而,从这个意义上说,医院道德化管理的基本任务就是要捍卫与促进患者道德权利,是最为有效地体现与保障患者道德权利的路径,是患者道德权利最可靠的保障。为此,医院需要认真研究患者的基本情况和需求,了解他们对医院的态度和期待,才能使医疗卫生服务跟上服务对象不断变化的需求。具体来说,只有察民情、知民意、合民心,才能真正实现道德化管理。首先,医院管理者必须了解变化中的民情,满足社会各类服务对象多样化的医疗服务需求。随着社会经济发展、科技进步和人类对自身认识的深化,社会各类成员对医疗卫生服务的需求日益增长,并趋于多样化和多层次化。从医疗实践看,我国患者的医疗需求主要分两大类:一类是广大普通患者的基本医疗需求,另一类是部分特殊患者的需求,例如传染病、性病、艾滋病、精神病患者等需要提供比较特殊的医疗服务。

对此,医疗服务首先要满足社会上大多数人的基本医疗需求,这是实现医疗卫生事业道德目标的基础。同时,医疗卫生服务也应适应多层次需求,设立特殊医疗服务、特需护理、健康咨询、母婴卫生指导等,更好地满足患者的特殊需求。其次,医院管理者必须了解变化了的民意,满足医疗服务对象的医疗服务期望,提高医院道德管理水平。随着社会的发展与进步,患者的权利意识增强,对医疗工作的道德要求大大提高。在此情况下,医德医风建设尤为重要。当前许多医院在纠正行业不正之风、扭转医德医风恶劣局面、增加患者对医院的满意度和信任度方面,作出了巨大努力,取得了一定的成效。各医院纷纷强化监督机制,对索取、收受红包等现象曝光,使各种违法违纪得到遏制,不道德行为有所收敛。最后,医院管理者必须了解变化着的民心,满足医疗服务对象日益提高的高层次需求。例如,医学模式从生物医学模式向生物——心理——社会医学模式的转化,体现了医学服务对象对医疗服务需求的变化,是对旧医学模式的超越。管理者必须适应患者对医疗需求的变化,实现对患者权利最大限度的维护。战胜疾病、恢复健康是患者对医学活动最基本的需求,但远远不是患者要求的全部。除此之外,患者的要求还包括多个方面,例如:获得尊重的需要——尊重患者是对一个医务人员最起码的道德要求,患病之后是一个人人生中最脆弱的时期,尤其需要得到尊重与呵护,医务人员却常常在言谈举止中无意识地伤害患者的自尊;保障人身与财产安全的需要——医院的环境、气味等使初诊患者感到陌生,他们要求医生避免不必要的、对机体可能带来更大伤害的检查,要求减少医源性疾病发生,也要求医院建立健全安全防护措施,避免意外事件发生;自我实现的需要——随着社会进步与人们文化水平的提高,患者对疾病的诊断、治疗、检查的意义及预后情况开始具有不同程度的认识能力,产生了参与医疗过程和对自己医疗做主的需求,以自主权为核心的知情同意原则已成为患者权利中最重要的组成部分,等等。

三、医院道德化管理的路径与措施

医院实施道德化管理,需要通过一系列具体的路径与措施才能得以实现,主要包括:

开展医德医风教育。我国西晋时期的医学家杨泉提出:"夫医者,非仁爱之士,不可托也",说明高尚的医德对于医务人员的重要性。目前我国部分医务人员职业道德素质不高,对患者权利造成不同程度的侵害,成为医患关系失和的重要原因。加强开展医德医风教育,是提升医学人员职业道德素质与医学人文素养的重要途径,在任何时候都是医院管理工作的重要内容。在内容上,医德教育首先要帮助医务人员树立崇高的信念,树立正确的医德信念是医德教育的关键。① 选择正确的信念是医德塑造的起点,医疗工作是实施"人道"的职业,如果诊治疾患中缺少了对正义和人道信念的信仰,就不能真正地理解"医",也不可能成为一名合格的医务人员。必须通过医德教育,树立起医务人员崇高的职业信仰,明确医德责任,强化奉献意识,以遵守医德为荣,以背离医德为耻。其次,医德教育要帮助医务人员树立医学专业精神。医学专业精神就是敬业精神,朱熹说过,"敬业"就是"专心致志以事其业",即用一种恭敬严肃的态度对待自己的工作,认真负责、一心一意、任劳任怨、精益求精。对于医务人员来说,医学技术至善是为广大患者提供医疗服务、维护身体健康的可靠保障,没有高超的医疗技术,救死扶伤、全心全意为患者服务就成了一句空话。精湛的医术必须以医务人员的敬业奉献为基本前提。孙思邈提出"大医精诚",就是要求医生精求医术、专心敬业。因此,精湛医术是医学专业精神的重要内容,是医德塑造的固有之意。最后,医德教育要培养医务人员对待生命的仁心情怀。医务人员工作对象是有血有肉、有感情的活生生的人,"对生命的同情根源于生命的唯一性和有限性所带来的痛苦体验",②因而,对生命的同情是对从医者的第一道考题。在医疗实践中,医务人员要视患如亲,以生命为重,以人为本;要具有仁爱之心,尊重呵护生命;要同情、关爱、尊重、保护患者,爱人如己,时时处处把患者利益放在首位。医务人员只有具备了高度的人文情怀,对患者发自内心地尊重与呵护,与患者"共情",才能真正胜任自己的职责,成为一名优秀的医疗工作者。

　　道德对规章制度进行渗透。医疗规章制度是由医院管理者根据医疗工作

---

① 王倩等:《树立正确的医德信念是医德教育的关键》,《中国医学伦理学》2002 年第 16 卷第 3 期。

② 王一方:《医学是科学吗——医学人文对话录》,广西师范大学出版社 2008 年版,第 17 页。

的需要,结合本单位的实际情况,制定的规范医务人员在医疗活动行为的制度性规定。具体地说,主要包括临床管理制度(首诊负责制、查房制度、会诊制度、值班与交接班制度、病例讨论制度等)、手术管理制度、医疗文件管理制度(病历书写制度、病案管理制度、处方管理制度、诊断书管理制度等)、问诊科管理制度、急诊科管理制度、病房管理制度等。尽管这些规章制度带有明显的专业技术特征,而且各个具体制度在内容上存在差异,但是与医院道德化管理具有一致性。因为,无论如何,任何一项规章制度都是针对人(主要是医务人员)的行为作出要求,而人作为行为主体,同时也是道德主体,理所当然应该受到道德的约束。医疗规章制度应该是医学伦理道德原则、规范要求的体现,可以在最低层次上对医务人员的道德行为进行规范。在制定医疗规章制度时,必须充分体现医学伦理目标,使道德规范可以在医院管理和各方面广泛渗透。例如,病历书写制度要求医生书写病历要认真、规范,语言表达要通俗易懂,确保每一位患者及家属能够完全看懂,可以由此充分了解病情及相关情况;查房制度除了要求医务人员认真、细心、严谨、负责,还应该考虑尊重与保障患者各方面的权利,主要表现为:在病房里不能大声说笑,对患者陈述病情要注意有利于患者治疗与康复,对待所有患者一视同仁,等等。总之,应该将医学伦理道德原则与理念渗透于所有的医疗规章,使医务人员时时处处地按照医学伦理道德原则办事:交接班讲道德,大查房讲道德,汇报工作总结讲道德……努力使各项医疗规章制度富含医学伦理的内容,才能够确保医疗服务的高质量、高水平,促进患者权利的充分实现。

建立医院伦理委员会。医院伦理委员会是建立在医疗单位中关于医学伦理、医务道德方面的决策咨询机构,它是医院管理的世界化标志。[1] 伦理委员会由医学专业人员、法律专家及非医务人员组成的独立组织,其主要职责为核查临床试验方案及附件是否合乎道德,并为之提供公众保证,确保受试者的安全、健康和权益受到保护。"作为维护医患关系之间权益公平的中介力量,把医学从单一的冷冰冰的技术中解放出来,灌注于伦理的精神,把医学技术与人

---

① 张蕾:《论医院的道德化管理》,《理论月刊》2002 年第 5 期。

文关怀结合起来,在医患之间构筑起一种新型的关系。"①早在 20 世纪 80 年代末,美国已有 60% 的医院建立了伦理委员会。加拿大、西欧各国医疗机构中也建立了类似的组织。然而,直到 1987 年,伦理委员会这个名词才在中国首次提出。② 1991 年,天津、北京等地医院才开始了建设医院伦理委员会的尝试。时至今日,我国许多大医院逐渐成立了伦理委员会,在政策研究、教育培训、伦理咨询、审查监督等方面发挥了重要作用,有力地促进了医院各项事业的发展。但是,在众多中小医院中,伦理委员会则处于缺位状态,许多在大医院可以通过伦理委员会较好地得到解决的问题,在这些医疗机构却一直得不到较好地解决,困扰着医院的发展。所以,中小医院应该尽快成立类似医院伦理委员会的机构,以便更好地维护患者权益,促进医院各项工作的顺利开展。另外,目前在各医院中伦理委员会政策研究、审查监督功能发挥比较充分,教育培训、伦理咨询的功能却常常被忽视。随着伦理委员会制度日益完善,这两项功能应该大大加强,才能更好地为医院提供服务。而且,根据医院不断发展的需要,在新的形势下伦理委员会还应该进一步扩充自己的职能,担负更大的责任,例如开展医学伦理查房、调解医患纠纷、帮助针对医务人员的考核等,积极发挥更加重要的作用,促进医院各项事业又好又快的发展。

大力加强医院文化建设。医院文化建设不仅是实现与保障患者权利的重要路径,是维护患者道德权利的有效机制,同时,它还是由医院的道德观、价值观、文化环境和医院精神的象征构成的具有鲜明医院特征的文化氛围,是医院实施道德化管理的重要平台。其中,医院精神包括"患者至上、严谨求实、团结进取、廉洁奉献"等精神,是医院在医疗服务活动和自身发展中形成的占主导地位的、能反映医院本质特点的优良传统、道德规范、价值观念和工作作风,是医院文化的核心、医院的灵魂,对于医院道德化建设成效的取得常常起着关键性作用。医院文化还构成医院各级各类人员的活动环境,潜移默化地影响人们的思想与行为,产生重要的道德引领作用。医院管理者应该通过广大职工喜闻乐见的文化形式,把正面的积极向上的价值观念、道德准则、思维方式

---

① 魏京海:《论医院伦理委员会的建设》,《医学与哲学》2005 年第 26 卷第 12 期。
② 沈铭贤:《生命伦理学》,高等教育出版社 2003 年版,第 254 页。

等加以营造与展现,为医德建设提供一种和谐的人文环境和精神氛围,有助于培养出医务人员真正的医德情感,进而影响他们的行为。因而,医院文化可以在现代医院管理中以导向、激励、约束和凝聚等功能方式,成为现代医院管理的有力促进和重要保证。

第二节　建立健全医德赏罚机制

一、关于道德赏罚

道德赏罚是当代伦理学领域一个重要的范畴,却常常被人们忽视,"以至于现在甚至还有人会问:道德生活中需要赏罚吗?"①由于人们很少把道德与赏罚联系起来,甚至无视道德赏罚作用的存在,从而在很大意义上影响了道德作用的发挥。近些年来,随着社会的发展,越来越多的学者开始探讨道德赏罚的相关问题。

什么是道德赏罚?这似乎并不是一个多么复杂和深奥的问题。有人提出,"道德赏罚,实际上就是赏善罚恶,是社会以利益作为对主体行为善恶责任或其道德品质高低的一种特殊的道德评价和调控方式"。② 也有学者认为,道德赏罚就是社会通过政治的、经济的,以及法律的手段,以社会的物质利益、精神利益如社会名誉、地位等方面的实利或精神利益,对于一定的道德行为进行社会赏罚。③ 还有学者主张,道德赏罚就是道德主体为了道德目的,依据道德标准,通过适当的方式和手段,对自己或他人的道德行为或道德品质进行赏善罚恶的活动。④ 尽管以上各种具体表述存在差异,但是基本内涵大致相同,即道德赏罚是指依据一定的道德准则对于某种道德行为进行奖励或惩罚,使其个人利益(包括物质利益、精神利益)受到有利或不利影响的活动。

道德赏罚是道德生活中广泛存在的一种现象。人们常常会对某种道德行为作出评价,而道德语言本身就有情感功能,在这个意义上,对于道德行为的

---

① 曾小五:《道德赏罚:现象与概念》,《道德与文明》2003 年第 1 期。
② 周蓉:《论道德权利》,中南大学伦理学专业 2003 年硕士学位论文,第 45 页。
③ 龚群:《论道德赏罚》,《云南社会科学》2009 年第 5 期。
④ 冯国锋:《论道德赏罚的内涵》,《哲学论丛》2014 年第 1 期。

道德赏罚不是人为的,而是道德生活本身的组成部分。但是,自发的社会舆论评价式道德赏罚对道德行为的影响比较有限,一方面因为社会舆论没有强制性,导致道德主体可以对这种评价无所顾忌;另一方面在整个社会风气不佳的大环境下,人们往往倾向于明哲保身,不愿多管闲事、多做评论,社会舆论的作用因之趋于式微。因此,建立健全道德赏罚机制具有重要意义。

　　道德赏罚的依据在于,道德主要表现为一种规范性要求,离不开一定的道德赏罚机制,一旦失却了赏罚机制的保证,任何规则都将被个体的主观任性所破坏。著名心理学家皮亚杰通过对儿童道德判断发展的研究,结果发现:儿童最初是出于对成人权威的敬畏才遵守各种规则的,而成人权威的树立来自于成人对儿童的赏罚。具体地说,儿童之所以愿意信守道德,是因为,只有这样才能给他带来满意的效果,例如得到成人的夸赞或得到他所希望的奖励,而一旦违反道德规则,则可能引起成人种种不快而遭受责罚。另一位心理学家斯金纳的研究结果证明,行为主体的操作行为是通过强化形成的,强化对行为起着一种动机作用。例如,在实验装置里一只饥饿的老鼠因为触动杠杆获得了食物,为了得到更多的食物,它就会去重复按杠杆。人类的行为大多数都是操作行为或操作行为的变种,操作行为使人类有效地应付环境。因此,借助于利益杠杆或荣誉杠杆,强烈刺激人们的功利心、荣誉心或成就需求,可以使人们自发地调节自己的行为,激发起他们遵守道德的动机。事实上,赏善罚恶在道德生活中的重要作用,在历史上早已经为思想学家们所重视。英国思想家穆勒早就提出,应当使人们"觉得美德是可乐的,无美德是痛苦的,必须把为善自然会有的快乐、为恶自然会有的痛苦指明,并把这个道德深印于这个人的经验上,可以引起美德的意志"。[①] 罗素则一针见血地指出:"在不具备刑法的情况下,我将去偷,但对监狱的恐惧使我保持了诚实,如果我乐意被赞扬,不喜欢被谴责,我邻人的道德情感就有着同刑法一样的效果。在理性盘算的基础上,相信来世永恒的报答和惩罚将构成一种甚至是更为有效的德性保护机制。"[②] 可见,在西方国家,道德赏罚不仅得到了有力论证,而且已经逐渐成为一种

---

　　① 　[英]约翰·穆勒:《功用主义》,唐钺译,商务印书馆1957年版,第43页。
　　② 　[英]罗素:《伦理学和政治学中的人类社会》,肖巍译,中国社会科学出版社1990年版,第73页。

共识。

我国具有"泛道德主义"传统，人们一直高度重视道德建设的重要作用。但是，一个时期以来，人们主要强调道德的倡导性作用，重视社会舆论、传统习俗、内心信念作为重要手段对道德理念实现的监督与促进作用，却很少探讨道德赏罚机制的建设。改革开放以后，我国进入社会转型期，整个社会领域思想混乱、行为失范、道德滑坡现象严重，促使人们高度关注社会道德建设，开始反思道德赏罚问题。特别是一系列道德事件的发生，在拷问人们良心与灵魂的同时，也激发人们关注如何建立健全道德赏罚机制。例如，2011 年 10 月 13 日，在广东省佛山市，年仅两岁的小悦悦被一辆面包车多次碾压，令人感到不可思议的是，在孩子身边经过的十几个路人，竟然对此不闻不问。小悦悦事件带给人们巨大的心灵震撼，引发了一场关于道德危机问题的全社会大讨论。以广东省政法委、省社工委为主，团委、妇联、社科院、社科联等十多个部门参加，针对小悦悦事件进行讨论。讨论话题集中在：如何弘扬社会主义核心价值观？如何引导见义勇为、扶助弱者的社会风尚？如何唤起社会良知？如何倡导社会主义道德……广东省政法委官方微博上发出信息，提出广东将开展"谴责见死不救行为，倡导见义勇为精神"大讨论，并问计于民。讨论中有人建议加大奖励见义勇为的行为，为见义勇为立法。广东知名律师朱永平认为，对"见死不救"追责，涉及一个道德法律化的问题，将把"对见死不救的行为进行研究和立法推动"作为广东省法学会律师学研究会成立的第一个项目，推动"见死不救"立法。实际上，近些年来，"见死不救"现象屡屡被媒体披露出来，特别是自从 2006 年南京"彭宇案"发生后，助人为乐、见义勇为行为的成本、风险值似乎都大大提高了，人们为了避免遭受诬陷，只好小心翼翼地生活着，事不关己，高高挂起，导致即便想救人却不敢施救的冷漠无情的局面。社会舆论在痛惜世风日下、公民道德沦丧之余，有不少人呼吁借鉴国外经验，以立法形式保护见义勇为者不被诬陷，规定见死不救者应受惩罚。由此，显示出我国建立、健全道德赏罚机制前所未有过的重要和迫切。

二、医德赏罚的重要性

借鉴道德赏罚的定义，我们可以将医德赏罚的内涵界定为：指依据医学伦理基本原则与规范,对医务人员符合或违背职业道德的行为进行奖励或惩罚,以更好地促进医疗卫生事业发展、保障患者正当权益的管理性活动。医德赏罚在本质上首先是一种医院管理活动,是医院工作机制的重要组成部分。同时,政府、社会及个人也可以通过一定的形式对于医德行为进行奖励或惩罚,例如政府部门与社会组织为了鼓励医德医风建设,奖励品德高尚的医务人员;为了打击医疗活动中的不良行为,制裁医德素质较差、社会影响恶劣的医疗行为。

　　实施医德赏罚的合理性首先在于医疗工作离不开道德的调整,医患关系首先是一种道德关系。医疗行业产生以来,医疗行为就主要依靠道德来规范,医生与患者之间的关系就主要依靠道德力量来调整。在我国,"医者仁心"、"医乃仁术"一直是传统医学的基本命题,历代医者依靠医学伦理道德规范自己的行为,名垂青史的大医、名医更是践行医学伦理道德的典范。在西方国家,《希波克拉底誓言》、迈蒙尼提斯《祷文》等著名文献也对医务人员提出严格的道德要求。从医患关系的维度看,由于医患双方对信息的占有严重不对称,患者往往对于医学知识一窍不通,只能被动地接受医生的安排,医务人员具备较高的职业道德修养,才能自觉、自律地严格忠实于患者的托付,胜任"生命所系、健康所托"的神圣职责。由此,道德对于促进医疗卫生事业发展的重要性不言而喻。20世纪后期以来,尽管"以法律的形式保障公民的医疗权利、规范医务工作者的行为是许多发达国家的成功经验",[①]法律在医疗工作中扮演着越来越重要的角色,但是道德的作用仍然不可或缺,在规范医疗行为、调整医患关系中一直发挥着关键性作用,相对于法律的作用而言具有明显的不可替代性与重要的补充性。实施医德赏罚是发挥医学伦理道德作用的具体体现和必然要求,重要性也是显而易见的,应该引起医院管理者的高度重视。

　　改变医德现状是实施医德赏罚的现实依据。改革开放以来,社会转型期带来的种种冲击,市场经济产生的不良影响,以及忽视自身道德建设、自律性

---

①　张金钟:《德与法有机结合——论和谐医患关系之建设》,《医学与哲学》2004年第25卷第9期。

大大减弱等原因,导致医务人员职业道德滑坡现象严重,极少数医务人员甚至可以用道德沦丧来形容,整个医疗群体已经沦落为经常遭受诟病的负面道德形象。最常见的医务人员道德缺失现象主要表现在:一是大检查,大处方。当前,大检查、大处方等过度医疗已经成为各大中小医院的一种普遍现象,大大增加了患者的经济负担。例如,根据国家发改委统计的数据显示,2009年我国医疗输液104亿瓶,平均到13亿人口,相当于每个中国人一年里挂8个吊瓶,远高于国际上2.5—3.3瓶的平均水平。过度医疗的严重程度由此可见一斑。二是多开药,开贵药。在"以药养医"的背景下,多开药、开贵药不仅是典型的过度医疗行为,而且通过"卖药",医生可以从中获得数额不菲的提成或回扣,黑暗内幕背后折射出部分医务人员医德的沦落、人格的低下。三是收受红包现象严重。尽管有关部门三令五申,严禁医务人员收受红包,甚至国家卫计委要求医务人员必须跟患者签订拒收红包协议,但是部分医务人员收受红包的势头有增无减,显示出医患关系的土壤已经被毒化,某些医务人员善恶与是非观念不清,已经严重到无以复加的地步。四是工作敷衍,不负责任。部分医务人员对待工作缺乏热情,敷衍塞责;对待患者责任心不强,应付了事,不仅影响了服务质量,甚至导致医疗事故发生,给患者带来重大伤害。五是对患者漠不关心,麻木不仁。古人说,医者父母心。但是部分医务人员缺乏对患者应有的关心,对待患者遭受疾病的折磨缺乏应有的同情,不具备一名合格医务人员应该具备的基本素质。2011年,河北省某医院遗弃一名流浪女,最终导致其死亡;武汉市某医院在为患者进行手术缝合后因医患纠纷又拆线,①均反映出个别医务人员缺乏基本的医德,令人深思。改变我国医务人员职业道德的现状,是提高医疗服务的质量与水平、保障患者权利、建构和谐医患关系的必然要求。实施医德赏罚,对符合医学伦理道德价值理念的好人好事给以奖励与褒扬,对违背医学伦理道德准则的行为予以惩罚和贬斥,可以弘扬医学美德,打击歪风邪气,促进医德医风建设,显著提高医务人员的职业道德水平,从而改变医德状况不佳的现状,更好地维护患者权利与建构和谐医患关系。

医德医风建设不唯是中国医疗界面临的重大课题,在国外同样受到人们

① 《卫生部:个别医务人员缺乏基本医德》,《今日早报》2012年2月17日。

的高度重视,因而医德赏罚也是外国医院加强管理的重要手段。从目前收集到的一些资料看,西方国家对于违背医德的行为会作出比较严厉的处罚,相关医务人员可能面临判刑的危险。例如,美国流行歌坛巨星迈克尔·杰克逊去世后,他的私人医生康拉德·默里被指控拿试验性药物异丙酚在杰克逊身上做试验,严重违背了医德,被以过失杀人的罪名判处4年的最高刑期。检察机关认为,默里为杰克逊注射了过量的强效麻醉剂异丙酚,并置他的生死于不顾,把他单独留在屋里,在发现他停止呼吸后,也没有及时拨打急救电话,同时向急救人员隐瞒了为杰克逊注射这种药物的事实,延误了抢救时间,严重违背了医学伦理道德,应该承担过失杀人的罪责。① 在德国,汉堡一位外科医生在餐厅就餐时,遇到邻桌的客人突发心脏病。她立刻叫人给急救中心打电话,接着继续用餐。急救中心派医生赶来处理,但是最终患者还是不幸去世。令人没有想到的是,死者家属居然把同为食客的那位外科医生告上了法庭,罪名是身为医生不尽力救人。在法庭上,医生极力辩护自己对心血管方面不熟悉,最后虽然免去牢狱之灾,但行医执照还是被吊销。原来,德国刑法规定,意外事故、公共危险或困境发生需要救助时,医生必须根据行为人当时的情况进行急救,否则,将处1年以下自由刑或罚金。据了解,大部分欧美国家,都有类似的规定,即紧急情况下,所有医生都有责任对患者进行救助,但是救助失败医生可以免责。这样的规定挽救了很多危险情况下的生命。②

　　由于医疗行业本身具有浓厚的道德色彩,在实践中医德赏罚现象一直广泛存在,医德高尚的医务人员常常得到政府或民间、正式或非正式的褒奖,医德与人品低下的医务人员则会受到一定的惩戒。最常见的是身患重病的患者,经过医生运用高超的医术实施治疗、护理人员悉心地进行照料后得以康复,为表达发自内心的感激,送上"仁心妙术"、"妙手回春"、"华佗再世"之类的匾额。这既是对医疗工作成果的肯定,也是对医德医风状况的赞誉与奖励。尽管这种奖励主要是精神方面的,但是对于医务人员具有重要激励作用,可以

---

① 《杰克逊私人医生因过失杀人罪被判处4年监禁》,2015年5月10日,见 http://www.le-galdaily.com.cn/index_article/content/2011-11/30/content_3140737.htm? node=5955。

② 《中国医生,你的医德谁来约束——外国医生见死不久将被判刑》,2015年5月10日,见 http://www.38lady.net/Home/2009/Home_1100.html。

成为推动他们不断提升服务质量与服务水平、进一步改进医德医风的强大动力。一些地方政府部门为了促进本地医疗卫生事业的发展,提升医务人员的职业素养,积极举办表彰医德医风建设先进个人的活动。例如,2009 年 10 月,甘肃省文明办和省卫生厅在全省卫生行业开展了医德医风建设先进个人和标兵评选活动,经过层层推荐、严格审核,共评选出 100 名全省医德医风建设先进个人和 10 名标兵。① 2014 年,江苏省徐州市颁布《关于组织开展徐州市"医德之星"和"医德标兵"推选活动的实施意见》,要求在全市医务人员中推选 10 人为徐州市"十大医德标兵"、50 人为徐州市"医德之星"候选人。② 可见,医德赏罚在社会上主要以奖赏的形式存在,而且随着在新时期社会的不断进步与医疗卫生事业的发展,将越来越受到重视。

三、建立健全医德赏罚机制

建立健全医德赏罚机制,首先需要政府与社会高度关注并采取一定的措施。因为一方面可以由此奠定医德赏罚的基础,另一方面由于政府部门以及社会组织的权威性,比较容易达到较好的效果。

政府部门与社会组织实施医德赏罚的一个重要举措是制定医务人员医德医风奖惩办法,作为医德赏罚的依据。政府机关制定的规范性文件通常具有一定的法律效力,医师协会等社会组织制定的规范性文件对于医院医德医风建设具有权威性的指导意义,事实上常常被视为准法律性文件,也具有一定的强制性。前者如 2012 年卫生部颁布《公立医疗机构管理权力廉洁风险防控规则》、2013 年国家卫计委与国家中医药管理局颁布《加强医疗卫生行风建设"九不准"》、2014 年国家卫计委颁布的《关于做好疾病应急救助有关工作的通知》,后者如 2014 年中国医师协会发布的《中国医师道德准则》。社会生活复杂而多变,医疗活动总是不断地涌现出大量的新问题、新情况,政府与相关社会组织需要及时发现与总结医务人员存在的道德问题,尽早制定规范性文

---

① 王耀:《我省表彰奖励百名医德医风建设先进》,《甘肃经济日报》2010 年 1 月 11 日。
② 《关于组织开展徐州市"医德之星"和"医德标兵"推选活动的实施意见》,2015 年 1 月 12 日,见 http://ws.xz.gov.cn/wsj/wjtz/20140513/010_4b893379-7b15-4e82-a824-0dd441bc96b7.htm。

件,为进行医德赏罚提供依据。政府部门与相关社会组织实施医德赏罚的另一个重要途径,是针对医德医风方面存在的某一个或几个具体问题,作出明确的规定与要求。例如,2013 年,安徽省卫生厅下发《关于进一步落实医务人员医德考评制度的通知》,要求各医院对经核实的举报投诉和表扬表彰要记入医务人员医德考评档案,如实反映医务人员医德行为。① 又如,2013 年,中国医师协会表示,拟倡导建立"黑名单"制度,若被评估医生医德医风确有问题,则列入"黑名单",协会将建议所有医疗机构不再聘用该医生。② 政府机关与医师协会对具体医德医风问题直接作出规定,可以有力地促进医德赏罚措施的实施,促使相关问题得到尽管的解决。

在当今世界,一个国家中某种价值理念得到贯彻,某种权利得到根本保障,最主要的途径是制定法律,通过立法形式得以实现。实施医德赏罚最强有力的措施,是把医学伦理道德的某种理念、原则、规范变成法律的规范性要求,借助于法律的强制性特征提升其权威与效力。因而,人们常常寄希望于通过法律手段干预医务人员的医德缺失行为。但是,哪些道德要求可以演变为法律性规定,需要慎重研究与探讨。如果随意地不加选择地把道德规范上升为法律规范,即过度的道德法律化,就会大大降低法律的权威性,同时可能会对道德主体的正当权益造成侵害。如前所述,小悦悦事件发生后,部分学者提出制定法律,对见义不为的现象追究法律责任,但是最终却遭到多数人的反对。因为,这种主张实际上混淆了道德行为与法律行为的界限,不加分析地把人们的道德义务上升为法律义务,不可避免地侵害道德主体的正当权益。事实上,没有哪个国家一般性地规定所有人都具有见义勇为的法律义务,并相应地对见死不救者追究法律责任,道德与法律之间的鸿沟不可随便逾越。在医疗实践中,有些影响较大、较坏的医务人员"缺德"行为可以受到法律的调整,例如索贿受贿、玩忽职守致人伤亡等,而一般性的职业道德素质不高问题,例如对待患者态度冷淡、工作敷衍了事等,则应该属于道德调整的范畴。即便应该受到处罚,也是通过非法律手段(主要是单位内部处罚办法)进行,处罚程度一

---

① 付艳:《对患者态度差写入医德档案》,《合肥晚报》2013 年 10 月 18 日。
② 《愿"黑名单"成医德良方》,《新华日报》2013 年 8 月 13 日。

般远轻于法律制裁。简言之,只有造成严重危害后果、影响恶劣的违背医德的行为才适合于通过法律手段进行惩罚,通常情况下医德奖惩主要表现为一种道德现象。

对于医疗机构来说,医德赏罚是医院管理的重要内容,是医疗工作机制的重要组成部分。可以说,没有健全的医德赏罚机制,就不能行之有效地开展医德医风建设,就会阻碍医务人员职业素养的不断提高,最终影响患者权利保障,破坏医患关系的和谐,对医院的发展造成不良影响。不少医院结合医德医风建设活动,在建立健全医德赏罚机制方面进行积极的探索,取得了一定的成效。首先是许多医院制定了自己的医德医风考核办法,对于表现出色的医务人员予以奖励,对医德医风不佳的进行处罚,例如《深圳市人民医院工作人员医德医风奖励和处理办法》规定,对于医德高尚、表现突出的医务人员可以给予以下奖励:在单位内部通报表扬;授予本单位医德医风先进个人称号;在全市(区)卫生系统通报表扬;授予全市(区)卫生系统医德医风先进个人称号,并且在给予上述奖励时,可以发给一次性奖金或给予其他形式的物质奖励。对于违背医德要求的行为,可以受到以下处罚:在单位内部通报批评;在全市(区)卫生系统通报批评;取消当年评优资格;取消当年评职称资格;缓聘;低聘;解职待聘;解聘,在给予上述处理时,可依照有关规定给予适当的经济处罚。[①] 一些单位为了鼓励医务人员提高自身职业道德素质,通过设立基金方式,奖励在医德医风方面表现突出的医务人员,也成为实施医德奖罚的重要形式。例如,2015 年 1 月,据多家媒体报道,浙江大学设立数额高达 3000 万元的"浙江大学医德医风奖励基金",重奖医德高尚、医术高明的好医生、好护士。1 月 15 日,从浙江大学校医院和 7 家附属医院中脱颖而出的 10 名医务工作者,领取了奖状和每人 15 万元的奖金。[②]

今天,加强医院管理需要进一步建立健全医德赏罚机制,保障患者道德权利的实现,必须注意以下几个方面问题:

---

① 参见《深圳市人民医院工作人员医德医风奖励和处理办法》,《深圳市人民政府公报》2004 年第 13 期。

② 周炜:《浙大教育基金会设 3000 万元基金奖励"好医护"》,《人民政协报》2015 年 1 月 20 日。

第一,确定医德赏罚范围。确定医德赏罚的范围,就是指明确医德赏罚的适用范围,包括赏罚客体范围、赏罚的时空范围,具体来说就是医德赏罚的对象包括哪些医务人员,这些医务人员在什么时候、什么空间范围内的行为应该接受医德赏罚。一般情况下,所有医务人员,包括医生、护士、医技工作人员、药剂工作人员在工作期间都是医德赏罚的对象,这一点是毋庸置疑的。此外,医护人员即便在休息时间处理跟工作职责相关事宜时,也应该遵守医学伦理道德,医院行政与后勤人员在工作期间,也应从本职工作出发为患者提供力所能及的服务,此时也可以成为医德奖罚的对象。只有明确了医德赏罚范围,赏罚才能取得良好成效,长此以往也才能够不断提高道德赏罚的权威性。

第二,制定医德赏罚标准。为此,必须把握好三个原则:一是引导性原则,即医德赏罚的目的是使人向善,促使医务人员自觉地保障患者道德权利的实现,促进医疗卫生事业更好地发展。所以,制定赏罚标准应该对事不对人,不能为了奖惩某人而专门订立一定的奖惩标准。二是适度原则,即赏罚标准一定要根据医务人员善行或恶行的行为轻重程度而定,确保做到赏罚有度。具体而言,它包括两方面的含义:即不同程度的行为,其奖惩标准不同;同一程度的行为,施者认为奖惩适度、得当,受者也心服口服。只有坚持适度原则,才能既唤起医务人员的高度重视,又不挫伤他们的积极性,产生最佳社会效益。三是统一原则,即医德赏罚的具体规定要前后同一,在实施的不同时期内基本保持一致,不得随意变动。这实际上就是道德赏罚稳定性原则的体现。只有赏罚标准具有了相对稳定性,人们规范自身行为才有统一的依据,才能够达到较好的效果。

第三,实施医德赏罚操作的原则。医德赏罚的正确操作应该掌握以下三个原则。其一是公开性原则,要在对医德赏罚范围、医德赏罚标准公开的基础上,在整个社会监督下,所有医务人员站在同一起跑线上接受医德赏罚。这样,一方面可以最大限度地发挥医德赏罚的作用;另一方面又可以体现医德赏罚的公平性。其二是公正性原则,尽管医德赏罚标准比较客观,但如果赏罚主体曲解甚至违背医德赏罚标准,则医德赏罚的公平性、公正性只能成为一句空话。为此,不但要求医德赏罚主体不断提高自身的医德修养,而且也要求医德赏罚的客体及舆论对赏罚主体进行严格监督,避免徇私舞弊等现象的发生。

三是及时性原则,医德赏罚一定要及时,即对于相应的医德行为适时地进行奖励或处罚,才能对行为人本人以及其他医务人员产生较大影响。如果时过境迁,甚至人们对当时相关行为人的道德表现已经淡忘,再对其进行奖惩,就会收效甚微。

第四,回馈医德赏罚效果。医德赏罚是一个有机的过程系统。在医德赏罚行为作出以后,还必须对其产生的效果进行信息反馈,一方面可以对医德赏罚的适用范围、标准进行检验、调整,使之能够不断地适应外部环境的变化;另一方面,可以对医德赏罚效果自身进行优劣判断,从而进一步完善医德赏罚行为,使医德赏罚在保障患者道德权利实现过程中发挥最大的作用。

最后,在运用医德赏罚为医德权利的实现保驾护航时,还要注意进行医德教育,以及对进行如何正确对待赏罚的思想道德教育,使人们养成对待赏罚应有的健康心态。否则,不但不能够发挥医德赏罚的功用,而且会产生一系列消极影响,走向应有道德赏罚效果的反面:导致受惩罚者消极对待所遭受的惩罚,或者助长人们争名夺利的心态和势头,把道德行为或"行善"当成谋求个人私利的手段。之后,医务人员的职业道德水平不会得到真正的提升,患者权利保护状况也难以得到较大的改进,医患关系也无法真正实现和谐。

第十章　患者道德权利的法律化

根据存在状态的不同,人类的权利可以分为道德权利、法律权利、现实权利三种形式。最初,基于道德理念提出人们应该享有的各种权利,即道德权利(应有权利);然后通过法律的选择、整理与认定,道德权利转化为法律权利,以充分保障权利得以实现;最终,依靠法律等手段的强有力保障,权利成为人们实际拥有的权利,即现实权利。患者道德权利的实现,一个非常重要的途径是道德权利的法律化,即通过法律形式确认患者享有的各项权利,提升权利的权威与效力,保障并促进权利得以实现。只不过,法律确认后的患者道德权利已经属于法律权利范畴。

第一节　道德权利的法律化

一、什么是道德权利法律化

道德权利法律化的实质就是将原先依靠道德力量保障的权利转化为依靠法律保障,因而一般认为它是道德法律化的一种表现形式,两者在内涵表述上非常相近。何为道德法律化? 依照目前学界的通说,是指通过立法将道德规范上升为法律规范的过程,即"立法者将一定的道德理念和道德规范或道德规则借助于立法程序以法律的、国家意志的形式表现出来并使之规范化、制度化"①。相应地,有学者将"道德权利法律化"解释为"国家将一定的道德理念

---

① 徐俊:《道德法律化的原理与实践探析》,《河海大学学报(哲学社会科学版)》2004 年第6 卷第 1 期。

· 227 ·

和道德规范或道德原则所赋予的道德权利，借助于立法程序，以法律的、国家意志的形式表现出来并使之规范化、制度化，使道德权利得到国家强制力或者国家意志的保护和支持。"①可见，在认识道德法律化概念的基础上，可以比较准确地把握道德权利法律化的内涵，对其有一个比较清晰的认知。本书在借鉴以上两个定义的基础上，认为：所谓道德权利法律化，就是将一定的道德理念、原则、规范所赋予道德主体的权利，即道德权利，通过法律形式予以确认，使之成为法律权利，依靠国家强制力保障得以实现。

从人类发展的历史看，在相当漫长的时间里道德权利与法律权利很大程度上合二为一。在原始社会时期，氏族和部落的道德调节具有至高无上的权威性，以禁忌、风俗、传统习惯形式存在的道德规范实际上就是法律，就是指令，是调节人与人之间关系的唯一准则，人们的道德权利同时也是法律权利。人类进入阶级社会后，代表国家意志的法律产生了，实际上它反映的是统治阶级的利益与要求，与占统治阶级的道德理念、原则和规范密切结合。查阅古代法典，从完整保留下来的早期奴隶制的成文法典古巴比伦王国的《汉谟拉比法典》，到古代印度最完备的《摩奴法典》和古希腊民主制典型的法律"雅典宪法"；从建立在古罗马奴隶制基础上的最完备的罗马法律体系《查士丁尼安国法大全》到通行于伊斯兰教国家的无所不包的《古兰经》，可以说都是道德规范、法律条款和宗教戒律结合的产物。在我国封建社会，更是一个道德泛化的时代，法律中包含着十分浓厚的封建伦理道德思想，甚至称其为"道德法"也不为过。例如，《孝经·五刑》规定"五刑之属三千，罪莫大于不孝"，把不孝作为最大的犯罪；又如唐律中的"十恶不赦"，其中有六恶是不道德行为，例如："四恶恶逆"即殴打亲长，"六恶大不敬"即冒犯皇帝尊严，"七恶不孝"即不养老人不敬夫，"八恶不睦"即打丈夫，"九恶不义"即官吏犯上，"十恶内乱"即通奸。近代西方资产阶级革命胜利后，先后颁布了一系列资本主义法典，尽管打着代表全体国民意志的幌子，实际上是集中反映了资产阶级的利己主义、理性主义、人本主义等思想道德观念。总之，阶级社会产生后，统治阶级的道德

---

① 陈玲、征汉年：《道德权利基本问题研究》，《西南交通大学学报（社会科学版）》2006年第7卷第5期。

权利通常也是法律权利,得到法律较好的保障。

即便现代世界各国,也在道德生活中充分借助法律支持的力量,打击不道德、不文明行为,使人们的道德权利转化为法律权利,以保证其得到较好的维护。例如,新加坡的法律规定:随地吐痰罚款 200 元,乱扔纸屑和烟头罚款 1000 元,采摘花草、公共场所吸烟等行为也要被罚款。对于性质比较严重的不文明行为,还会提起诉讼,法庭则很快依法作出判决,对其予以惩罚。此外,我国香港地区法律规定:从楼宇向外扔垃圾属违法,可判罚款 500 元或监禁 3 个月。欧美一些国家的法律还把某些人"不救助危难"、"不报告危难"的行为,定为轻罪。正如美国法学家博登海默曾经指出的:"那些被视为是社会交往的基本必要的道德正义原则,在一切社会中都被赋予了具有强大力量的强制性质。这些道德原则约束力的增强,是通过将它们转化为法律规则而实现的。禁止杀人、强奸、抢劫以及人体伤害,调整两性关系;制止在合同契约的缔结与履行过程中欺诈与失信等等,都是将道德观念转化为法律规定的例子。"①可见,道德生活的法治化、道德权利的法律化,在世界各国已经成为一种普遍现象。

二、道德权利法律化的依据

道德权利法律化现象,在古今中外都比较普遍地存在。在我国目前情况下,根据道德生活的具体实际制定相关法律,实现道德权利法律化,既具有可能性,也具有必要性。

道德权利法律化的可能性。首先,道德和法律在产生上具有同构性,由此构成了道德权利法律化的价值基础。虽然当今社会越来越强调法律在调整社会关系、维护人们权利方面的重要性,但是作为社会生活中主体的人却从没有也不可能改变其伦理道德性质,伦理道德仍然是人与人之间最基本的价值观念和行为准则。所以,法律仍然需要以伦理道德价值为基础。如果法律与社会伦理价值相悖离,就会受到道德力量的抵制和威胁而成为"一个毫无意义的外壳"。②

---

① ［美］E.博登海默:《法理学:法律哲学与法律方法》,邓正来译,中国政法大学出版社 1999 年版第 374 页。

② ［美］E.博登海默:《法理学:法律哲学与法律方法》,邓正来译,中国政法大学出版社 1999 年版,第 330 页。

作为法律基础的道德原则与规范一般通过行为人自律形式影响其行为,当人们把守法意识建立在心灵深处的自律基础上,守法从被动行为变成主动行为,实现从他律走向自律的飞跃,就能够道德法律化所追求的终极目标。其次,道德权利与法律权利在价值目标与追求上的共同性是道德权利法律化的前提。当今时代,一个社会的主流道德,通常情况下其价值目标与要求跟法律是一致的,相应地它们各自所确认与维系的权利,即道德权利与法律权利,所反映的理念与价值必然具有共同性。例如,它们都要求尊重人格尊严;确认人人平等,反对特权与歧视;强调人的自由,等等。正是因为两者价值目标的一致性,才决定了道德权利可以向法律权利的转化,决定了两者相辅相成、互为奥援。换言之,道德权利的法律化是建立在道德权利与法律权利都是作为个人利益的体现、两者的价值目标与诉求具有共同性的基础之上,道德权利转化为法律权利是为了更好地促进与实现社会所认可的人们的利益。最后,两者内含的基本逻辑相同。道德权利和法律权利的实现,均依赖于道德与法律具有的两个基本逻辑:一是所谓的强制性的逻辑,即"必须"如此,它保障了规范的有效性;二是价值性的逻辑即"应该"如此,它赋予了规则以价值的内涵。"必须"与"应当"存在于道德与法律之中,前者以一定历史阶段人类发展的"应当"和"理想"为取向,构成道德与法律的内在精神实体;后者体现人类对自然与社会规律性的认识,以及对精神实体之表达方式的追求,构成道德与法律的外在形式载体。需要说明的是,道德的实现尽管主要靠人的自律,但同样也存在一定的强制性,只不过是"较弱的强制力"。[①] 当一个人被迫采取行动以服务于另一个人的意志,即实现他人的目的而不是自己目的时,便构成强制。正如狄骥所说:"我以为道德的规则是强迫一切人们在生活上必须遵守这全部被称为社会道德习惯的规则,人们如果不善于遵守这些习惯,就要引起一种自发的,在某种强度上坚强而确定的社会反应。这些规则由此就具有一种强制的性质。"[②]正是由于法律与道德具备共同的基本逻辑性,道德权利的法律化才成为可能。

---

① 徐俊:《道德法律化的原理与实践探析》,《河海大学学报(哲学社会科学版)》2004 年第 6 卷第 1 期。

② 王海明:《新伦理学》,商务印书馆 2001 年版,第 318 页。

　　道德权利法律化的必要性。其一,可以提升道德权利的权威与效力。道德权利主要依靠道德力量,即社会舆论、传统习俗、人们的内心信念来保障,而这些保障手段属于"软实力",对道德主体没有强制力,所以常常引不起人们的重视,容易被忽略,甚至被视为可有可无的软权利。通过法律确认的形式使道德权利上升为法律权利,则可以使其受到国家强制力的保障。凡是侵犯法律权利者必将受到惩罚,迫使人们尊重与保护这些权利,因而大大提高了它们的权威与效力,极大地促进了它们的实现。其二,道德权利法律化将抽象的道德目标与要求转化为具体的、可操作的规范及准则,从而推动道德目标的实现。道德权利法律化就是以法律规范的形式确认和吸收某些道德标准和道德权利,使之成为法律标准和法律权利。由此导致的结果是:一方面,道德法律化的可操作性与现实性避免了道德教化具有的一般性与抽象性缺陷;另一方面,道德法律化有助于防止道德主体因各种原因对道德作随意的理解和处置,减少道德实践的不确定性和偶然性。例如民法中平等、公平、诚实信用原则的规定,刑法中将杀人、抢劫、强奸等等恶行规定为犯罪行为,都是道德权利法律化的一般例子。简言之,道德权利法律化明确规定社会倡导什么,反对什么,避免了道德教条模棱两可的局限性,有助于社会达成共识,形成新的道德标准,促进权利的保障与实现。其三,道德权利法律化有利于批判和抵制陈规陋俗等旧道德,重建科学的进步的新道德体系。我国历史源远流长,尤其是封建道德基础深厚,有着一套庞大而严密的道德文化体系。其中具有大量体现中国传统文明、对于今天的人类社会发展与进步具有积极促进作用的合理内核,但是毋庸置疑,以往的伦理道德在现代社会中也具有消极影响,甚至不乏糟粕的存在,例如:宗法家庭伦理的倾斜导致对个人权利自由的压制,人伦道德精神的偏差导致人们民主、法治观念的淡漠,道德规范固有的弹性导致整个社会生活效率的低下。① 通过法律手段可以以国家意志形式,对传统道德的精华与糟粕作出明确的鉴别,对那些腐朽的落后的的成分予以剔除,对积极的进步的思想予以弘扬,在此基础上建构符合时代潮流的新道德体系。在此意义上,

---

　　① 陈玲、征汉年:《道德权利基本问题研究》,《西南交通大学学报(社会科学版)》2006 年第 7 卷第 5 期。

道德权利应该转化为法律权利,道德规范应该被纳入法律体系之中。"纵观世界各国的近现代史,可以说是一部道德规范逐步转化为法律义务的历史。越是文明发达法律健全的社会,法律体系中所吸纳的道德内容就越多。"①

当然,道德权利法律化并不是将所有的道德权利都变为法律权利。一般情况下,道德法律化只能将那些社会基本的具有"普遍性"的道德规范法律化。至于比较高的道德价值追求,只能通过道德主体自觉自律地遵守与践行道德规范来实现。例如,助人为乐、舍己为人等属于较高层次的道德要求,根本无遵守法通过法律形式要求所有人一律遵循与服从。因为,并不是任何人都具备较高的道德水准与思想境界,如果强制性地要求人们服从某些道德要求,势必导致社会的恐怖与混乱,危害社会公平与正义。而且,如果过分地强调道德法律化的重要性,将所有道德规范变得如同法律一样威严,必然会影响法律的正常实施。因为,如果对行为人的要求高得脱离实际,他既无践行这些规范的动力,也可能没有履行这些规范的能力,结果必然导致大量违法现象的存在,不仅会导致人们厌法观念的萌发,而且会降低法律在人们心目中的地位,损害法律的权威。

三、道德权利法律化的路径与方式

一般情况下,"法律规范对伦理的吸纳大多不是直接的,即法律规范往往不大可能是伦理的直接反映,否则法律与道德之间就没有区别了。"②在道德法律化的过程中,道德规范只有发生一定的变化,才能融合到法律之中。道德权利的内容与要求原本体现在道德规范里,因而道德权利的法律化也就是道德的法律化,也需要经历一定的转化过程。总的来说,道德权利的法律化路径,就是从伦理、物理到法理,再到法律的过程。

从历史文化传统看,中国重视伦理的作用,或者可以说对其比较偏重。生活实践中常说做事情要"合情合理",这里的"情"、"理"就是指伦理道德。西方国家则重视物理的作用,即重视客观之理、技术之理。由于对伦理道德的重

---

① 武天林:《道德的失范与重建》,《陕西师范大学学报》1999 年第 4 期。
② 郭忠:《道德法律化的途径、方式和表现形态》,《道德与文明》2010 年第 3 期。

视,我国历史上的法律大都是"道德法",强调"以德治国",融法律于道德之中,蕴含着丰富的道德理念与要求。同时,却不太重视物理性,在强调道德合理性的同时,却疏忽了法律的确定性和可预测性,其法理更多地体现为非技术性的伦理。直至今天,这种现象仍然比较常见,例如《婚姻法》第四条规定,"夫妻应当互相忠实,互相尊重;家庭成员间应当敬老爱幼,互相帮助,维护平等、和睦、文明的婚姻家庭关系"。其中的伦理色彩跃然纸上,但是却缺乏可操作性。如果夫妻之间不能够"互相忠实"、"互相尊重",有家庭成员违背"敬老爱幼"的要求,应该怎样应对?法律却没有给出答案,从而大大影响了它的实效性。西方国家的法律制度偏重法治,其伦理道德融入法律之中,以法律的形式体现出来,因此法律的技术性特点较强,非常强调法律的可计算性、可预测性和确定性。从国外立法状况看,每一个法律规范结构都比较完整,假定、处理和制裁(或者称为假定条件、行为模式、法律后果)很少有缺漏,而不像我国许多法律规范仅仅具有倡导性意义,很难具体实施,说明对物理属性的重视。今天,在道德权利法律化过程中必须既重视伦理又重视物理,既重视法律的道德理念——这是法律规范的价值基础,又不能忽视技术性因素——这是法律规范的外在形式。内容与形式缺一不可,必须把伦理的考虑始终与物理的考虑结合在一起,在人们的意识中形成法理,成为制定法律的思想基础,最终才能实现道德权利的法律化。

　　实现道德权利的法律化,实际上就是体现与保障道德主体权益的道德规范向法律的转化,以更好地促进行为人权利的实现。这种转化主要包括两种具体方式:道德规范向法律原则的转化与道德规范向具体法律规范的转化。

　　道德规范向法律原则的转化比较简单,因为两者的价值目标比较一致,而且关键是法律原则与道德规范(或原则)一样,都具有相当的抽象性、概括性和模糊性特征。首先,法律规范的局限性显而易见,其中一个很重要的表现是法律规范的具体性和确定性有余,而且大多数也具有较强的可预测性,但是灵活性且明显不足,常常具有滞后性,无法调整所有的社会现象。法律原则需要弥补法律规范的不足,构成了我们从整体上理解和掌握法律的一个窗口,不能像后者一样规定太细致与死板,因而所适用的范围相对广泛,需要具有抽象性、概括性和模糊性。对于道德原则或规范来说,它们的产生完全是道德主体自发的,广泛地存在于人们的思想中,在形式上不够严谨,甚至往往不以具体的条文形式体现出来,因此道德原则或规范往往也是概括的、抽象的和模糊的。具体一点说,在语言运用方面,法律原则也与道德规范(或原则)一样,一般会运用比较具有概括性、笼统性的词语,例如自由、平等、人权、公平、正义等。它们只能够构成对人们的行为进行方向性指引,而难以发挥具体的指引作用。因此,法律原则针对各类不同的情形有较多灵活解释和较大的自由处理的余地,道德规范(原则)与之十分契合,从而奠定了其向法律转化的基础。其次,法律原则与道德规范(或原则)在形式上具有共同性,都没有相关后果的规定。在法律领域,关于法律行为结果的规定一般只出现在法律规范的逻辑结构中,而法律原则往往不作具体规定。在道德生活中,违反道德原则或规范也会产生相应的后果,不过这个后果具有不确定性,因此关于后果的规定也不能算成是道德原则或规范的逻辑成分。正是由于法律原则和道德规范(或原则)的特点十分接近,道德规范(或原则)可以直接地转化为法律原则。这个过程是:首先从人们的道德感觉中产生出道德观念,从道德观念中抽象出道德规范或原则,然后将有必要转化为法律的道德规范或原则直接转化为法律原则。

　　道德规范(规则)向法律规范的转化则复杂得多。法律规范一个最基本的特征,就是内容非常具体、明确,具有较强的可操作性。因为,如果法律规范的内容规定不够清楚、明确,而是含含糊糊、模棱两可,司法人员与执法人员就无所适从。如果在"大概其"的状况下对当事人适用某种法律规范,则违背了当代法治的一个基本原则——正当程序原则。这样的奖赏或处罚实际上是违背法治精神的。因此,道德规范(规则)向法律规范的转化必然逐渐消退其明显的伦理色彩,向技术性领域迈进,在内容规定上必须高度具体化。当然,大多数法律规范虽然技术性色彩日益浓厚,但其中隐含的伦理道德理念却依然存在。这是由于立法者都是道德主体,在立法时总是不可避免地在道德感觉、道德观念、道德原则以及道德规范的影响下,将道德原则、理念进一步具体化为各种法律规范。但总的来说,由于道德规范(规则)的概括性、抽象性和模糊性特征,无法直接转化为法律规范。道德规范向法律规范转化的技术性处理过程为:"拆分"和逻辑整合。由道德规范(规则)转化为法律,需要使其具备法律的性质,如行为条件的具体化、行为模式的具体化、法律后果的具体化、实现方式的具体化,甚至具体到可以通过计量的方式进行表达。在这个过程中,抽象的道德必然被拆分成各个具体部分或环节,以利于在法律上的可操作性。例如,杀人一般意义上是不正当、不道德的行为,这样的道德观念被转化为涵盖"杀人罪"概念的法律规则时,应该根据具体情况划分为"故意杀人罪"和"过失杀人罪",而因不可抗拒、不可预见的原因造成的杀人行为则不是犯罪。这样才能保障法律规定具有较强的可操作性,并且保证罚当其罪,体现社会的公平。道德规范(规则)被整合进法律规则的逻辑结构中,还需要进行逻辑整合。一般来说,法律规范在逻辑结构上可以分为三个基本要素要素:假定、处理和制裁,或者被称为假定条件、行为模式、法律后果。而道德本身不具备这样的逻辑结构,最多存在较为概括性的行为模式。因此,道德规范的法律化,必须先作出技术性处理,在法律规范上就表现为融入法律规则的逻辑结构中,将假定条件、行为模式和法律后果分别具体化,促使各种法律规则以一定的逻辑层次和顺序整合在法律文本中。至此,基本实现了道德规范(规则)向法律规范的转化。随着道德的法律化,道德权利也成为法律权利,权威性与效力大大提升,可以得到比较强有力的保障。

第二节　患者道德权利的法律化

一、患者道德权利法律化的意义

患者道德权利,是指医学伦理学意义上的患者权利,是患者作为一个人以及作为医疗对象,在医疗活动中根据社会公众普遍认同的道德原则和规范,应该享有并依靠道德力量来维系的各种权利,是一种应然性权利。在内容上,患者道德权利主要包括:获得治疗与帮助权、自由选择权、优质服务权、知情同意权、参与治疗权、避免过度医疗权、在医院期间人身与财产安全权、批评建议权,等等。当然,由于道德原则与规范的抽象性、概括性,以及社会生活的复杂性,患者道德权利的具体种类无法一一枚举,只要是根据一般的道德原则、道德理念,患者应该享有而尚未得到法律保障的患者权利,都属于患者道德权利的范畴。

　　患者道德权利法律化，即将患者道德权利转化为法律权利，主要原因在于道德权利的权威性与效力都远远低于法律权利，实现这一转化有利于更好地保障患者利益。申言之，长期以来，患者的道德权利遭受忽视，与其自身特点存在很大关系。具体而言，道德权利与法律权利主要存在以下差异：首先，法律权利的内容以及如何加以保护的规定非常清晰，而道德权利具有弱确定性。法律权利以法律形式专门予以确认，权利的内容与边界、权利的保护、侵权的防范与处罚、权利的救济及寻求救济的机构都明确而具体。相反，道德权利的调整标准或准则比较模糊，规范性很弱，它甚至不是文本，而是存在于人们的意识和生活经验之中。此外，由于道德原则与规范的抽象性特征，导致道德标准具有可争议性和多样性，也使得人们在讨论道德权利时难以有据可依。具体到医疗实践中，没有也不可能对患者的各项道德权利作出详尽、细致的规定，其内容、边界、保护方法等方面往往不够清晰，在很多时候存在争议，自然难以得到医务人员重视与认同。其次，从保障手段来看，法律权利以国家强制力作为后盾，而道德权利的实现主要依赖于道德力量，具有非强制性。与法律权利依靠国家机器的强制力量保障相比，患者道德权利的实现或救济只能通过社会舆论、风俗习惯、侵害人内心的自省等途径与方法，缺乏强大威慑力，侵害人一般不会受到任何实际意义上的惩罚，某些医务人员因之熟视无睹。在医疗实践中，有的医务人员对患者态度冷淡，工作敷衍，服务质量不佳，却极少因此受到惩罚，就充分说明了这一点。第三，法律权利多为公民的基本权利，而道德权利很多时候显得"微不足道"，容易被"忽略不计"。一般情况下，对患者利益影响重大以及在社会上产生较大影响的问题由法律作出规定，表现为患者的法律权利。患者的道德权利，例如：享有优质服务权（获得医务人员热情、微笑、耐心、细致的服务等），关于医院及医务人员相关信息知情权，人身与财产安全保障权，对医务人员监督、建议、批评权等权利，相对于平等医疗权、危急患者获得急救权等法律确认的权利而言，重要性似乎相形见绌，因而常常得不到应有的重视。

　　需要指出的是，患者道德权利法律化，绝不是指所有的患者道德权利都通过法律予以确认，成为法律权利。这既无可能，也没有必要。道德权利的法律化需要具备一定的条件，即当一种道德权利如果不加以法律保护就会致使权利主体遭受严重伤害,乃至造成社会秩序紊乱时,才应该转化为法律权利。在前面所述 2007 年北京某医院"因丈夫坚决拒绝签字,导致产妇母子双亡"的事件中,根据《医疗机构管理条例》中"实施手术必须征得患者家属同意并签字"的规定,在患者本人及家属不签字的情况下,医院对患者治疗是一种道义上的义务,患者获得救治是一种道德权利。最终,由于医院的不作为,尽管是有法律依据的不作为,导致患者的鲜活生命的陨灭,并且在社会上引起十分强烈的反响,通过法律进行干预就非常有必要性与合理性。2010 年实施的《侵权责任法》规定,"因抢救生命垂危的患者等紧急情况,不能取得患者或者其近亲属意见的,经医疗机构负责人或者授权的负责人批准,可以立即实施相应的医疗措施",将原来的患者道德权利转变为法律权利,进一步强化了对患者权利的保护。对于为数众多的患者道德权利而言,仍然需要依靠道德力量来维系。一方面,人们常说,法律规范是较低水平的道德要求,患者许多较高质量与水平的医疗服务需求,不可能通过法律形式强迫医务人员满足,只能依靠医务人员职业素养的提升来实现;另一方面,一些对患者利益(包括物质与精神两个方面)影响不大,甚至说有些无足轻重的患者需求,也不适合通过法律作出统一的强制性要求,以患者道德权利形式存在,依靠医务人员的道德自律来维护,反而更加合适。此外,由于医疗工作错综复杂,法律不可能对任何现象、任何问题都及时作出回应,从而也限制了一部分道德权利向法律权利的转化。总之,道德权利的法律化是有条件的,也是有限的,需要视具体情况而定。

二、我国患者道德权利法律化现状

改革开放以来,随着社会的进步与发展,以及人们权利意识的萌醒,我国的患者权利立法日益受到重视,时至今日已经逐渐建立起一套相对完备的患者权利保障体系。由于社会主流道德与法律的基本价值目标具有一致性,通过立法形式加强对患者权利的保障,实际上就是将原先依靠道德力量维系的患者权利,即患者的道德权利转化为法律权利。换言之,我国患者权利立法不断走向完善,在很大意义上就是患者道德权利不断法律化的过程,法律越来越取代道德成为保障患者权利的主要手段。

我国法律对患者权利的保障,除了依靠宪法以及一般性法律(民法、刑法、消费者权益保护法等），最直接的法律依据是医事法律法规，主要有《执业医师法》、《侵权责任法》、《医疗事故处理条例》等，涉及平等医疗权、人格尊严权、生命健康权、疾病认知权、隐私保护权、知情同意权、损害赔偿权、收取病历资料权、免除一定社会责任权等权利。而且，随着人们对于医疗工作实践认识的逐渐深入，相关立法也日益完善，对患者权利保障更加细致。例如，原卫生部颁布并修改《病历书写基本规范》，明确要求"病历书写应当客观、真实、准确、及时、完整、规范"，并详细规定了病例的具体内容要求，确保了患者的知情权，也可以一定程度上预防某些不利于患者的情况发生，有助于患者权利的保障与实现。

但是，我国现行患者权利立法存在严重的不足，患者道德权利法律化仍然存在诸多问题，影响了患者权利的保障与实现。这些问题与不足主要表现在：

其一，法律文件位阶不高且比较分散。目前，我国没有专门的"患者权利保护法"，实质意义上关于患者权利保护的规定除《宪法》第 21 条以间接形式概括规定了患者享有获得医疗权和《民法通则》第 98 条规定的公民享有生命健康权之外，散见于医事法律法规中。它们是保障患者权利最直接的法律依据，其中除了《执业医师法》、《侵权责任法》、《药品管理法》、《传染病防治法》等少数由国家最高权力机关制定的法律（即狭义的法律）外，大部分属于国家政府机关颁布的行政法规与规章，例如《医疗事故处理条例》、《医疗机构管理条例》、《乡村医生从业管理条例》、《医疗废物管理条例》、《医疗器械监督管理条例》、《护士条例》、《病历书写基本规范》等。这些规范性法律文件在法律制度体系中地位远低于宪法、基本法律与狭义的法律，而位阶不高必然影响其效力与权威，严重不利于它们的实施，最终影响患者权利保障。

其二，现行法律关于患者权利的保护大都从医务人员工作规范的角度反向确认，不利于彰显患者权利的重要性。与大多数国家的法律明确、直接地确认患者享有各项权利并加以保护不同，我国法律对于患者权利的保护，是以规定医务人员应该遵守的行为规范的形式表现出来，例如《执业医师法》第 22 条规定，医师在执业活动中应当"树立敬业精神，遵守职业道德，履行医师职责，尽职尽责为患者服务"，"关心、爱护、尊重患者，保护患者的隐私"；第 24 条规定，"对急危患者，医师应当采取紧急措施及时进行诊治；不得拒绝急救处置";第 26 条规定,"医师应当如实向患者或者其家属介绍病情,但应注意避免对患者产生不利后果。医师进行实验性临床医疗,应当经医院批准并征得患者本人或者其家属同意"。《医疗事故处理条例》第 11 条规定,"在医疗活动中,医疗机构及其医务人员应当将患者的病情、医疗措施、医疗风险等如实告知患者,及时解答其咨询;但是,应当避免对患者产生不利后果"。这种以医务人员为中心,近似于医疗操作规范要求的表达方式,根本不能充分彰显患者权利的重要性,与"以患者为中心"的现代医疗工作理念相背离,不可避免地影响患者权利的保障与实现。

其三,现行法律对于患者权利的许多规定缺乏具体性与周延性,影响了患者权利保障的效果。部分法律对于患者权利保护的规定,仅仅局限于某些情形下,例如根据《执业医师法》规定,"医师的告知义务限于'患者的病情',据此'治疗方法及其风险'不属于告知范围,对患者知情权的保护不够全面关于患者的同意权,该法仅规定'医师进行实验性临床医疗'应经过患者本人或者其家属同意,将'普通疾病治疗'排除在患者同意权范围外,显然是不合理的"。①又如,作为个人的权利,患者在医疗服务中的自主决定权、知情同意权以及辅助它们实现的医疗安全权、获得姑息疗法及缓解痛苦等医疗服务的权利的实现需要进一步明确细化,以及需要用制度化、程序化的规则,切实保障患者权利的实现,具体规定患者对医疗信息知情权的实现的阶段、程度、效果,患者对医疗方案的同意权实现的具体方式等。

其四,对于患者权利的救济途径不够畅通。西方国家有句法谚说,没有救济的权利不是真正的权利。医患纠纷发生后,患者权益应该得到有效、充分的保障。目前,我国现行法律规定了当事人协商、卫生行政部门调解、民事诉讼三种医疗纠纷解决方式,对于维护患者权益、处理医患纠纷起了重要作用。但是,存在的问题也不可忽视:患者与医方协商很多时候难以达成一致,签订的协议效力不高、约束力不强,容易出现当事人反悔现象,尤其在医患双方关系紧张、情绪对立以及相互之间信任缺失的情况下,通过协商往往不能够妥善解决问题;卫生行政部门与医疗机构存在千丝万缕的联系,处理医患纠纷能否立

---

① 费煊:《中国与欧洲患者权利保护法比较》,《江淮论坛》2009 年第 5 期。

场中立和医疗事故技术鉴定结论一样难以让人信服,患者往往对调解结果难以认同;民事诉讼费时费力,成本高昂,令许多当事人望而却步。"正是由于病人权利保护体系的不健全,一方面对病人权利保护不利,另一方面也使我国医患关系处于无有效规制状态,导致近年来医患矛盾越来越尖锐,要解开这个死结,应从病人权利保护体系的科学构建作为基点做起"。①

三、我国患者道德权利法律化的改进与完善

由于患者法律权利相对于道德权利具有较高的权威与效力,更加有助于患者利益的保障与实现,因而不断完善关于患者权利保护的立法,根据具体医疗实践的需要实现患者道德权利法律化,具有重要意义。

首先,通过立法形式确立政府医疗卫生投入制度,为患者权利的实现提供可靠保证。患者各项权利(包括道德权利与法律权利)的实现,主要有赖于医疗机构及其医务人员提供及时、充分、优质、高效的医疗服务。医疗机构能够具备这一条件,最基本的要求是政府提供足额的财政支持,在人力、物力方面满足医疗卫生事业发展的需要。国家应该通过立法形式,建立稳定的财政经费保障机制和增长机制,不仅要确定各级政府每年递增的卫生投入水平,而且要建立和完善卫生投入问责制,把卫生投入达标与否作为考核各级政府行为的一项重要指标。近些年来,我国政府医疗卫生投入逐年增加,所占国内生产总值(GDP)的比例已经稳定在5%以上,有力地促进了医疗卫生事业的发展以及患者权利保护,但是距离实现"全民医保"目标仍然存在较大距离,尤其是当前医疗保障还处于较低水平,影响了患者权利的实现。依靠法律确保政府医疗卫生投入不断增加,不断提高医疗服务水平,使患者权利获得可靠保障,实际上就是促使患者道德权利转变为法律权利,或者为实现这一转变奠定基础,大大提升了患者权利的权威与效力,增加了患者权利实现的可能性。

其次,制定统一的"患者权利保护法",正面确认患者应该享有的各项权利,提高法律文件的层次与权威。在深入开展调查研究的基础上,概括、总结

---

① 谢晓:《关于构建中国病人权利保护体系之思考》,《西北大学学报(哲学社会科学版)》2010年第40卷第2期。

患者在医疗过程中应该享有哪些具体权利,并结合以前相关法律法规的规定,确认患者的权利谱系,并提出具体的保障制度与措施,形成一部体系完整、逻辑严密的"患者权利保护法"。由此,厘清了患者权利的具体内涵,系统、全面地对患者权利实施保护,意味着大量的患者道德权利获得法律的确认,实现了向患者法律权利的转化,强化了对患者权利的保护。另一方面,对患者权利的保护通过国家最高权力机关制定的法律作出规定,与此前由行政法规或规章作为保障后盾相比较,具有更高的权威与效力,与国际上保护患者权利的做法相一致,代表了患者道德权利法律化的方向。

再次,通过立法,对严重危害患者利益、影响社会发展与和谐稳定的医疗行为严厉惩罚,使原先依靠道德力量维系的患者权利得到法律的保障,转化为法律权利。当一种权利仅仅依靠道德力量保护显得苍白无力,而且该权利所遭受的侵害可能对权利主体以及社会产生较大影响,转化为法律权利就成为一种必要。例如,在追求经济利益作为重要目标的背景下,"大检查"、"大处方"、"小病大治"等过度医疗现象在很多医疗机构已经成为一种普遍现象。几年前,多家媒体报道"中国剖腹产率高达46%,世界第一"、"每个中国人一年里挂8个吊瓶"就是这一现象的生动写照。由于目前几乎没有相关法律对此类行为予以禁止(只有《侵权责任法》规定,医疗机构及其医务人员不得违反诊疗规范实施不必要的检查,但并没有规定如何对此类行为实施制裁),患者获得优质服务权、避免过度医疗权等相应权利主要属于道德权利范畴。不难理解,在当前我国社会大背景下,上述权利仅仅作为一种道德权利存在,必然难以得到有效保障,出现屡屡遭受侵犯的现象并不令人感到意外。尽快制定相关法律,严厉打击过度医疗行为,使患者道德权利转化为法律权利,提升保护强度与力度,具有十分重要的现实意义。

最后,通过法律对每一项患者权利保护作出详尽、周延的规定,避免法律规定过于抽象与模糊,防止权利保护的疏漏。在我国现行医事法律中,对患者部分权利明确予以确认,要求医务人员予以尊重,但是同时实际上限定了该权利保护的具体范围,对于超出范围之外的此种权利如何对待,并未作出相应的规定,致使其只能作为道德权利而存在。显然,对于这部分权利而言,其受保护的效果以及实现程度必然大打折扣。例如,《执业医师法》与《医疗机构管理条例》都规定患者知情同意权的范围只限于手术、特殊检查或者特殊治疗，对于排斥在"普通疾病治疗"则被排除在患者同意权范围外，显然是不合理的。这在一定程度上反映出上述立法略显粗糙，不利于患者权利的保障与实现。因而，应该尽快制定或完善相关法律，努力实现法律保护的周延性，依靠法律形式强化对患者知情同意权的保障，促进患者权利更好地得以实现。

四、关于患者道德权利法律化的辩证思考

由于法律权利相对于道德权利而言具有更高的效力、更大的权威，能够更好地促进患者权利的保障与实现，因此实现患者道德权利的法律化具有较大的合理性与必要性。但是，并不是说任何患者道德权利都应该转化为法律权利，更不应认为患者权利可以法律化，成为法律权利，由此可以取代患者道德权利。

主张所有患者道德权利转化为法律权利，实际上是对医学伦理道德作用的否定，是要取消医学伦理道德的存在，这在理论上不合逻辑，在实践中更是行不通。事实上，医疗工作离不开道德作用的发挥，医患关系首先表现为一种道德关系。

伦理道德是最基本的医疗行为规范。医学产生以来，医疗卫生工作一直以救死扶伤、防病治病为宗旨，以医务人员的道德与良心作为最基本的维系手段。在我国，"医者仁心"、"医乃仁术"是传统医学的基本命题，历代医者依靠医学伦理道德规范自己的行为，名垂青史的大医、名医更是践行医学伦理道德的典范。在西方国家，《希波克拉底誓言》、迈蒙尼提斯《祷文》等著名文献也对医务人员提出严格的道德要求。时至今日，医学伦理的重要性更加受到认可，正如1969年世界医学大会形成的《日内瓦宣言》对医务人员提出："我将用我的良心和尊严来行使我的职业。"在这个意义上，医患关系是依靠医德意识与医德规范维系的一种特殊社会关系，即道德关系。医务人员的职业角色决定了医患关系的伦理属性。医患双方对信息的占有严重不对称，患者往往对于医学知识一窍不通，只能被动地接受医生的安排。医务人员唯有具备较高的职业道德修养，才能自觉、自律地严格忠实于患者的托付，胜任"生命所系、健康所托"的神圣职责。而且，患者的康复还离不开与医患之间的情感交

流,特别是需要医务人员尊重患者的人格,对其进行精神的慰藉,因而也需要依靠医务人员较高水准的道德素养与人文素质,化为医疗工作中的点点滴滴,表现为高质量、高水平的周到、细致的服务。

而且,在一般意义上,法律是最低限度的道德,只能对人们的行为提出最基本的要求,作为一种较低层次的行为规范而存在。医疗服务工作的高质量、高水平,和谐医患关系的建构,显然不能仅仅要求医务人员的行为停止在"不做坏事"、"不犯错误"等水平上,而是需要医务人员具备视患如亲、无私奉献、精益求精、团结一致等高尚的美德与崇高思想境界。古今中外的每一位名医、大医,例如古代的张仲景、华佗、孙思邈,现代的白求恩、南丁格尔、华益慰,没有一个不是医德高尚的楷模。简言之,每一位医务人员的进步与发展,每一家医院向高水平、高层次迈进,绝对离不开医学伦理道德作用的充分发挥。医务人员具备高尚的职业道德,是医院各项事业又好又快发展、医患关系和谐美好的重要保障。

此外,由于法律自身的局限性,需要医学伦理道德弥补医事法律的不足。具体而言,医学伦理道德是对法律的补充或超越。医患关系千变万化、纷繁复杂,法律的规范性要求难以与之完全对接。我国相关法律制度不够健全,调整医患关系、保护患者权利的功能更是大打折扣。此外,某些价值目标或要求也无法通过法律准确表达,例如,医务人员应该态度热情、语言委婉、动作轻柔,法律无法对此作出刚性、具体的规定。道德则可以对医疗工作中的任何现象作出善与恶的评判,在预防与解决医患纠纷、构建和谐医患关系各个方面发挥作用,从而弥补法律的不足。

总之,一方面,患者道德权利的法律化是提升患者权利的权威与效力、促进患者权利实现的重要路径,政府部门应该根据医疗工作的实际需要,适时地颁布行政法规与规章,或者提请国家权力机关立法,使患者道德权利转化为法律权利,加强对患者权利的保护;另一方面,医学伦理道德的作用容不得丝毫的忽视与抹杀,必须高度重视并积极发挥道德在医疗工作中的作用,使道德与法律相辅相成,互为奥援,才能促进医疗卫生事业更好的发展,建构和谐、美好的医患关系。

参 考 文 献

《马克思恩格斯全集》第 1、3 卷，人民出版社 1995 年版。

《邓小平文选》第三卷，人民出版社 1993 年版。

[美]E.博登海默：《法理学：法律哲学与法律方法》，邓正来译，中国政法大学出版社 1999 年版。

[美]罗纳德·蒙森：《干预与反思：医学伦理学基本问题》，首都师范大学出版社 2008 年版。

[美]格雷戈里 E.彭斯：《医学伦理学经典案例》，聂精保、胡林英译，湖南科学技术出版社 2009 年版。

[美]彼彻姆：《哲学的伦理学》，雷克勤译，中国社会科学出版社 1990 年版。

[加]许志伟：《生命伦理对当代生命科技的道德评估》，中国社会科学出版社 2006 年版。

[英]约翰·穆勒：《功用主义》，唐钺译，商务印书馆 1957 年版。

[英]罗素：《伦理学和政治学中的人类社会》，肖巍译，中国社会科学出版社 1990 年版。

[英]霍布斯：《论公民》，应星等译，贵州人民出版社 2003 年版。

王海明：《新伦理学》，商务印书馆 2001 年版。

王一方、赵明杰主编：《医学的人文呼唤》，中国协和医科大学出版社 2009 年版。

王一方：《医学是科学吗——医学人文对话录》，广西师范大学出版社 2008 年版。

郭航远等主编:《医学的哲学思考》,人民卫生出版社 2011 年版。

张文显:《二十世纪西方法哲学思潮研究》,法律出版社 1996 年版。

魏英敏主编:《新伦理学教程》,北京大学出版社 1993 年版。

李建民:《生命史学——从医疗看中国历史》,复旦大学出版社 2004 年版。

林志强:《健康权研究》,中国法制出版社 2010 年版。

杨淑娟等主编:《卫生法学》,吉林人民出版社 2008 年版。

邱仁宗:《生命伦理学》,中国人民大学出版社 2010 年版。

孙慕义主编:《医学伦理学》,高等教育出版社 2004 年版。

王锦帆主编:《医患沟通学》,人民卫生出版社 2013 年版。

郑文清、胡慧远主编:《现代医学伦理学概论》,武汉大学出版社 2011 年版。

刘惠军主编:《医学人文素质与医患沟通技能教程》,北京大学医学出版社 2011 年版。

王明旭主编:《医患关系学》,科学出版社 2008 年版。

张登本:《内经的思考》,中国中医药出版社 2006 年版。

王庆宪:《医学圣典(黄帝内经与中国文化)》,河南大学出版社 2003 年版。

曹志平:《中国医学伦理思想史》,人民卫生出版社 2012 年版。

乐虹:《当代医患关系及纠纷防控新思维》,科学出版社 2011 年版。

庄一强:《医患关系思考与对策》,中国协和医科大学出版社 2007 年版。

李本富、李曦:《医学伦理学十五讲》,北京大学出版社 2007 年版。

符牡才:《医院管理与经营》,中国医药科技出版社 2007 年版。

王国斌:《浅谈现代医学模式下的医患关系与医院管理》,中国医药科技出版社 2005 年版。

皮湘林、王伟:《医患关系物化困境的伦理思考》,湖北社会科学出版社 2001 年版。

张洪彬、康永军:《新形势下医患关系的发展趋势及应对策略》,山东医药出版社 2004 年版。

冷明祥：《市场经济条件下医患矛盾的利益视角》，中国协和医科大学出版社 2005 年版。

徐萍、王云岭、曹永福：《中国当代医患关系研究》，山东大学出版社 2006 年版。

李燕：《医疗权利研究》，中国人民公安大学出版社 2009 年版。

侯雪梅：《患者的权利理论探微与实务指南》，知识产权出版社 2005 年版。

黄丁全：《医事法》，中国政法大学出版社 2003 年版。

柳经纬、李茂年：《医患关系法论》，中信出版社 2002 年版。

杨春福：《权利法哲学研究导论》，南京大学出版社 2000 年版。

赵同刚主编：《卫生法》，人民卫生出版社 2005 年版。

马文元：《医患双方的权益》，科学出版社 2005 年版。

余涌：《道德权利研究》，中央编译出版社 2001 年版。

周治华：《伦理学视域中的尊重》，上海人民出版社 2009 年版。

夏勇：《走向权利的时代》，中国政法大学出版社 2000 年版。

梁漱溟：《中国文化要义》，学林出版社 1987 年版。

王岳主编：《医事法》，人民卫生出版社 2009 年版。

袁俊平、景汇泉：《医学伦理学》，科学出版社 2011 年版。

朱贻庭编：《伦理学大辞典》，上海辞书出版社 2002 年版。

后　记

　　医患关系是当代社会中一项重要的人际关系。建构和谐、良性的医患关系对于促进医疗卫生事业的发展、维护社会的稳定具有十分重要的意义。然而,20世纪末以来,我国医患关系发展似乎陷入了误区。医患关系持续紧张,医患纠纷频繁发生,对我国的经济社会发展造成严重的负面影响,成为全社会高度关注的焦点问题。因之,剖析医患关系失和的原因、探讨建构和谐医患关系的路径,成为我国学界重点研究的课题。学界对医患关系问题进行深入探讨,取得了丰硕的成果。例如张金钟的《德与法有机结合——论和谐医患关系之建设》、王伟杰的《医患关系危机的法律思考》等文章,从一个或几个方面揭示了我国医患关系困局的成因,深化了人们对医患关系问题的认识,同时又提出建构和谐医患关系的建议与主张,为破解医患关系难题提供了思路与参考。

　　笔者认为,医患关系首先是一种道德关系、伦理关系,这一论断应该成为建构和谐医患关系的基本逻辑前提与重要出发点。因而,本书着力从保护与实现患者道德权利维度,揭示医患关系问题发生的原因,探讨如何建构和谐医患关系。为此,作者查阅了大量的文献资料(包括纸质的与电子的);多次到医院开展调研,与广大患者与医务人员进行深入的沟通、交流,对医患关系问题形成了比较全面、深刻的认识,为本书的创作奠定了坚实的基础。由于目前关于患者道德权利问题的研究资料非常缺乏,尤其是此前尚无人对这一问题专门进行系统、全面的研究,使作者创作过程中时常备感艰难。但是,在调研过程中,作者也深深感受到医务人员工作的艰辛、患者权利遭受侵害时的无助与无奈,充分认识了医患关系的复杂性与建构和谐医患关系的重要性。由此,愈发产生了一种使命感与责任感,促使作者继续努力,奋然前行,进一步深入探索医患关系问题的本来面目,努力对各种解决问题作出科学的解答。

本书在撰写过程中,既继承、吸收了前人研究的大量成果,也在许多方面提出了一些独到看法,提出了一些积极的建议。前人的敏锐思考与执着探索使我受益匪浅,每当思维十分贫瘠时,他们精辟的论述与深刻的理性思考给我提供启示,并给作者以新的力量支持。由于所占有资料的限制,以及作者个人的能力所限,本书对于某些问题的论述不够深刻、全面,甚至可能存在不科学、不正确的地方。但是,相信通过作者对我国医患关系问题进行深入探究,在一定程度上可以深化人们对医患关系问题的认识,强化保护患者道德权利的思想观念,最终促进和谐医患关系的建构。同时,如果本书的出版对于相关问题的研究能够起到抛砖引玉的作用,即已达到本书创作的预期目标。

最后,对本书创作过程中提供帮助的领导、同事、同仁以及人民出版社,在此表示衷心的感谢!

作 者

2015 年 6 月 20 日于烟台

责任编辑:赵圣涛

封面设计:肖　辉

责任校对:吕　飞

图书在版编目(CIP)数据

患者道德权利保护与和谐医患关系建构/王晓波 著.
　 -北京:人民出版社,2015.9
ISBN 978－7－01－015134－2

Ⅰ.①患…　 Ⅱ.①王…　 Ⅲ.①住院病人-道德-权利与义务-研究-中国
②医院-人间关系-研究-中国　 Ⅳ.①B82 ②R197.322

中国版本图书馆 CIP 数据核字(2015)第 185217 号

患者道德权利保护与和谐医患关系建构

HUANZHE DAODE QUANLI BAOHU YU HEXIE YIHUAN GUANXI JIANGOU

王晓波　著

人民出版社 出版发行
(100706　北京市东城区隆福寺街 99 号)

北京中科印刷有限公司印刷　新华书店经销

2015 年 9 月第 1 版　2015 年 9 月北京第 1 次印刷
开本:710 毫米×1000 毫米 1/16　印张:16
字数:280 千字　印数:0,001-3500 册
ISBN 978－7－01－015134－2　定价:45.00 元

邮购地址 100706　北京市东城区隆福寺街 99 号
人民东方图书销售中心　电话 (010)65250042　65289539